林于煖——著

戰後旗津民營造船業的空間協商

津漁遠颺

本著作　榮獲

台灣科技與社會研究學會
「2024年台灣科技與社會研究學會碩士論文佳作獎」

高雄市立歷史博物館
「2023年寫高雄──屬於你我的高雄歷史」出版獎助

特此致謝

高雄研究叢刊序

　　高雄地區的歷史發展，從文字史料來說，可以追溯到 16 世紀中葉。如果再將不是以文字史料來重建的原住民歷史也納入視野，那麼高雄的歷史就更加淵遠流長了。即使就都市化的發展來說，高雄之發展也在臺灣近代化啟動的 20 世紀初年，就已經開始。也就是說，高雄的歷史進程，既有長遠的歲月，也見證了臺灣近代經濟發展的主流脈絡；既有臺灣歷史整體的結構性意義，也有地區的獨特性意義。

　　高雄市政府對於高雄地區的歷史記憶建構，已經陸續推出了「高雄史料集成」、「高雄文史采風」兩個系列叢書。前者是在進行歷史建構工程的基礎建設，由政府出面整理、編輯、出版基本史料，提供國民重建歷史事實，甚至進行歷史詮釋的材料。後者則是在於徵集、記錄草根的歷史經驗與記憶，培育、集結地方文史人才，進行地方歷史、民俗、人文的書寫。

　　如今，「高雄研究叢刊」則將系列性地出版學術界關於高雄地區的人文歷史與社會科學研究成果。既如上述，高雄是南臺灣的重鎮，她既有長遠的歷史，也是臺灣近代化的重要據點，因此提供了不少學術性的研究議題，學術界也已經累積有相當的研究成果。但是這些學術界的研究成果，卻經常只在極小的範圍內流通而不能為廣大的國民全體，尤其是高雄市民所共享。

　　「高雄研究叢刊」就是在挑選學術界的優秀高雄研究成果，將之出版公諸於世，讓高雄經驗不只是學院內部的研究議題，也可以是大家共享的知識養分。

歷史，將使高雄不只是一個空間單位，也成為擁有獨自之個性與意義的主體。這種主體性的建立，首先需要進行一番基礎建設，也需要投入一些人為的努力。這些努力，需要公部門的投資挹注，也需要在地民間力量的參與，當然也期待海內外的知識菁英之加持。

「高雄研究叢刊」，就是海內外知識菁英的園地。期待這個園地，在很快的將來就可以百花齊放、美麗繽紛。

國立臺灣大學歷史學系兼任教授

聚焦民間漁船廠發展研究的重要篇章

　　林于煖小姐的這本專書可說是在適當時機，補上了臺灣漁業、造船業、工業及高雄研究中，很重要但一直最缺少的部分：民間漁船廠的發展研究。這主題不只與本系關係密切，也與本人多年的研究關懷息息相關，故以下說明力薦此書之因。

　　本系乃配合政府政策，以協助南部新興的造船業培育工程師而成立於 1970 年。1979 年，行政院農業發展委員會（今農業部）為促進漁業發展，以當時少見的方式與本校合設「漁船及船舶機械研究中心」（以下簡稱漁船中心），利用本系師資設備從事漁船及船舶機械的先進技術研究。其中極重要的關鍵人物黃正清教授是機械系校友，原任旗津的豐國造船廠廠長，在創系主任李克讓教授（機械系，後任工學院長）三顧茅廬邀請下，返回母校任教、任本系第二任系主任，後來設立漁船中心並任主任多年。其間，他協助水試所規劃海功號的興建、擴大漁船中心的研究能量、協助漁業署規劃研究主題，也一直與民間船廠互動良好，促進建教合作研究、引進國外先進觀念、協助民營船廠及漁業公司提升技術，且延攬劉啟介先生等業界高手擔任本系兼任教師。漁船中心也因黃教授的關係逐步累積不少臺灣現代化漁船的資料，包括技術研究面及官民各有的漁船調查或基本資料。由於這些資料對於研究臺灣漁業與造船業發展十分重要，我們也盡力保存，但平時有動機研究者極少。因此很高興這些資料在林小姐的研究中終於充分發揮作用與價值。

　　其次，本人在 2000 年回國到本系任教初期，看到前輩規劃的重要研究課題似已完備先進並具有學術價值，然而似乎未能對應業界發

展真正所需;因此一直在思索臺灣的造船工程領域到底應該做什麼主題的研究,因為那時業界發展之所需是否就是這些課題,還是其實是與科技較無關聯者,抑或是中間缺少什麼應用研究的環節或推動的機制?當時我的疑惑很多,遂在因緣際會下參與公營事業文化資產清查工作時,順道開始研究造船及相關重工業的發展歷程,看能否找到些答案。很幸運地,陸續在文資局、檔案管理局、科工館等單位的補助下,調查及整理了一些史料;但如同林小姐書中所述,因計畫特性與資料取得管道的影響,侷限在公營造船廠;少數因黃教授及家族人脈所接觸的民間造船業者,只能初步探討。過去民營造船廠的發展複雜、資料樣態多而分散,正式資料少且不全,更少有人整理過;但這卻是整個產業發展史與了解產業問題不可缺少的部分。

因此,後來很幸運地有林小姐,又是業者家屬,對此課題有充足的動機、專業能力與接觸一手史料的管道,得以一展長才,把旗津民營造船廠的歷史變遷整理得相當透徹,並提出獨到的見解。尤其難能可貴的是,將錯綜複雜的船廠併購、轉讓、更名、遷移等多次變遷,以搭配地圖、照片的方式呈現,較能協助讀者釐清此地的造船業發展。未來的相關研究將可奠基在這本書上,會更容易深入探討各類相關議題。林小姐的文筆流暢易讀,使讀者能對此段複雜的歷史與空間變遷能有條理地掌握,誠為有興趣的一般讀者與學者之幸。

國立成功大學系統及船舶機電工程學系副教授兼系主任

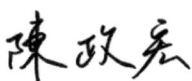

現地誕生的產業觀察與記錄者

很榮幸有機會為林于煖小姐的大作，撰寫推薦與介紹的文字。

本人為林于煖小姐就讀臺灣大學歷史學系碩士班的論文口試委員。從論文大綱到最終口試，都能看到出身高雄的她，決定就祖父經營的造船業作為研究課題。

林小姐以檔案文獻和口述訪談的方式，就旗津一地的造船業進行長期且深入的考察。這本書從產業史、中小企業史和高雄地域史的層面來看，有著不同的學術貢獻。

從產業史的角度來看，迄今為止臺灣的造船業研究多侷限於大型船廠的討論，原因在於大型船廠具有產業代表性，且在資料搜集上，日治到戰後大型船廠的資料較為容易取得。這本書透過戰後旗津的小型造船廠的考察，討論在不同階段興起的民營造船廠。其次，作者還關注到這些民營船廠如何受到政府土地運用的政策規劃而遷移，這樣的論點有別於以往對產業史侷限在產業政策層面的討論。本書也清晰地運用能找到資料，說明原料調度過程和與漁業相依存的客戶。

從中小企業史的角度來看，高雄民營造船廠呈現出臺灣中小企業的發展歷程中，在不同階段面資金的挑戰。書中能看到船廠伴隨規模的擴大，從獨資走向合資的過程。在自有資金不足時，向銀行借款時係運用造船所需的資材作為抵押品。在技術層面上，還能看到旗津的造船業如何與距離較近的日本造船業，尋求新技術的引進和購買相關零件等。在企業間的網絡上，作者也透過長時間的考察，瞭解外包工在不同階段所扮演的角色。

從高雄地域史的角度來看，以往對高雄的經濟史集中在家族人物、工業區開發等議題。這本書的出版，能夠從更深入的角度瞭解中小型企業家資本積累的過程，還有從造船業的層面重新審視港口城市史的發展。

　　從本人經濟史的專業來看，這本書以中小規模的民營造船業進行討論，並能與既有的公營造船業成果相對照，進而更瞭解臺灣造船業的整體面貌。作者在寫作過程勤於前往當地調查，突破許多既有史料僅閱讀史料而欠缺現地調查的限制，在本書呈現歷史研究的空間感與立體感。這樣的成果，對於理解地域行工業化的研究樣貌有很大助益。

　　本人也期待林小姐這本書，能夠帶來拋磚引玉的效果，引領更多研究者共同來瞭解與思考高雄的產業經濟史。

國立陽明交通大學科技與社會研究所教授

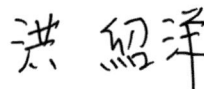

民營造船史的序章

　　四面環海的臺灣，在飛機問世前，船是唯一能讓臺灣與世界連結的交通工具。我們如何理解船在臺灣史的位置？海洋史及貿易史很早就注意船的角色，不過，他們重視的是船上的人與貨，和船隻航向的地點和網絡，以及順著此一網絡而帶動的人、物與文化的交流互動；或者從人與海洋物資的視角，注意漁船和漁業的發展。在這些研究中，船是作為媒介和載體，研究者也注意到製造船隻、需要何種技術和條件、由誰打造等問題，但並非海洋史的研究主體。另一方面，船舶製造科學的領域關注最新的製造技術，回顧歷史只是業餘興趣，於是造船史就形成了許多學科交界的灰色地帶。

　　然而，這個灰色地帶卻有相當悠久的歷史。清代就有官營的造船廠，還有專門提供建材的軍工匠首制度；日本殖民時代則有三菱重工投資於基隆成立的臺灣船渠會社。戰後日資公司經過一連串整併分合後，在1970年代成立今日大家熟悉的中船，而民間則在美援時代引入遊艇建造技術。至2016年時臺灣船舶產值達623億，噸位排名全球11，市占率2.62；而遊艇市占率則排名全球第7。這麼重要的產業絕非一蹴可幾。過往的研究也注意到此一亮麗成績，唯他們的目光集中於公營和大型造船公司（如中船），或者聚焦亮眼的民營遊艇製造業。然而，如同于煖在本書中所指，以公營造船噸位規模來決定產業代表性的思維，忽略了公、民營造船廠在經營策略和市場的顯著差異，也忽略了民營造船業在臺灣造船史的角色。

　　于煖的這本書，就是在這多重的灰色之海中，尋找民營船廠漂失已久的身影。而每一本學術論文選題的背後，多半都有著個人的經歷

投射與生命關懷。

臺灣民營造船工業有其產業區位特性，北部以建修遊艇為主，南部（尤其高雄市）則以漁船、工作船等一般造船業為主。于煖選擇研究高雄造船業，不僅因該地聚集近半的造船廠而具代表性，更因她的家族即在高雄經營造船業，面對文獻材料稀缺的民營造船業，若無熟悉的人際信賴網絡，難以收集較為關鍵而深入的口述紀錄或私藏文書；更重要的是，探究民營船廠的故事，也成為她尋溯家族歷史的過程，這是于煖完成這本書的核心動力來源之一。

動力既是船隻航行的靈魂，也成為于煖說這段故事的靈感。民營船廠的「能動性」是貫串整本書想要表達的主旨。這些群聚於高雄旗津的船廠，在缺乏廠房土地所有權的劣勢下，從1950至1970年代經歷兩次被迫遷廠的困境。人們普遍認為戒嚴威權體制下，民間難有能動性與政府抗衡，本書卻能細膩地將這段遷廠過程中，表面順服的水波下，看到民間船廠深層如海流般的能動性。包括陳情協商和愛國論述換取較好的產業區位和資金、以自身技術實力墊高和政府協商的籌碼，最後在第二次遷廠後反而獲得更好的產業區位，同時也促成部分船廠改變組織與經營結構，從而提升並擴大其競爭力。于煖因此認為，這種看似順從不抵抗，並非毫無能動性，反而突顯民營業者藉此得以換取符合自身的利益。

在上述巨觀結構的分析之外，于煖也透過非常流暢生動的筆觸，將業者面對具體事件和危機時的各種心緒和應對之道，以更具臨場感的方式讓讀者認識業者的能動性。支撐微觀與巨觀敘事交織並進的基礎，則是她大量利用政府船舶檔案、戶籍資料、政府公報、相關報章雜誌，乃至業者口述回憶等多樣豐富的材料。

正因為她的論點新穎、論據扎實、文筆生動，讓讀者重新認識民營造船業堅韌的生命力與靈活的生存之道，于煖的論文獲選為2024年台灣科技與社會研究學會碩士論文佳作獎，並獲得高雄市立歷史博物館獎助出版的肯定。實際上，于煖原本提出的論文架構十分宏大，幾乎是博士論文的規模了，呈現在讀者面現的內容，只是她原本計畫的一小部分。完成碩士論文和出版專書，只是這個故事的序章，期待于煖日後能按步完成她心中的構想。身為于煖的指導老師，與有榮焉！爰以數語祝賀並為序。

國立臺灣大學歷史學系教授

呂紹理

自序

「爺爺為什麼不要把船廠收起來？」年少無知的我，曾自以為是地如此問父母。當時我只看到日漸年邁的爺爺經營船廠的艱辛，不知道這卻是他在造船業中一輩子的心血。2004 年，他戮力守護的心血最終仍因大股東離世而必須捨棄。自此，他幾乎不再與業界友人來往，更不願再踏上旗津。

從小乘著爺爺的賓士車到船廠玩耍的我，當下並未查覺眼前這名老人心中的痛楚。事實上，我第一次嘗試理解他的契機，源於高中歷史課孫潔茹老師出的暑期作業。當時，孫老師要求每個人挑選某一人／事／物，撰寫其歷史。由於當時不知如何撰寫報告，深恐抄襲既有資料，我選擇訪問爺爺，寫下他的人生。書寫造船史的種子或許就在此時種下了。進入國立成功大學歷史學系就讀後，我在鄭永常老師開授的「東亞海洋關係史研究」課程上，以爺爺及其友人劉啟介老師的口述為基礎，撰寫課堂報告。直到當時，我才意識到家族長輩的人生，是臺灣某段被忽略的歷史的縮影。

本書不僅是碩士班耗時五年的研究成果，也是我試圖重新認識自身家族的方式。我相信，唯有理解一個時代，才能更了解一個人。爺爺不是書中的主角，但各章節都有他的影子。他彷彿港內的領港人員，引領我找到正確的探尋方向。

研究從來不是一個人可以獨自完成的。對我而言，本書是一群人共同打造而成的。指導老師呂紹理教授、口試委員陳政宏副教授與洪紹洋副教授給予學術上的指導、建議與鼓勵，是研究得以順利轉化成文字的關鍵。只要有空便陪同我查找檔案與口訪的阿母，不僅是最佳

的研究夥伴，也是本書初稿的第一位讀者。阿爸、奶奶以及在天上的爺爺，則是我最好的報導人。我很幸運擁有一輩子奉獻於造船業的家人。我也由衷感謝劉啟介老師、陳正成老師、陳麗麗女士與莊清旺先生撥出寶貴時間受訪。雖然他們並非我的指導教授，卻如同導師般耐心地為我解惑。由於深知自己無法回報這些恩情，我對受訪者總是同時充滿感激與歉疚之情。至於論文中所使用的檔案都是多虧有關單位的承辦人員鼎力相助，才能順利取得。另外還要感謝學長施昱丞提供寶貴意見，友人 Frenks Tālešs、Aleks Novakovic 精神上的支持，同事呂鴻瑋、陳詩翰及友人蘇聖惇協助處理地圖、提供照片。

本書得以付梓，全賴高雄市立歷史博物館 2023 年「寫高雄——屬於你我的高雄歷史」出版獎助計畫。在出版的過程中，我由衷感謝計畫匿名評審、研究部主任莊建華、承辦人員蔡沐恩小姐，以及專業的巨流圖書編輯鍾宛君小姐。多虧他們，原本不夠成熟的碩士論文，才得以成書。此外，我也萬分感激台灣科技與社會研究學會（STS 學會）於 2024 年授予碩士論文佳作獎。於我而言，這是莫大的肯定與鼓勵。

這本書僅是初步的研究成果，應有不少需要修正、補強之處。書中所有錯誤，一切責任在我。若讀者有任何建議與指教，歡迎與我聯繫：an81121@gmail.com。

目　次

高雄研究叢刊序 I

聚焦民間漁船廠發展研究的重要篇章 III

現地誕生的產業觀察與記錄者 V

民營造船史的序章 VII

自序 XI

第一章　鳴笛‧啟航：亟待開展的民營造船史研究 1

　第一節　隱沒於大船旁民營造船廠 1

　第二節　望向那片汪洋：臺灣經濟產業發展的大哉問 9

　第三節　站在巨輪之上，我們可以看向何方？ 14

　　一、在地關懷：高雄產業史研究 14

　　二、轉向水中：海洋史研究熱潮 16

　　三、當前的臺灣造船史研究成果 23

　　四、民營造船史的研究課題 38

　第四節　彷彿建造一艘船：研究方法與書寫 40

第二章　尋路‧破浪：日本時期至 1970 年前 47

　第一節　走向現代：日本時期的高雄港與造船業 47

　第二節　戰後的空間爭奪：第一次遷廠 53

　第三節　被木材及魚養大：造船業與上下游產業 82

第四節　孤兒抑或金孫：政府眼中的民營造船業 89

　　　第五節　小結 111

第三章　定位・撒網：1970 至 1990 年 113

　　　第一節　往南找尋新天地：第二次遷廠 115

　　　第二節　遷廠後的改變 135

　　　　一、產業區位對造船廠的影響 136

　　　　二、第二次遷廠後的資本與經營型態 139

　　　　三、第二次遷廠後的技術發展 146

　　　第三節　經營上的「堅持」 155

　　　第四節　小結 176

第四章　返航・歸港：總結與展望 179

　　　第一節　20 世紀高雄旗津地區的民營造船產業 179

　　　第二節　空間變遷中的能動性 180

　　　第三節　未來展望 184

徵引書目 187

附錄一　漁業史與戰後造船史之研究成果 225

附錄二　日本時期高雄地區造船工場基本資料表 229

附錄三　1945-1969 年高雄旗津地區民營造船廠基本資料表
　　　　 241

附錄四　1970-1990 年高雄旗津地區民營造船廠基本資料表 249

附錄五　1970 年代初第二次遷廠後的民營船廠分布圖（新七船渠）.. 259

附錄六　1970 年代初第二次遷廠後的民營船廠分布圖（新八船渠）.. 261

圖　次

圖 1-1　1971年臺灣各地船廠數量比例......................................5
圖 1-2　林朝春與其友人陳專燦設立的昇航造船廠，以及該船廠打造的漁船「德富51號」..8
圖 1-3　本書所涉及主要研究範圍示意......................................46
圖 2-1　日本時期全臺造船產業歷年產值折線圖（1916-1937）............50
圖 2-2　明華造船工廠位置圖..63
圖 2-3　1949年高雄旗津民營造船廠分布圖與新高雄造船廠規劃之新廠位置..69
圖 2-4　1949年8月民營造船廠遷廠候選新址..............................71
圖 2-5　第八船渠造船廠配置圖..72
圖 2-6　1956年與1969年高雄市舊航照影像比較..........................79
圖 2-7　1961年高雄港旁的造船廠..81
圖 2-8　1978年7月莊格發（右側戴眼鏡持鈔票者）贈68萬賑高雄市鼓山區濱海一路第二船渠遭受祝融之損的災民.......................86
圖 2-9　哈瑪星女船東許快購入的漁船「鼎發號」........................89
圖 2-10　1951-1964年美援會與農復會核辦美援漁業計畫撥款用途占總額百分比..93
圖 2-11　1966年金明發造船廠平面圖..109
圖 3-1　1956-1988年高雄港吞吐量（單位：公噸）....................114
圖 3-2　1963-1979年高雄市遠洋漁船數量（單位：艘）..............114

圖 3-3	1969 年高雄市舊航照影像	124
圖 3-4	1970 年代高雄市舊航照影像	125
圖 3-5	劉啟介說明其船舶設計理念與經過	148
圖 3-6	退役後的海功號目前停泊在基隆碧砂漁港	151
圖 3-7	半美式圍網漁船「豐國 601 號」	153
圖 3-8	興建中的漁船	159
圖 3-9	興建中的漁船「特宏興 161 號」	164
圖 3-10	中一造船廠	169
圖 4-1	昇航造船所造之遠洋漁船「佑新壹號」	184
圖 4-2	「志盛 61 號」試車	186

表　次

表 1-1	2001 年臺灣區造船工業同業公會會員分布地區表（單位：100 萬元）	7
表 2-1	戰後高雄日資船廠接收情況	57
表 2-2	第二次世界大戰前後民營船廠變化	59
表 2-3	1949 年 8 月高雄港務局對於民營造船廠遷廠候選新址之考察結果	70
表 2-4	1953-1958 年美援會直接核辦貸款所建造之美援漁船	94
表 3-1	順榮造船股份有限公司組織架構	141
表 3-2	川永船舶工業股份有限公司	143
表 3-3	1988 年臺灣民營造船業員工來自同一家族比例	156
表 3-4	1988 年臺灣民營造船廠施工狀態表	165
表 3-5	1967 年滿慶十六號漁船建造材料與費用明細表	166

第一章　鳴笛・啟航：亟待開展的民營造船史研究

第一節　隱沒於大船旁民營造船廠

在阮的心目中也是一個男子漢
在阮的一生中只愛他一人
他的船只已經要出航

不知何時才會擱再入港
雖然裝著笑容來甲伊相送啊
心愛的人暗中目眶紅

——〈愛人是行船人〉（董家銘作詞作曲）

〈愛人是行船人〉是臺語歌后江蕙在 1984 年發行的臺語專輯《惜別的海岸》所收錄其中一首曲子。歌詞描述「行船人」與愛人在港邊的痛心離別。我們無從得知，這位即將離港的行船人，是乘坐著遠洋漁船，還是大型貨輪。無論是哪一種船，在這首歌曲出現的 1980 年代，都是構成臺灣港口與海岸地景不可或缺的一部分。1980 年代臺灣的遠洋漁業及航運業蓬勃發展，出現許多行船人，以海維生，以船為家。帶動「海上經濟」的原因很多，但絕對不能不提「船」。船是人與海互動的重要媒介。沒有船，就沒有跨海的人群交流，就沒有海上的漁撈活動。

從航運業及漁業來看，臺灣在海上的實力不容小覷。1989 年，臺灣被聯合國貿易和發展會議（United Nations Conference on Trade and Development, UNCTAD）列為全球最重要的 35 個航運國家之

一。根據該會議當年度的報告《海上運輸評論》(*Review of Maritime Transport*)，臺灣擁有 335 艘貨輪，總噸數占全世界 1.64%，位居第 15 名。如考量到臺灣的大小，此一數字十分亮眼。其他名列在我國之前的國家，除香港之外，國土面積均遠大於臺灣。[1] 就漁船數量來看，1980 年代的臺灣每年平均約有 1,328 艘遠洋漁船，相較 1960 年代的 300 艘，多了四倍。[2]

讓臺灣得以在世界各大洋「橫行」的重要推手是國內的造船產業。公、民營造船廠在臺灣的航運業及漁業，各自扮演著重要的角色。貨輪的供應者為大型公營造船廠，[3] 而漁船的主要供應者為規模上屬於中小企業的民營造船廠。[4] 1988 年臺灣造船工業同業公會的報告

---

1 335 艘貨輪包含臺灣所擁有「國輪」及「權宜籍船」。United Nations Conference on Trade and Development [UNCTAD], *Review of maritime transport* 1989 (TD/B/C.4/334)(New York: United Nations, 1989), p. 13. 網址：https://unctad.org/official-documents-search?f[0]=product%3A393（最後瀏覽日期：2020 年 11 月 11 日）。目前在 UNCTAD 官網上公開的《海上運輸評論》始自 1968 年，最近一次報告為 2019 年。

2 該數字是筆者根據臺灣省農林廳漁業局編印的《中華民國台灣地區漁業年報》之資料整理、計算而成。年報中的漁船資料係根據船隻噸位、漁船種類（漁法）、各縣市登記之船隻等類別進行分組統計。由於統計資料並未依照遠洋、近海、沿岸等漁撈區域區分漁船種類（僅漁業生產值會依此區分），因此筆者所統計的遠洋漁船係指 50 噸以上之動力漁船。臺灣省農林廳漁業局，《中華民國台灣地區漁業年報》（南投：臺灣省農林廳漁業局，1990），頁 56。

3 林彩梅，《我國民營造船廠產業結構之調查及其發展策略之研究》（臺北：經濟部工業局，1988），頁 9-11。

4 1988 年臺灣造船工業同業公會的報告指出：「依台灣造船工業同業公會會員資料分析，目前台灣地區共有 101 家造船廠入會（尚有小型船廠約 20 家未入會），其中公營 8 家、法人組織 3 家，民營 90 家；而其規模……公營造船廠均為中大型規模造船廠，民營造船廠則多屬於中小型規模，尤以

清楚地寫下民營造船廠與漁業的緊密關係：

> （在接受調查的）41家民營造船廠中，經營商船承造業務的僅有3家而占其營業額的比例均在40%以下；換算之絕大部分民營造船廠均以承造漁船為主，全部承造漁船的有30家，占總造船廠數約55.56%。……因此漁業政策的制訂與執行，漁獲量的榮枯，漁場的發現與擴展均會影響漁船的需求，進而也造成民營造船業的興衰。反之經濟的景氣與衰退會間接影響商船的需求，但對我國民營造船廠之業務的影響似乎不大。[5]

然而，我們對於這些民營造船廠的了解卻十分有限。關於戰後臺灣造船業發展的敘事──無論是出自通俗書籍、文章，抑或學界的研究成果──多以公營造船廠作為代表，概括整個產業的發展情形。這些敘事之所以如此，是因公營造船廠在經營與生產的規模上，遠大於民營造船廠。例如：1988年由正中書局發行的小書《海外華人青少年叢書：復興基地臺灣之造船》，便以「造船量」來說明公營的中國造船公司為何可被視為臺灣造船工業的代表。[6]如細究何謂「造船量」，便會發現該書是以船隻的「噸位」來計算，而非「數量」。自然，只有船塢遠大於民營造船廠的中國造船公司，能夠建造千噸、萬噸的大船，承擔書中指出的「百分之九十以上」的造船量。

小型規模者占76.24%為最多。」林彩梅，《我國民營造船廠產業結構之調查及其發展策略之研究》，頁9-12。

5 同上註，頁14。

6 林敦寧、徐榮祥，《海外華人青少年叢書：復興基地臺灣之造船》（臺北：正中書局，1988），頁19-20。

以噸位規模來決定產業代表性的思維，忽略了公營及民營造船廠在經營策略、市場等面向上的顯著差異。在 1950 年代，公營造船廠起初多建造漁船與小型軍用艇，而後才積極發展大型輪船及軍用艦艇的建造技術。其客戶包含政府軍事部門，以及國內外的航運業者。[7] 民營造船廠可簡單分成兩種類型，第一種是主要在國內銷售漁船、工作船（包含引航用的拖船、清理淤泥的挖泥船等，部分亦承接修造政府單位巡航船艇的標案），另一種多向國外出口遊艇、娛樂用船艇。[8] 其中，修造漁船及工作船的船廠，又可依照船隻材料分為兩種：鋼船製造廠及玻璃纖維船製造廠。由於技術上的差異，船廠通常不會同時修造兩種船隻。製造鋼船的船廠，主要修造遠洋漁船，並且因為擁有機械製造技術，能夠跨足機械業；而製造玻璃纖維船的船廠，則僅修造近海漁船。由於上述差異，公營造船廠與三種民營造船廠均有著各自的發展史，無法單以其中之一概括臺灣造船業的全貌。

　　基於當前有關戰後臺灣造船業的研究，多偏重公營造船廠而忽略民營業者，筆者希冀能釐清民營造船廠的發展過程。然而不同類型的民營造船廠有各自的發展脈絡、產業區位及特性，在尚未有基礎研究成果的情況下，不易將其並置於研究中進行討論、比較。因此，筆者擬先選擇高雄地區修造漁船及工作船的造船廠，作為主要研究對象。

7　黃正清、何政龍，〈台灣造船工業之演進簡史〉，《中工高雄會刊》，18（4，百年紀念專刊）（2011），頁 51-56。

8　此一分類乃根據業界的分類標準。1988 年臺灣造船工業同業公會在其報告中說明：「我國造船工業依其承造產品之性質可分為遊艇工業與造船工業。遊艇工業為國內之新興工業，原承造木質遊艇，自民國 54 年 FRP 技術引進以後，逐漸開拓 FRP 遊艇外銷。由於政府未採取開放政策，故全以外銷為主，每年約有 25% 以上之穩定成長……」林彩梅，《我國民營造船廠產業結構之調查及其發展策略之研究》，頁 11-12。

第一章　鳴笛・啟航：亟待開展的民營造船史研究

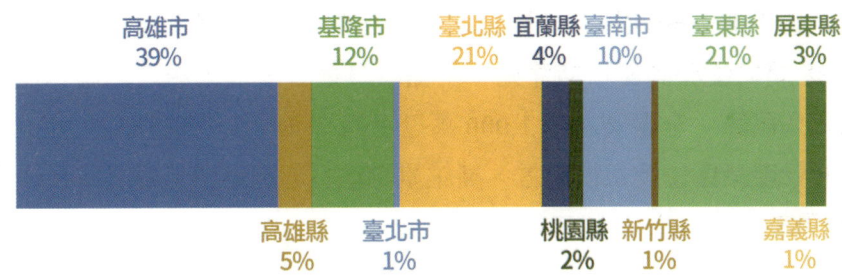

圖 1-1　1971 年臺灣各地船廠數量比例
資料來源：行政院臺閩地區工商業普查委員會編，《中華民國六十年臺閩地區工商業普查專題研究報告》（臺北：行政院臺閩地區工商業普查委員會，1974），頁 400-405。筆者繪製。

　　選擇高雄旗津地區的造船業作為研究對象，乃基於二項因素。首先，最為重要的因素是產業區位，修造漁船的船廠多聚集在高雄旗津。根據《中華民國六十年臺閩地區工商業普查專題研究報告》，位於高雄縣市的船廠占全國44%，其中39%聚集在高雄市（請見圖1-1）。[9]此外，根據蔡來春於1975年完成的調查，當時臺灣以漁船製造為主的一般民營船廠，在高雄市有32間，超過基隆8間、臺北縣市7間、臺南9間、東部4間與屏東2間加總的數量。至於民營遊艇廠，共有29間，基隆與高雄各3間，宜蘭1間，其餘22間均位於臺北縣市。[10]由此可見造船業在不同區域空間上有著不同的發展：北部多遊艇廠，南部（以高雄為主）多一般造船廠。根據2001年的臺灣區造船工業同業公會（以下簡稱造船公會）第十二屆第二次會員代

9　行政院臺閩地區工商業普查委員會編，《中華民國六十年臺閩地區工商業普查專題研究報告》（臺北：行政院臺閩地區工商業普查委員會，1974），頁 400-405。

10　蔡來春，〈臺灣造船工業之研究〉（臺北：國立臺灣大學經濟學研究所碩士論文，1975），頁 52。

表大會手冊，96 間民營造船公司中，共有 41 間的廠房位於高雄，其中 38 間均位於高雄市旗津區，不僅數量最多，資本額均遠過其他地區的造船廠，全臺資本額 1,000 萬以上者有 46 家，高雄即占 26 家。就當代產業區位及規模而言，高雄旗津地區的造船業無疑具有代表性（請見表 1-1）。[11]

第二項因素是，筆者的家族是高雄的造船業從業者。筆者的外曾祖父蔡成德原是安平的造船工匠，向須田造船廠的日籍技師學習製造木殼船，戰後進入位於高雄旗津的豐國造船廠擔任木公部的領班。豐國造船廠是戰後率先建造鋼船的民營業者之一，培育了民間首批製造鋼船的技工。他的女婿林朝春（筆者的祖父）在其引介下，來到船廠學習鐵殼船（即鋼船）的放樣技術，而後在 1984 年與紡織業的朋友合夥設立昇航造船股份有限公司，承製遠洋漁船，直至 2004 年船廠轉售給遊艇公司。[12] 這層淵源引動我對家族經營產業歷史與變遷的好奇。最後，在針對產業與企業的研究中，許多研究者的調查仰賴人際網絡所帶來的信任基礎。由於上述的人際網絡都集中於高雄，筆者希

---

11 臺灣區造船工業同業公會包含公營造船公司及隸屬於港務局的船廠，在此不計入同為會員之中國造船股份有限公司、臺機股份有限公司船舶廠、基隆港務局船舶機械修造工廠、臺中港務局船舶機械修造廠、花蓮港務局港埠工程處船舶機械修理廠、高雄港務局船舶機械修造廠。此外，該資料僅收錄公會會員，不包含少數未加入公會的船廠；部分承製遊艇的造船公司同時亦加入遊艇同業公會。臺灣區造船工業同業公會編印，《臺灣區造船工業同業公會第十二屆第二次會員代表大會手冊》（編者自印，2001，未出版），無頁碼。

12 關於筆者祖父的造船經歷，請參見：林于煖，〈沒有名字的造船人：爺爺的一生與臺灣民間造船史〉，刊登於「故事：寫給所有人的歷史」網站（2020 年 1 月 16 日）。網址：https://storystudio.tw/article/gushi/those-who-built-the-ships-in-memory-of-my-granddad/。

表 1-1　2001 年臺灣區造船工業同業公會會員分布地區表（單位：100 萬元）

地區	各地造船廠總數	≧100	50-99.9	10-49.9	5-9.9	1-4.9	0.5-0.9	0.1-0.49	≦0.1
高雄	41	3	3	20	7	8			
基隆	9		1	5	1	1		1	
宜蘭	5			2	2	1			
臺北	5			2		1		1	1
桃園	1					1			
新竹	3			1	2				
臺南	12			6	6				
屏東	9			1	3	4			1
澎湖	11				2			3	6
總計	96								

說明：在此之所以利用資本額來推估造船廠的規模，而非公會會員名冊所列的甲、乙、丙、丁四級會籍分類，乃因會籍根據的是會費繳交多寡而定，與船廠規模缺乏直接的關聯。雖然多數大型造船公司願意繳交較高額的會費，但也有資本額甚大，會籍卻屬丁級的情況。澎湖船廠的分布較為分散，大致上分布在馬公市、白沙赤崁、西嶼竹灣。其中馬公案山為目前當地較大的造船業聚落。

資料來源：臺灣區造船工業同業公會編印，《臺灣區造船工業同業公會第十二屆第二次會員代表大會手冊》（編者自印，2001，未出版），無頁碼。筆者製表。

望透過該人際網絡，降低田野調查中口訪與資料收集的難度，故僅聚焦於高雄旗津地區，暫不及於基隆、蘇澳或臺灣其他地區的同業。

　　本書所討論的時代設定在 1945 至 1990 年。時間斷限是根據造船業的發展階段而定。以 1945 年為起點，乃因臺灣人所經營的造船廠自戰後才得以獨立製造鐵殼船。結束於 1990 年，則是因此類造船業

圖 1-2 林朝春與其友人陳專燦設立的昇航造船廠，以及該船廠打造的漁船「德富51號」

說明：圖中人物為筆者祖父母林朝春與林蔡春枝。

圖片來源：筆者家族提供。

在1990年達發展的巔峰，而後因業界競爭激烈，海洋資源保育意識抬頭，以及在美國壓力下不得不推動的漁船限建政策，造船廠面臨訂單逐漸下滑，被迫轉型的境況。換言之，1990年以後至今，可謂民營造船業的另一個階段。在民營造船業研究十分稀缺的情況下，筆者預計先分梳第一階段，待打下知識基礎後，未來才能進一步探討民營造船業的轉型課題。綜述以上，本書將探討**高雄地區以修造漁船為主的民營船廠在1945至1990年間，有別於公營造船廠的產業發展路徑，以及推動產業發展的原因**，藉此填補目前臺灣造船史研究的空白。

第二節　望向那片汪洋：臺灣經濟產業發展的大哉問

若要研究民營造船業如何發展，就得釐清究竟是哪些因素帶給產業正面的作用。這個問題可置於戰後經濟與產業研究的核心問題下來思考：**臺灣經濟與各項產業是如何被推動的？**

經濟學者翁嘉禧將對此大哉問的各式回應，歸納成三種類型：（1）文化論模式，強調儒家倫理與文化對產業發展的正面影響；（2）制度論模式，認為政策、制度與組織是驅動經濟的主要力量；（3）依賴論模式，主張日本殖民遺產、美援、來自中國的資金與技術的重要性。[13] 由於臺灣造船業過去的研究多以公營造船廠為研究對象，因

13　翁嘉禧，〈戰後台灣經濟發展路向的解析〉，《興大歷史學報》，15（2004），頁219-241。瞿宛文對於經濟發展的解釋類似於制度論模式，而陳玉璽、吳聰敏、文馨瑩與林炳炎等人則屬於依賴論模式。請見瞿宛文，《台灣戰後經濟發展的源起：後進發展的為何與如何》（臺北：中央研究院；聯經出版事業股份有限公司，2017）；陳玉璽，《台灣的依附型發展：依附型發展及其社會政治後果：台灣個案研究》（臺北：人間出版社，1994）；吳聰敏，〈美援與臺灣的經濟發展〉，《台灣社會研究季刊》，1（1）（1988），

此在解釋產業發展因素上,往往偏重於制度論模式。[14]

制度論模式強調國家政策之於經濟發展的力量。若用經濟學者瞿宛文的話來說,制度論者對於經濟與產業發展的認知基本上是:「戰後後進國與先進國於生產力水準上有相當大的距離,後進國自身尚缺乏完善的現代市場制度,要發展經濟必須依賴國家干預,尤其是透過產業政策來主動推進工業化。」[15] 簡言之,對於作為「後進國」的臺灣而言,政府的產業政策是經濟與產業發展成敗的主因。

政府政策對於經濟與產業發展,固然有其不可抹煞之重要性。不過,若將此種模式套用在民營造船廠的研究上,僅探討政策,我們只能看到政府對於公營與民營造船廠的不同規劃與成效,至於民營造船業的結構、需求與能動性便無法被看見。另一方面,這也假設了政策對產業之扶植或影響是單向的,似乎只要政府以正確的政策支持某一產業,該產業必能發展成功。

這種過度強調政策角色的解釋可輕易地被推翻,水泥船推廣失敗即是一例。1970 年代,為發展遠洋漁業,再加上木材價格上漲,政府嘗試鼓勵業者改用堅固、價格相對低廉的鋼筋水泥作為船材,[16] 1971

頁 145-158;吳聰敏,《臺灣經濟四百年》(臺北:春山出版有限公司,2023),頁 302-321、338-401;文馨瑩,《經濟奇蹟的背後——臺灣美援經驗的政經分析(1951-1965)》(臺北:自立晚報出版社,1990);林炳炎,《保衛大臺灣的美援(1949-1957)》(臺北:林炳炎,2004)。

14　也有學者指出公司決策的重要性,但目前多指向政策的良窳。

15　瞿宛文,《台灣戰後經濟發展的源起:後進發展的為何與如何》,頁 11。

16　鋼筋水泥船又稱混凝土船(Concrete Vessel),第一次世界大戰時曾為應付戰爭需求而大量生產。水泥價格低,但用於船殼有容易破裂、漏水的問題。徐坤龍等編撰,《船舶構造及穩度概要》(臺北:教育部,2009),頁

年委託合作金庫在「中美基金貸款計畫」之下辦理「鋼筋水泥船貸款計畫」。這個計畫最終以兩艘廢棄的水泥船告終。合作金庫認定失敗原因在於漁民難以接受「水泥船的概念」，但貸款計畫剛推出時，造船業便已反應冷淡，不若建造鋼船及玻璃纖維船時那般積極。[17] 這足以證明政府如對產業及市場欠缺足夠的理解，無法回應產業及市場的真正需求，政策的「一番美意」就不可能為產業帶來正面影響。簡言之，產業的發展無法單靠政府。

依賴論模式在臺灣經濟史研究中也常被提及。持該論點的研究者不是強調美國與日本援助、投資的正面作用，便是主張美國國際合作總署的官員才是臺灣經濟改革藍圖的繪製者。[18] 對民營造船業而言，

24。關於木材價格上漲的問題，請參見：姚廷珍，〈迎新歲談工作〉，《機械通訊》，6（1965），頁15。

17 「其他專業性貸款」，《合作金庫銀行股份有限公司》，國家發展委員會檔案管理局，檔號：0072/254.7/1。

18 強調美國影響力的學者包含吳聰敏、文馨瑩與林炳炎；而洪紹洋則指出1950年代美援以及依附在美援之下而來的日資，多以技術轉移的方式參與臺灣經濟建設。請參見：吳聰敏，〈美援與臺灣的經濟發展〉，《台灣社會研究季刊》，1（1）（1988），頁145-158；吳聰敏，《臺灣經濟四百年》，頁302-321、338-401；文馨瑩，《經濟奇蹟的背後——臺灣美援經驗的政經分析（1951-1965）》；林炳炎，《保衛大臺灣的美援（1949-1957）》；洪紹洋，〈美援下的日臺經濟交流（1950-1965）〉，2013年科技部專題研究計畫成果報告（一般研究計畫），計畫編號：NSC 102-2410-H-010-018，2013；洪紹洋，〈1950年代臺、日經濟關係的重啟與調整〉，《臺灣史研究》，23（2）（2016），頁165-210；洪紹洋，〈1950年代臺美經濟下的外來投資：貿易商、外來投資與外交關係〉，發表於中央研究院臺灣史研究所主辦，第三屆「臺灣商業傳統：海外連結與臺灣商業國際學術研討會暨林本源基金會年會」，臺北：中央研究院人文館（2020）；洪紹洋，《商人、企業與外資：戰後臺灣經濟史考察（1945-1960）》（新北：左岸文化事業有限公司，2021）。

美國與日本扮演的角色略微不同。美援小型民營工業貸款對造船業者的融資比例不高，主要是以漁業貸款的方式為造船業創造市場。在日本方面，根據洪紹洋的研究，日本工業資本對臺灣的直接投資帶動造船業的上游產業及漁具的發展，如船底漆與人造纖維漁網的生產，而臺日政府在 1950 年代合作推展的近海與遠洋漁業計畫，也「間接促使臺灣漁船建造事業興起」。這些合作計畫包含 1955 年日方提供 130 噸木殼漁船及 350 噸鐵殼漁船來高雄「進行遠洋鮪釣漁業的示範經營」，訓練臺灣的漁撈人員。[19]

筆者認為，正是臺灣與日本在漁業上的高度合作關係，使得臺灣修造鋼構漁船的技術主要源自日本。雖然日本企業並未直接投資臺灣造船業，但仍為了追求市場利益，願意釋出部分的技術。臺灣漁業界對日本船用主副機、冷凍機、魚機及漁撈技術的青睞，讓造船業者更容易，也更樂於向日本學習造船技術。由於每一廠牌的船用設備需搭配符合自身規格的船體設計，販售船用設備的日本廠商，為了持續確保自家產品持續被客戶選用，樂於提供可搭配設備的船圖給造船業者，或提供對方參訪日本造船廠的機會。[20]

先進國家在資金上的投入與技術上的牽引固然重要，但仍非產業發展的全貌。規模遠不如國營企業的民營船廠，為填補資金缺口，在

---

19 洪紹洋，《商人、企業與外資：戰後臺灣經濟史考察（1945-1960）》，頁 119-112、128-129。究竟與日本合作進行的漁業計畫如何讓利益外溢到造船業，仍待更多研究挖掘出細節。

20 本研究所論及的技術學習途徑係針對鐵殼漁船，至於現今常見的玻璃纖維船，其建造技術源自美國。陳政宏、黃心蓉、洪紹洋，〈臺灣公營船廠船舶製造科技文物徵集暨造船業關鍵口述歷史紀錄〉，2009 年國立科學工藝博物館委託研究成果報告，計畫編號：PG9804-0273（2009），頁 61-63。

美援時期無不積極申請直接貸款或爭取美援漁船的承造工程；此外，業者為滿足市場需求，想方設法在部分日本造船公司的防範下取得船圖，再加以修正，發展出適合本國漁業作業習慣的船隻。由於美國與日本企業並未直接投資臺灣造船業，因此在一連串爭取資金與技術過程中，處處可見業者行動的痕跡。

本書希望以民營造船業為主體，探討其產業結構、需求、與政府的互動關係，以及最為重要的，也是制度論與依賴論較缺乏討論的「民間能動性」。筆者認為「能動性」反映在以下兩個面向上：第一，民營企業在缺乏政府直接的協助下，為了維繫事業所做出的努力。這可能反映在資金、技術的取得及人才的培養等層面上。第二，民營企業向政府提出訴求。針對該面向，我們可進一步探問市場產品供應者的需求是否成為政府制定政策的參考？政策究竟是強化抑或弱化了既有的產業結構？倘若政府無視產業的需求，甚至制定出衝擊產業結構的政策時，業者又是如何因應的？在戒嚴的社會結構中，他們是積極向政府陳情、溝通，還是在接受政策的同時，試圖尋覓可能的出路？

一般探討某一產業之發展動力時，不外乎以技術、人才、資金與經營模式等面向作為切入點。然而，這些面向均無法跳脫出大環境的時空脈絡。因此，我希望藉由空間與時間兩條軸線作為提問的依據，探尋民營造船業在高雄港的擴建中，以及不斷變化的政經條件下，如何主動找出一套生存的模式。藉此或可了解民營造船業者的能動性有著什麼樣的性質、以什麼樣的樣貌出現，補充上述三種模式在解釋上所欠缺的向度。

本書並非刻意藉由凸顯民營業者的能動性，來否定經濟與產業政策與美日貸款的成效，而是期望透過一種「由下而上」的視角，來思

考業者的角色、與政府的互動關係。如此一來，往後或許才能更加理解民營造船業如何發展，並重新思考戰後臺灣經濟發展的模式。

第三節　站在巨輪之上，我們可以看向何方？

一、在地關懷：高雄產業史研究

在高雄市文獻委員會、高雄市立歷史博物館等單位的推動下，有關高雄的研究成果相當豐碩。[21] 在史學研究上，高雄市文獻委員會以地方志的形式出版了一批有關高雄地區產業的書籍，例如：《重修高雄市志‧卷八》、《續修高雄市志‧卷四》，但內容較為簡要，多為統計資料。[22] 其餘則多為單篇論文，其中最為人關注的研究課題有二：**日本時期的產業發展、戰後延續日本時期基礎的重化工業**。

高雄日本時期產業史的研究多半聚焦於「依港而生」的產業，強調港口空間與產業間的聯繫。黃于津與李文環的〈日治時期高雄市「哈瑪星」的移民與產業——以戶籍資料為主的討論〉[23]，以及王御風

21　有關高雄之研究請見王御風，〈戰後高雄市研究之回顧與展望〉，《高市文獻》，23（4）（2010），頁 90-110。

22　高雄市文獻委員會編，《重修高雄市志‧卷八》（高雄：高雄市文獻委員會，1986）；黃輝能等編，《續修高雄市志‧卷四》（高雄：高雄市文獻委員會，1995）。綜觀整個大高雄地區產業的研究有吳連賞的〈大高雄產業經濟發展變遷〉，《高雄文獻》，1（1）（2011），頁 58-108。然而，由於該研究主要是以量化資料為基礎，提供產業未來的發展方向，不屬於史學研究的範疇，故不列入正文。

23　黃于津、李文環，〈日治時期高雄市「哈瑪星」的移民與產業——以戶籍資料為主的討論〉，《高雄文獻》，5（1）（2015），頁 7-37。

第一章　鳴笛・啟航：亟待開展的民營造船史研究

的〈日治初期打狗（高雄）產業之發展（1895-1913年）〉[24] 凸顯出築港工程帶動高雄地區的土地開發、建築、運輸、農漁工業，並使緊鄰港區的哈瑪星與哨船頭一帶為高雄的核心，吸納許多外來勞動力。王御風在其梳理日本時期的造船業發展的文章中，亦提及築港工程為高雄引入現代化造船業，下一節將於造船史研究的脈絡中詳盡介紹。[25]

在戰後的部分，由於高雄以重化工業聞名，資料豐富，研究也多半聚焦於此。除了後文即將討論的臺機公司與中船公司之研究，李文環的〈從六燃高雄本廠到中油本廠之產業空間變遷研究（1942-1954）〉是研究高雄產業史時值得一讀的佳作。他從產業空間的角度，探討高雄石化產業變遷。他指出高雄煉油廠在日本時期屬於左營海軍基地的一部分，但到了戰後與軍事空間區隔開來，並透過油管與高雄港相連，形成「北高煉油，南高輸油」的產業結構。[26] 李文環讓石化業研究不僅有時間的縱深，亦有空間的廣度，給予筆者啟發。雖然現階段高雄產業史的研究成果擅長將港口與產業空間的因素納入討論，但很少討論戰後的民營產業，有待未來研究者持續深耕。尤其，高雄為臺灣造船業的重鎮，民營廠家為全國之冠，是建構高雄產業發展與人群活動的敘事時，不可或缺的部分。

---

24 王御風，〈日治初期打狗（高雄）產業之發展（1895-1913年）〉，《高市文獻》，17（4）（2004），頁1-18。

25 王御風，〈日治時期高雄造船工業發展初探〉，《高雄文獻》，2（1）（2012），頁50-75。

26 李文環，〈從六燃高雄本廠到中油本廠之產業空間變遷研究（1942-1954）〉，《臺灣文獻》，73（1）（2022），頁87-134。

二、轉向水中：海洋史研究熱潮

若要研究造船業，亦不能忽略 1990 年後漸趨蓬勃的海洋史研究趨勢。臺灣史學界透過曹永和，承繼日本殖民時期尚以南洋史為名的海洋史研究傳統，開拓臺灣史研究的視野。[27] 究竟什麼是海洋史，學界尚未提供一個無可被動搖的定義。此一問題也常在以海洋史為主題的研討會中，激起熱切的討論。不過，筆者認為，林琮舜在其碩論中的一句話，精闢地概括了「海洋史」的意涵：「『海洋史』是一種有別於大陸型（continental）文化模式的研究視野，重視與海洋密切相關的人類活動和歷史經驗，具有世界史、區域研究之性質。」[28]

海洋史對於「與海洋密切相關的人類活動和歷史經驗」的重視，在臺灣史學界帶動了區域貿易史、文化交流史、航運史／海運史、漁業史、船史、造船史等子領域的研究熱潮。連結這些子領域的「節點」（joint）不僅是海，更包含了讓人們得以穿越海洋的「船」。船是航運業及漁業發展的基礎，而航運業及漁業的蓬勃則推動了造船業的成長。臺灣造船業生產的船隻十分多元，包含大型貨輪、郵輪、近海及遠洋漁船、港內工作船，以及載客用的渡輪，[29] 與航運業、漁業密不可分。

由於當前臺灣海洋史的研究成果非常豐碩，在此僅挑選與造船史

27　周婉窈，〈臺北帝國大學南洋史學講座・專攻及其戰後遺緒（1928-1960）〉，《臺大歷史學報》，61（2018），頁 17-77。

28　林琮舜，〈臺灣史研究在高中教科書中的落實與落差〉（臺北：國立臺灣大學歷史學系碩士論文，2014），頁 11。

29　在 2000 年以前，臺灣的民營造船廠受限於廠房規模與船臺大小，無法製造裝配各式豪華設施的大型郵輪，而現今有能力製造郵輪的船廠也僅一、二間。

密切相關的研究成果加以回顧，並藉此疏理臺灣造船史在學術研究的脈絡中的定位，凸顯其價值及未來的發展方向。

(一) 航運史／海運史

臺灣航運史／海運史研究，最早始自日本時期。如吉開右志太的《臺灣海運史：1895-1937》，以及 1942 年株式會社海運貿易新聞臺灣支社發行的《臺灣海運史》。這些書籍日本時期臺灣航運概況，介紹各條連結臺灣的航路，以及主要運輸的貨物，同時也呼應了臺灣總督府將臺灣視為大東亞共榮圈中心點的宣傳，強調臺灣在航路上的重要性。[30]

近年來的航運史研究，對於清代及日本時期的臺灣航運發展有較深的了解。例如，日本學者松浦章從原先鑽研的清代中日海上貿易中，察覺到臺灣航運活動與兩國的重要關聯以及研究價值，投入了臺灣、中國與日本三地在清代及日本時期的航運研究。[31] 劉素芬研究日本時期初的臺灣的航運政策，以及大阪商船會社對於臺灣航運的影響。[32] 蕭明禮的《「海運興國」與「航運救國」：日本對華之航運競爭

---

[30] 吉開右志太，《臺灣海運史：1895-1937》（南投：國史館臺灣文獻館，2009〔1942〕）；有矢鍾一編，《臺灣海運史》（高雄：株式會社海運貿易新聞臺灣支社，1942）。該書於 2012 年大空社於東京復刻發行。

[31] 松浦章，《清代臺灣海運發展史》（臺北：博揚文化事業有限公司，2002）；松浦章，《日治時期臺灣海運發展史》（臺北：博揚文化事業有限公司，2004）；松浦章，《近代日本中國台灣航路の研究》（大阪：清文堂，2005）。

[32] 劉素芬，〈日治初期臺灣的海運政策與對外貿易〉，收於湯熙勇主編，《中國海洋發展史論文集》（第七輯・下冊）（臺北：中央研究院人文社會科學研究中心，1999），頁 637-694；劉素芬，〈日治初期大阪商船會社與臺灣海運發展（1895-1899）〉，收於劉序楓主編，《中國海洋發展史論文集》（第九輯）（臺北：中央研究院人文社會科學研究中心，2005），頁 377-435。

（1914-1945）》，雖然是以東亞地區為架構，討論日本及中國在航運上的競爭與合作關係，但也旁及日本統治之下的臺灣航運發展。[33]

針對戰後臺灣航運的研究，有林志龍的《臺灣對外航運：1945-1953》及王御風的《波瀾壯闊：臺灣貨櫃運輸史》。前者主要研究「1945年到1953年之間，中華民國的國際航運政策與國家船隊經營」，[34]後者屬於大眾書籍，分別介紹四間航運公司——中國航運、長榮海運、陽明海運及萬海航運——的企業簡史。[35] 林志龍的研究涉及「船」對於航運業的影響。他提及，戰後初期的航運公司在船隻的取得上遭遇很大的困境：當時不是打撈沉船經維修後來使用，就是購買外國的老舊船隻，導致市場競爭力不足。不過，他並未將此一困境歸咎於當時造船業能量不足，而是資金的缺乏。[36]

長期投入海洋史研究的戴寶村，以《近代台灣海運發展：戎克船到長榮巨舶》一書，涵蓋從清代至今的臺灣航運發展，觸及清代貿易、日本時期的郵便航路與命令航路，以及臺灣航業公司、陽明海運與長榮海運三間在戰後的經營。一反多數航運史僅關注航路的經營、航路上的貨品交易，或是航運公司營運情況，戴寶村在其研究中加入了「船」的角色。在討論清代的航運時，他介紹了當時船隻的種類、經營與管理方式，以及臺灣開港通商後現代化的汽船與傳統帆船在數量上的消長。透過船隻，研究者可以在資料缺乏的情況下，推估當時

33　蕭明禮，《「海運興國」與「航運救國」：日本對華之航運競爭（1914-1945）》（臺北：國立臺灣大學出版中心，2017）。

34　林志龍，《臺灣對外航運：1945-1953》（新北：稻鄉出版社，2012），頁2。

35　王御風，《波瀾壯闊：臺灣貨櫃運輸史》（臺北：遠見天下文化出版股份有限公司，2016）。

36　林志龍，《臺灣對外航運：1945-1953》，頁101-103。

載運的數量及航運業的發展。陳國棟在〈清代中葉（約 1780-1860）台灣與大陸之間的帆船貿易──以船舶為中心的數量估計〉一文中，即是以此方法來突破資料上的侷限。[37]

雖然現階段的臺灣航運史研究成果，較少討論「船」之於航運業的影響，遑論分析航運業與造船業之間的互動關係，然而林志龍、戴寶村及陳國棟均指出一條由連結「航運」及「船」的途徑。若在當前已有相當基礎的公營造船研究上，重新梳理臺灣戰後航運業的發展，或許可以得到一個更清晰航運史圖像。

（二）漁業史

臺灣漁業史雖然還有開拓的空間，但已累積了一定的研究成果。目前多數研究成果聚焦於 1945 年之前的漁業，中村孝志、曹永和分別研究荷蘭時期及明代臺灣的漁業，曾品滄、李文良探討清代的養殖漁業，張守真利用一手史料與口述材料爬梳 17 世紀至 2000 年高雄地區的漁業概況，林玉茹、蔡昇璋、王俊昌及李宗信則對日本時期的水產政策與發展有深入的研究。[38] 針對戰後漁業的研究則有相關政府機關發行的書籍如《臺灣漁業之研究》、《拓漁臺灣》及《基隆漁業史》，立法委員羅傳進的《臺灣漁業發展史》以及蔡昇璋的〈戰後初期臺灣的漁業技術人才（1945-1947）〉。[39]

---

37 陳國棟，〈清代中葉（約 1780-1860）台灣與大陸之間的帆船貿易──以船舶為中心的數量估計〉，《臺灣史研究》，1（1）(1994)，頁 55-96。

38 因針對臺灣漁業史發展的研究文獻眾多且至關重要，為免註解過長影響閱讀，請參考本書附錄一〈漁業史與戰後造船史之研究成果〉。

39 臺灣銀行經濟研究室編著，《臺灣漁業之研究》（臺北：臺灣銀行經濟研究室，1974）；胡興華，《拓漁臺灣》（臺北：臺灣省漁業局，1996）；陳世一，《基隆漁業史》（基隆：基隆市政府，2001）；羅傳進，《臺灣漁業發展

蔡昇璋在針對戰後漁業技術人才的史研究，挑戰過去政府主導的臺灣漁業史論述。政府所主導的論述往往強調政府的領導有方及政策的有效性，忽略日本時期奠定漁業基礎在戰後的延續性。蔡昇璋指出，從文獻中可清楚見到，日本時期的漁業基礎建設、日籍與臺籍技術人才，以及臺灣漁業從業者在戰後初期對的漁業振興工作上，扮演重要的角色。[40] 雖然其研究並未觸及連結漁業界及造船界的關鍵人物（如豐國水產公司及豐國造船公司的董事長陳水來），也未設法釐清戰後漁業及造船業在發展上的關聯，不過，仍證明早在日本時期已培育出一批懂得操作動力漁船的漁業技術人員與從業者。這群人對於戰後發展遠洋動力漁船有何影響，值得進一步探討。

　　李宗信的〈日治時代小琉球的動力漁船業與社會經濟變遷〉是目前唯一將漁業及動力漁船發展並置討論的文章。他由「東港漁民的刺激」、「漁業知識與技術的傳播」及「相關漁業設施」三方面來說明何以小琉球的漁民開始使用動力漁船。他指出，東港漁民的競爭壓力讓小琉球漁民產生對於動力漁船的需求，而知識技術的導入及漁業設施的設置，讓「離島」漁民擁有使用動力漁船的基本條件。此外，動力漁船的出現不僅提升小琉球漁民的漁獲量，也對當地及臺灣南部的社會帶來改變。例如：小琉球居民藉由航行能力較強的動力漁船，擺脫對於東港的依賴，與港區較大的高雄、臺南產生緊密連結。同時，由於動力漁船的捕撈活動較為複雜，需要較多的從業人員，使得當地漁業從業者增加，社會分工也隨之改變。[41]

　　　史》（臺北：立法院羅傳進委員辦公室，1998）；蔡昇璋，〈戰後初期臺灣的漁業技術人才（1945-1947）〉，《師大臺灣史學報》，3（2010），頁 93-134。
40　蔡昇璋，〈戰後初期臺灣的漁業技術人才（1945-1947）〉，頁 113-115。
41　李宗信，〈日治時代小琉球的動力漁船業與社會經濟變遷〉，《台灣文化研

李宗信的研究雖未旁及動力漁船的來源，分析日本時期「動力漁船業」與造船業之間的關係，但清楚地呈現「新式船隻」對於漁業及社會經濟的影響。由此可推論，戰後漁船在形態上的巨大改變（由木殼船變成大型的鐵殼船或更為耐久的玻璃纖維船），肯定對漁業帶來極大的改變。現階段尚未有人探究此一課題。如能從造船業著手，進而了解船隻的變化，或許有助於釐清漁業及沿海地區的社會經濟在不同時期的樣貌。

（三）船史

與造船業相比，「船」本身是較為熱門的研究主題。這或許是因臺灣的「造船活動」在晚近才形成產業，關於「造船」的紀錄自然遠遠比不上「船」。目前有許多關於船種、船型及功能演變的討論，最受注目的莫過於古船及無動力船筏。

舢舨或竹筏的研究，往往由前近代討論至當代。這多半是因此種民用小船從古至今遍及沿海地區，其使用方式能夠清楚地展現出一條具有時間縱向的社會經濟樣貌。王淑珍在其碩士論文中，探討高雄旗津地區舢舨從 16、17 世紀至今的演變，以及與當地社會經濟變遷的關係。其研究顯示，舢舨在荷治時期，除了被用為捕魚及交通工具，還被荷蘭人用於視察、送信、救助與軍事支援等活動上。在清代，由於打狗港淤淺，大船無法入港，舢舨便承擔了接駁與運送商品的任務，在商貿中扮演重要角色。日本時期開港後，舢舨在商貿上的功能下降，但依舊是在地居民的主要交通工具。其交通運輸功能一直延續到戰後高雄過港隧道開通前，載運許多到旗津船廠、鐵工廠工作的人

究所學報》，2（2005），頁 67-113。

們。而後，因過港隧道與渡輪成為往返旗津的主要方式，舢舨逐漸退出歷史舞臺。[42]

　　除了上述與地方社會結合的研究模式，陳政宏也從統計數據及技術史的角度，建構臺灣竹筏的演變史。根據陳政宏的計算，竹筏從 1896 至 2005 年在數量上雖有起伏，但整體而言，之於漁船的比例大概都是百分之五十。據其研究，此種現象是因為臺灣沿海地形較淺（尤其西南部地區），再加上長期以來漁民所得偏低，難以負擔造價較貴的船隻（如淺吃水船、橡皮艇）。竹筏在型態上，從由人力、風帆驅動竹製小筏，逐漸演變成加裝舷外機的塑膠管筏及玻璃纖維筏；在用途上，由捕魚、交通，擴展成觀光，甚至是協助巡岸工作。[43]

　　關於技術史的探討也可以連結到人群與社會。陳政宏指出，由於玻璃纖維筏因結構中空缺乏填充物或隔間，便等同於沒有「水密隔艙」設計，[44] 一旦進水便會迅速下沉，因此驗船師與造船學者將玻璃纖維筏視為一般需要經檢驗的小船，建議政府要落實一套安全檢驗標準。政府對於竹筏的管制較一般小船寬鬆，因此當玻璃纖維筏被視為小船後，便有漁民在筏露出水面的兩端套上管筏用的封蓋套，將玻璃纖維筏偽裝成塑膠管筏，來通過檢查。[45] 這種政府、學者與漁民之間的角

42　王淑珍，〈旗後舢舨船與地方發展關係之研究〉（高雄：國立高雄師範大學臺灣歷史文化及語言研究所碩士論文，2014）。

43　陳政宏，〈一脈相承：臺灣竹筏之技術創新與特性〉，收於湯熙勇編《中國海洋發展史論文集》（第十輯）（臺北：中央研究院人文社會中心，2008），頁 527-573。

44　「水密隔艙」是一種確保船隻結構安全的設計，將船體內部區分成數個艙室。當船隻破損時，僅部分艙室進水，其他未進水的艙室依然可以為船隻提供浮力，避免船體下沉。

45　陳政宏，〈一脈相承：臺灣竹筏之技術創新與特性〉，頁 557-560。

力，呈現出臺灣社會中不同人群，因為對於筏與船的概念有所差異，而產生出拉扯。

近年來原住民的竹筏也受到關注。張瑋琦、黃菁瑩透過深度訪談及日本時期留下的紀錄，研究阿美族自古作為捕魚及交通工具的竹筏。他們發現，當製造竹筏的傳統技術逐漸消失後，阿美族人傳統的山林知識與管理、文化與生活，都隨之消散。換言之，當人與技術的關係改變，社會文化，以及人與自然之間的關係也發生質變。[46]

船史研究應與造船史研究相結合，方能較全面地觀察人類海洋活動的基礎。當前的研究趨勢呈現船史多研究「前近代」，造船史多研究「近代」的情況，兩者不易相互連結。近代船舶的研究主要由具備造船專業的人士完成，尚無人以技術史結合社會、經濟與產業的變遷，來研究船在種類與型態上的演變。本書雖非船史研究，但在梳理造船產業變遷後，或許能提供未來船史研究拓展的基礎。

三、當前的臺灣造船史研究成果

概觀其他國家的造船史研究，成果豐碩，已有不少專書。相比之下，臺灣的造船史研究較為缺乏，但並非毫無成績。目前造船史的研究成果，可簡單分成戰前與戰後。之所以用時間斷限作為分類依據，是因多數研究都是針對單一時期進行探討，只有少部分研究同時觸及戰前與戰後的造船業。戰後的造船業研究又可再依據研究對象，區分為公營造船廠及民營造船廠兩類。

---

[46] 張瑋琦、黃菁瑩，〈港口阿美族的竹筏〉，《臺灣文獻》，62（1）（2011），頁161-188。

（一）戰前臺灣造船史研究

戰前的研究成果較戰後少。尤其在日本時期前，造船活動尚未形成產業，使得關注前近代的史學研究者，對「船史」的討論遠勝於「造船史」。唯一有關造船的主題是清代的軍工戰船廠。李其霖曾考證臺灣清代唯二的官營船廠——「軍工道廠」及「軍工府廠」——的興建過程、地點，以及營運問題。根據其研究，當時在臺造船的主要困境為材料取得困難、港區環境變遷。在船廠設立之前，已有少量戰船在臺製造。唯礙於自山區伐木不易，造船用的木材均取自中國。1725年「軍工道廠」設廠後，情況未變，僅樟木為就地取材。由中國運輸木材易受風災所阻，在臺灣山林砍伐樟木易引起族群衝突，最終，「軍工道廠」時常無法順利取得木材，或取材成本過高，延宕造船進度，積壓了許多修造工程。為了分擔無法消化的工程，清廷於1825年設立了「軍工府廠」。不料，隨著環境變遷，港道淤積，影響「軍工道廠」船隻的出入，不得不於1863年另設新廠。[47] 事實上，這樣的困境也是日後臺灣造船產業發展時得克服的阻礙。因此，造船業的推動者——如政府、船廠經營者——如何藉由建設良港、引入新技術突破困境，是造船史研究者必須探討的課題。

至於日本時期造船業的研究，多將造船業的發展，與臺灣的工業化、現代化相連。從工業史研究的脈絡來看，此種研究類似以「近代化論」的角度來理解造船業，將造船業的成果，視為工業化、現代化

---

47 李其霖，〈清代台灣之軍工戰船廠與軍工匠〉（臺北：淡江大學歷史學系碩士論文，2002）；李其霖，〈清代臺灣軍工船廠的興建〉，《淡江史學》，14（2003），頁193-215。李其霖在其博士論文〈清代前期沿海的水師與戰船〉中，也以一節的篇幅討論了戰船的修造，但非研究的核心。李其霖，〈清代前期沿海的水師與戰船〉（南投：國立暨南國際大學歷史學系博士論文，2009）。

的結果。殖民的剝削、產業發展帶來的負面影響不在討論的範圍。縱使研究角度相對單一，現階段的研究仍為日本時期臺灣造船史奠定研究的基礎。王御風及蕭明禮一南一北，分別討論了高雄及基隆的造船業，而洪紹洋則在蕭明禮研究之基礎上，進一步探究日本時期造船業的規模，分析當時最大的臺灣船渠株式會社及其前身基隆船渠株式會社的經營情形，並檢討當時的產業整合、人力資本，以及造船政策。

　　王御風是首位針對戰前高雄造船業，進行系統性爬梳的史學研究者。至今，其研究依舊是該主題唯一的成果。他指出高雄造船工業的發展與日在臺的工業政策密切相關，並將發展過程依照產業情形分成三期：第一期是在高雄工業發展之初，資金由日本流入臺灣，造船業隨著築港、糖業運輸之需而興起，主要製造運輸船；第二期從1921年經濟危機造成的船廠倒閉潮中逐漸復甦，隨著政府對漁業推動製造漁船，並為高雄港內海漸增的運輸量建渡輪；第三期隨1937年中日戰爭爆發，造船業在軍事需求下被政府重整，以利國家動員，但同時也因戰爭物資缺乏，被侷限於木船製造，喪失技術轉型至鋼船的契機。除了對產業發展進行歷史分期，其研究也呈現出國家與民間在產業上的角力。日本殖民政府有意將技術保留在母國，但在運糖、捕魚等市場需求的帶動下，新技術依舊隨著資本進入高雄，先後拉動造船業及遠洋漁業。[48]

　　不同於王御風，蕭明禮並未通盤地替基隆造船產業的發展概況進行爬梳與分期，而是將基隆船渠株式會社（以下簡稱基隆船渠）、臺灣船渠株式會社（以下簡稱臺灣船渠）的發展，置於戰前航運業及社會經濟發展的脈絡中探討，再輔以對於會社經營者、股份與財務的

48　王御風，〈日治時期高雄造船工業發展初探〉，頁50-75。

分析，來建構當時的產業藍圖。他發現，由於臺灣欠缺重工業的發展條件，基隆船渠的業務偏重船舶修理，造船市場由日本獨占鰲頭；不過隨著 1930 年代中期南進政策的展開，臺灣造船業漸受重視，但同時臺人資本也被壓縮，產生從屬化的現象。[49] 單一間船廠的發展固然無法代表整個產業，但其規模遠大於基隆地區其他船廠，仍具指標性。[50]

洪紹洋認為蕭明禮的研究僅分析了此二會社的盈虧，「在成本面及收益面，則未進一步加以交代」，因此特別針對「業務來源、財務經營及總督府政策」進行分析。他經分析後發現，此二會社的規模雖為臺灣最大，依舊屬於「區域性造船廠」，主要業務為修船及製造小型船舶。這是因為「日治時期臺灣的工業化是配合日本帝國的規劃發展」，形成一種「跛行性發展型態」，僅全力發展屬於初級工業的製糖業，忽略其他的工業型態。雖然中日戰爭的爆發後，總督府急欲提升造船業的製造能力，提供了造船業擴大的契機，唯臺灣欠缺鋼鐵原料、資金及技術人才，使得產業發展受到限制。[51]

---

49 蕭明禮，〈日本統治時期における台湾工業化と造船業の発展：基隆ドック会社から台ドック会社への転換と経営の考察〉，《社会システム研究》，15（2007），頁 67-82。

50 根據 1933 及 1935 年出版的《基隆市產業要覽》，基隆船渠株式會社的職工人數不僅為基隆之最，更是職工人數名列第二的船廠的十倍以上。其餘船廠的職工人數差異不大，介於 2 至 17 名之間。可見基隆船渠株式會社之規模及重要性。桑原政夫，《基隆市產業要覽》（出版地不詳：基隆市役所，1933），頁 43-44；桑原政夫，《基隆市產業要覽》（出版地不詳：基隆市役所，1935），頁 64-65。

51 洪紹洋，〈日治時期臺灣造船業的發展及侷限〉，收於國史館臺灣文獻館編，《臺灣總督府檔案學術研究會論文集》（南投：國史館臺灣文獻館，2008），頁 317-344。

此些研究基本上均說明了清代至日本時期影響造船業的因素，李其霖論及港埠空間與材料的重要性，王御風與蕭明禮均討論了築港工程及關聯產業對造船業的正面作用，以及戰時物資缺乏對造船業造成負面衝擊，而洪紹洋則以造船業在原料、資金及技術人才等層面的問題，來解釋產業發展的受阻。這些研究描繪出了戰前造船業的初步輪廓，但也激發出更多令人好奇的問題：清代藏於民間的造船技藝與經驗如何傳承？傳統的技藝與經驗在面對日本時期的現代造船技術時，有什麼樣轉變？如何與新技術接合？當現代化船隻逐漸侵奪傳統船隻的市場時，對於造船業本身及相關產業的結構——如漁業、航運業——產生何種影響？透過這些問題，或許可以探知隱於民間的造船業變遷脈絡，以及戰後造船業技術轉型的基礎。

(二) 戰後造船史研究：以公營造船廠為主

在海洋史的概念獲得廣泛討論前，即有經濟學者對於戰後造船產業的發展概況進行審視與回顧。如曾勇義在《臺灣經濟金融月刊》上發表之〈台灣之造船工業〉，以及蔡來春於臺大經濟學研究所之碩論〈台灣造船工業之研究〉。[52] 從歷史學角度梳理戰後造船業發展的研究，始自 2000 年中期。陳政宏、王御風、洪紹洋、許毓良、柯堯文和林本原等人均紛紛投入研究行列。[53] 他們主要的研究對象為公營船廠——即臺灣機械公司（以下簡稱臺機公司）、臺灣造船公司（以下

---

52 曾勇義，〈台灣之造船工業〉，《臺灣經濟金融月刊》，6(6)(1970)，頁 7-12。蔡來春，〈臺灣造船工業之研究〉（臺北：國立臺灣大學經濟學研究所碩士論文，1975）。

53 因以歷史學角度梳理戰後造船業發展的研究文獻眾多且至關重要，為免註解過長影響閱讀，亦請參考附錄一〈漁業史與戰後造船史之研究成果〉。

簡稱臺船公司）及中國造船公司（以下簡稱中船公司），[54] 大致建構了以公營船廠為藍本的臺灣造船業發展史。

　　戰後臺灣造船史通常以臺灣機械造船公司作為開頭。該公司由資源委員會與臺灣省行政長官公署（以下簡稱長官公署）在1946年5月接收日本時期的臺灣船渠與臺灣鐵工所的廠房與設備後所設立，總部設於基隆，下轄基隆造船廠與高雄機器廠。至1948年兩廠拆分成臺船公司與臺機公司。[55] 臺船公司與臺機公司船舶廠是戰後主要的公營造船廠。臺船起先主要修造近遠洋漁船，自1950年代末嘗試透過與美國的殷格斯造船廠（Ingalls Shipbuilding）及日本的石川島播磨重工（IHI Cooperation）技術合作，來建造大型輪船。隨後，由於臺灣對於石油的需求隨經濟發展而提升，再加上1970年代國際局勢影響石油運輸路線，促使各國油輪大型化，臺船公司與1973年成立的中船公司便以建造巨型油輪為營運目標。[56] 為了避免兩間大造船公司彼此競爭，經濟部於1978年將之合併，並留下中船之名。[57] 至於臺

---

54 臺灣機械造船公司位於基隆與高雄的廠區，在1948年分別獨立成臺船公司與臺機公司。中船公司於1973年開始籌設，但不久後即因石油危機而遭遇龐大的虧損，隔年便與臺船公司合併，以「中國造船公司」為名，下轄基隆、高雄兩廠。陳政宏，《航領傳世──中國造船股份有限公司：臺灣產業經濟檔案數位典藏專題選輯》（臺北：檔案管理局，2012），頁24、108-169。

55 洪紹洋，〈戰後臺灣機械公司的接收與早期發展（1945-1953）〉，《臺灣史研究》，17（3）(2010)，頁155-157。

56 中船所建造著名的油輪莫過於1977年下水的「柏瑪奮進號」。該船是我國所建最大的船舶，全船長度等同高雄八五大樓的高度。陳政宏，《航領傳世──中國造船股份有限公司：臺灣產業經濟檔案數位典藏專題選輯》，頁26-51、155-167。

57 中船公司本欲採民營，招募許多民股，但受到航運業景氣下滑的影響，獲

機公司，在戰後初期多修造小型木殼漁船，1960年代起配合政策製造遠洋漁船，但至1970年代，因民營造船業的修造能量提升，漁船市場競爭激烈，轉而修造中型貨輪與工作船。

這群研究者依據各自的學術訓練，在研究上有不同的側重。畢業自美國密西根大學造船及輪機系的陳政宏，擅長處理船舶的技術發展與製造過程，因此其研究成果多偏向技術史或科技與社會研究（Science, Technology and Society, STS），但也有針對臺機公司、中船公司的公司史書寫。許毓良、王御風、柯堯文與林本原為史學研究者，重視社會背景對產業的影響，以及產業在不同時期呈現的樣貌。經濟學者洪紹洋多由經濟史的角度，細緻地分析公司經營、財務、人力與業務等面向，進而建構臺灣造船業的發展樣貌，並回應經濟學界在討論戰後經濟發展時所關注的基本問題。

除了許毓良與柯堯文僅探討戰後初期1945至1955年的公營造船公司，[58] 其他學者討論的範圍較廣。陳政宏與王御風的研究涵蓋日本時期至今，臺船公司及中船公司都有涉獵。林本原與洪紹洋的研究主

益不佳，導致民股退出，1977年改為國營。陳政宏，《航領傳世——中國造船股份有限公司：臺灣產業經濟檔案數位典藏專題選輯》，頁173-177。

[58] 許毓良與柯堯文均從公司史的角度，找出1945至1955年公營造船業的特色。許毓良歸納出七大特色，分別為：經營上的「大陸經驗」、業務與社會環境連動、客戶為政府部門及軍方、積極拓展國外業務、由戰前的日資企業轉而成為戰後的國營企業、有臺灣銀行與美援提供的資金奧援、作為反共復國政策下的成員。柯堯文則是總結出五點：業務與航運業連動、高度配合國家政策、員工待遇及福利良好、積極尋求技術合作。許毓良，〈光復初期臺灣的造船業（1945-1955）——以臺船公司為例的討論〉，《臺灣文獻》，57（2）（2006），頁221-223；柯堯文，〈戰後國營造船業的公司制度與業務發展——以台船公司為例（1945-1955）〉（桃園：國立中央大學歷史研究所碩士論文，2009），頁147-148。

要針對臺船公司,因此僅討論至 1978 年兩間造船公司合併之時。如果將所有造船史研究的範圍並列來看,會發現戰後初期受到最大的關注。所有研究者均觸及 1945 至 1955 年。此外,在戰前至戰後初期的歷史書寫上,也形成一套共同的「範式」:先從 1919 年成立的基隆船渠或 1937 年成立的臺灣船渠談起,再進入戰後初期,由工廠接收與整併來談臺灣機械造船公司的成立。而後的討論,多半聚焦在最終走向合併的臺船公司及中船公司。專門針對臺機公司的研究,僅有陳政宏與洪紹洋的著作與期刊論文。[59] 究其原因,可能是因臺機公司主要業務並非造船,其船舶廠規模僅屬於中小型船廠。

　　目前公營造船公司的研究所關注的課題不外乎:一、公司的組織架構、管理、資金與人員來源;二、公司的發展及經營成效;三、技術轉移的過程。其中,第二、三項課題最受研究者重視。林本原與洪紹洋均探討臺船公司造船技術的來源、技轉的方法,並分析過程中失敗的原因。[60] 林本原強調造船業的技術轉移與其他產業的關聯。他指出,戰後初期臺船公司之所以積極向國外取得技術,是因市場變遷及政策規劃。戰後航運業陷入蕭條,使得原本以修船為主的臺船公司無船可修,不得不轉向造船。再加上,政府為發展遠洋漁業及機械製

59　參見陳政宏,《鏗鏘已遠——臺機公司獨特的一百年》(臺北:行政院文化建設委員會,2007);洪紹洋,〈戰後臺灣機械公司的接收與早期發展 (1945-1953)〉,頁 151-182;洪紹洋,〈戰後臺灣工業化發展之個案研究:以 1950 年以後的臺灣機械公司為例〉,收於《現代中國研究拠点　研究シリーズ・第六號》(東京:東京大学社会科学研究所,2011),頁 107-139。

60　參見林本原〈國輪國造:戰後台灣造船業的發展 (1945-1978)〉(臺北:國立政治大學歷史學研究所碩士論文,2005),以及洪紹洋的著作《近代臺灣造船業的技術轉移與學習》(臺北,遠流出版事業股份有限公司,2011)。後者是目前臺灣造船史研究中最具代表性的作品。

造，讓臺船公司對於造船技術產生迫切的需要。[61]

洪紹洋對於技術轉移背後的動力討論不多，將重點放在臺船公司技術的來源。他的研究顯示，戰後初期的造船業技術傳承自戰前，透過戰前培育出來的技術人才與工人，傳承戰前的經驗。臺船公司的技術學習模式基本上都是與外國造船公司合作。1954年臺船公司分別和日本石川島重工業株式會社及新潟造船廠進行合作，與前者之合作係針對大型船舶、機械及水力發電等設備，與後者則是針對漁船及船用柴油機。1957年直接將廠房租給美國殷格斯公司委其經營。至1965年改與石川島播磨株式會社進行技術合作。雖然臺船公司歷經多次技術合作，但直到1965年以後，才取得較大的經營成果。

洪紹洋認為，1954年啟動的合作計畫以及殷格斯臺灣造船船塢公司（以下簡稱殷臺公司）時期的失敗，與臺船公司本身的公司問題有關。不是因資金、經驗不足，技術提升有限，就是由於經營策略失當，導致財務虧損。[62] 針對殷臺公司的失敗原因，林本原有不同的看法。他將問題根源指向政策，認為政策對於臺船公司造船能力、銷售予航運市場的評估過於樂觀，且「缺乏整體計畫性」，「導致無法配合造船業發展需要設備」。這導致臺船公司製造成本較日本以及其他國家的造船廠高，進而無法獲得作為主要客源的本國航運公司青睞。[63]

不過，洪紹洋也沒有忽略政策本身的問題。他認為整體而言，在大企業多由政府經營的社會經濟結構下，政府的產業政策會是產業成敗的關鍵。1970年代臺船公司與中船公司並列臺灣兩大造船公司時，

---

61 林本原，〈國輪國造：戰後台灣造船業的發展（1945-1978）〉，頁8-27。
62 洪紹洋，《近代臺灣造船業的技術轉移與學習》，頁109-115、130-136。
63 林本原，〈國輪國造：戰後台灣造船業的發展（1945-1978）〉，頁168。

政府沒有提供優惠的融資政策，推進產業升級。到了1970年代末，臺灣在船舶設計上擁有「較高階的基本設計能力」，1980年代已能自行製造船舶主機及鋼板時，政府也沒能以產業政策進行垂直整合。[64] 這些因素最終導致臺船公司技術轉移的成果有限，關鍵零組件依舊仰賴向先進國家購買，成本無法壓低。此外，政府不願提供更優惠的融資與補貼政策，也導致中船公司在1970年代以降無法獲得更多的國內外訂單。[65]

陳政宏也同樣直陳政府的問題。陳政宏在論及殷格斯臺灣造船船塢公司（以下簡稱殷臺公司）時期的虧損時，將原因歸咎於「政府經建部門在籌劃與執行國際性大型複雜的重工業事務的總體能力不足」。[66] 而他在檢討中船公司的經營問題時，批評政府未積極推動與造船相關的零組件與器材製造業，導致零件、機材往往需要外購，增添造船成本。他更指出，在公營企業需要政府協助時，政府反而因為缺乏投資企圖心，未能提供長期低利融資。這些缺失又可以總結為政府自身能力不足，無法觸及推動產業發展時必須考量的層面，如相關產業情況、政府部門的能力，以及國際環境等。[67] 其觀點和洪紹洋及林本原的分析十分近似。

---

64 洪紹洋，《近代臺灣造船業的技術轉移與學習》，頁231。

65 同上註，頁214-217。

66 陳政宏，《造船風雲88年——從臺船到中船的故事》（臺北：行政院文化建設委員會，2005），頁61；陳政宏，〈1950-1980年代臺灣造船政策的規劃與執行：以殷台公司租借案與中國造船公司為例〉，收於張澔等編輯，《第八屆科學史研討會彙刊》（臺北：中央研究院科學史委員會，2008），頁19。

67 陳政宏，〈1950-1980年代臺灣造船政策的規劃與執行：以殷台公司租借案與中國造船公司為例〉，頁28-37。

王御風與鄭力軒在〈重探發展型國家的國家與市場：以臺灣大型造船業為例，1974-2001〉一文中，提出與陳政宏些許不同的解釋。他們認為中船公司的失敗原因在於兩點：「保守、相對自主的金融體系」、「缺少形成航商、銀行以及造船廠三方追求長遠共同利益的社會基礎」。這兩點之間有些許關聯。由於財政部態度保守，不願提供優惠融資政策，使得航商棄臺灣造船廠而去，改向融資條件較好的日本訂船。這種情況摧毀了讓航商、銀行以及造船廠建立穩定關係的誘因。再加上，政府部門之中沒有一個能夠統整相關產業的機構，讓不同產業僅求各自利益，而沒辦法一同獲取共同利益。[68] 雖然他們分析的對象是中船公司，但所提出的解釋和林本原對於殷臺公司失敗的分析相仿。

　　曾檢討政府產業政策成效的瞿宛文，在針對中船公司的討論中，也指出造船業之所以「相對失敗」，問題不在於技術，而在於政策的計劃方向與執行。就產業特性而言，造船業屬於「組裝型產業」，生產步驟複雜，需要密集的技能（skill），而非技術（technology）。然而，技能的學習較為不易，使得造船業要達到成功的條件較高。當政策在計畫與執行上無法讓產業擁有成功的條件時，產業便難以成功。再加上，在政策的影響下，中船公司缺乏「經營自主性」，使得其商業銷售能力較不成熟，進而影響經營成效。[69]

　　從上述討論來看，研究者們基本上將公營造船業之發展與成敗，歸結於政府部門與政策。此一觀點固然有其道理在，畢竟公營企業與

68　鄭力軒、王御風，〈重探發展型國家的國家與市場：以臺灣大型造船業為例，1974-2001〉，《臺灣社會學刊》，47（2011），頁 1-43。

69　瞿宛文，〈臺灣產業政策成效之初步評估〉，《臺灣社會學研究》，42（2001），頁 103-109。

政府關係密切，前者之得失，後者多少要承擔責任。然而，由於公營造船業的研究較為完整，讓戰後臺灣造船史的書寫被大型造船公司所獨占，呈現一種由臺船公司與中船公司構成的單線敘事。就常理來思考，民營造船業的發展跟公營造船業完全相同的機率微乎其微。若不提及民營造船業，則臺灣造船史便無法拉近與真實的距離。

（三）有待開展的戰後民營造船史研究

目前缺乏關於民營造船業的史學專著，僅有吳初雄的文章〈旗後的造船業 1895-2003〉試圖講述日本時期至戰後的民營造船業。[70] 吳初雄曾任旗津區區長，熱衷當地的文史研究。他透過大量的訪談，梳理了旗津各間民營造船廠在不同時期的區位變遷及產業發展，可謂研究民營造船業的第一人。

其研究最主要的貢獻是，記錄鋼船與玻璃纖維船進入民營造船業的歷史。他指出，第一間製造鋼船的民營船廠是新高造船廠。老闆劉萬詞於 1965 年投資相關設備、開始製造，而後其他船廠也紛紛跟進。至於玻璃纖維強化塑膠（Fiberglass Reinforce Plastic, FRP，本書均簡稱玻璃纖維），是由臺灣北部的美國廠商於 1965 年引進，以供當地的船廠製造遊艇，銷售給美軍顧問團成員。1968 年黃明正率先將玻璃纖維應用在漁船上，並於 1971 年開設全國第一家專製玻璃纖維船的造船廠——新昇發造船廠。[71]

與之不同的是，在陳朝興所編的《海洋傳奇——見證打狗的海洋

---

70 吳初雄，〈旗後的造船業 1895-2003〉，《高雄文獻》，20（4）（2007），頁 1-36。

71 同上註，頁 29-31。

歷史》一書中，第一家製造鋼船的民營造船廠是成立於 1965 年的豐國造船公司。至於新昇發造船廠，被認為是「高雄」第一間玻璃纖維造船廠，而非「全國」；船廠的成立年分則為 1970 年，而非 1971 年。[72] 不過，由陳政宏、黃心蓉與洪紹洋共同執行的研究，針對玻璃纖維引進臺灣的過程，提供更細緻的說明。玻璃纖維於 1960 年代不約而同地由美國引進。1961 年一位任職於中國生產力中心的美籍人員 Warner 先生以大橋遊艇公司客戶的身分，向該公司介紹此一船材；而陳振吉造船廠與美國洛杉磯的 Roughwater 公司合作，製造玻璃纖維遊艇。當時軍方所購置的部分美製登陸艇已是玻璃纖維之材質，但在臺灣，這種材料才剛用於包覆作為遊艇船殼的三夾板，避免腐蝕。至於前述提及的劉萬詞，在 1970 年代初期眼見遊艇市場深具潛力，派遣 25 名技工至臺北縣（今新北市）八里的大橋遊艇公司學習遊艇製造技術，於 1972 年設立大洋遊艇企業股份有限公司，跨入遊艇界。[73]

　　陳朝興與陳政宏等人所編寫的書籍與報告，擁有當前最為豐富的民營造船業從業者的口述資料。前者除了民營造船業，還包含遊艇業、相關零件產業的訪談紀錄。後者的訪問對象包含數位遊艇業從業者、中船公司前董事長徐強，以及臺船公司的領班。這些資料與吳初雄的文章可作為日後研究民營造船業的重要材料。惟須特別留意的是，這些研究成果的細微差異，反映出民營造船業中存有許多待考證

72　陳朝興總編輯，《海洋傳奇——見證打狗的海洋歷史》（高雄：高雄市海洋局，2005），頁 118-123、137-141。

73　陳政宏、黃心蓉、洪紹洋，〈臺灣公營船廠船舶製造科技文物徵集暨造船業關鍵口述歷史紀錄〉，頁 61、64；「大洋遊艇企業股份有限公司」，經濟部商業司「公司及分公司基本資料查詢服務網」，網址：https://findbiz.nat.gov.tw/fts/query/QueryBar/queryInit.do（最後瀏覽日期：2023 年 6 月 21 日）。

的歷史。尤其是技術與資金需求較高的鋼船，究竟是如何出現在民營造船業中，值得深究。

有趣的是，關於鋼船製造技術如何進入民營造船業，吳初雄與陳朝興不約而同指出一個相似的脈絡。就其說法，1950至60年代，政府希望推動遠洋漁業，便祭出低利貸款，鼓勵漁民建造鋼構的遠洋漁船。然而，由於民間資金不足，漁業界反應冷淡，於是中國農村復興聯合會（以下簡稱農復會）與高雄區漁會協商，由時任漁會理事長蔡文賓（1897-1982）[74]，與陳水來（1918-1997）[75]、莊格發（？-1984）[76]、

---

74 蔡文賓（1897-1982，原名為蔡文彬）生於臺南廳大竹里打狗街旗後（今高雄市旗津區），父親蔡權為當地貧困的漁民，下有兩個弟弟蔡文進與蔡文玉（1917-2012）。他在日本時期即「成功翻身」，成為擁有多艘漁船的大船東，成立「丸二商號」與高雄造船鐵工株式會社（或稱高雄造船鐵工所、高雄造船鐵工場），事業跨足水產捕撈與買賣。其二弟蔡文進擔任滿慶漁業行的經理，但不幸於1963年7月31日被澎湖船員翁秋香殺死。與蔡文賓相差20歲的幼弟蔡文玉在其栽培下，畢業自慶應義塾大學經濟學部，成為戰後高雄政界、漁業界的重要人士。〈高市血案　日正當中　解僱船員翁秋香　懷恨行炸殺人　滿慶漁行硝煙迷漫　經理蔡文進被刺死〉，《聯合報》（1963年8月1日），第3版；〈蔡文玉其人其事〉，《聯合報》（1970年12月25日），第3版；李文環，〈蚵寮移民與哈瑪星代天宮之關係研究〉，《高雄師大學報》，40（2016），頁33。

75 陳水來（1918-1997）生於旗津上竹里，1953年成立豐富行從事進出口貿易。該公司於1958年開始外銷冷凍魚貨。1964、1965年先後與蔡文賓、莊格發、柯新坤等人成立豐國水產股份有限公司、豐國造船股份有限公司。「關於創辦人」，財團法人陳水來文教基金會官網。網址：https://slchen.org.tw/about/founder（最後瀏覽日期：2023年6月20日）。

76 關於莊格發之生平缺乏文獻紀錄。筆者試圖透過哈瑪星代天宮總幹事洪文昌聯繫莊格發後人，但其後人不願受訪。筆者僅由洪總幹事口中得知莊格發過去從事漁業買賣。

柯新坤（1906-1991）[77]等人合資，於 1965 年共同成立豐國水產股份有限公司（以下簡稱豐國水產公司），委託臺機公司建造遠洋漁船，以達到示範作用。之後豐國水產自行投資造船事業，成立豐國造船股份有限公司（以下簡稱豐國造船公司），聘請畢業於臺南工學院（今國立成功大學）機械系與日本東京大學船舶工程系、原於中國漁業公司服務的黃正清出任廠長一職，自行建造鋼構的漁船。[78]此一脈絡基本上暗示了遠洋漁業的發展及民營造船業的技術轉型，是政府主動出擊，最終在與民間共同合作的情況下，換得成果。此外，吳初雄亦強調公營造船廠所培育的技術人才，有助於民營造船業的技術提升。[79]這整套說法雖然沒有抹去產業界的角色，但依舊單純地指向一個類似制度論的觀點：政府是需求的創造者，也是產業發展最初的推動者。

如換個角度思考，政府或許不一定是產業發展過程中的主體。早在日本時期，臺灣即有遠洋漁業及鋼船製造。雖然後者的製造技術由日本資本家所掌控，但民間社會並非對此二產業毫無概念，且已經有一套相應的社會網絡及制度配合運作。戰爭的破壞會造成產業停擺、網絡與制度的崩解，卻不一定會完全消弭需求。事實更可能是，民間社會困於資金與技術的不足，「有志難伸」，無法積極回應市場需求。從 1962 年造船公會的請願書中，可見到民營造船業者以符合當時國家意識形態的「反共復國」論調為包裝，向政府提出「組織造船工業

---

77 〈柯新坤訃聞及行述影本〉，國史館藏，入藏登錄號：1280058500001A。柯新坤最有名的身分為光陽工業股份有限公司之共同創始人，其生平見第二章第三節。

78 莊育鳳，〈培育人才，傳承船業研究；樂在分享，不知老之將至——成功大學漁船及船機研究中心教授黃正清〉，《豐年半月刊》，59（20）（2009），頁 21-22。

79 吳初雄，〈旗後的造船業 1895-2003〉，頁 28-29。

輔導小組」、「撥貸長期低利貸款」，以及「造船用器材進口特准免稅」三項訴求。[80]

由此可見，政府的產業政策，不完全是其主動提出，業者的聲音其實也在其中。基於此一思考，更細緻地探問社會、產業與政府的互動關係是必要的：在戒嚴時間，業者通常如何展現自身的需求？政府如何理解這樣的需求？在業者眼中，政策對產業產生了何種影響？面對政策，業者的回應又如何進一步影響政府的行動？

四、民營造船史的研究課題

陳政宏等人在其報告中，點出七項造船史研究未來可進一步探討的主題：（1）1970 年代後遊艇業在北部與南部的擴展；（2）1980 年代末期遊艇業的衰落與外移；（3）1990 年代遊艇業的升級與經營策略；（4）1960 年代末期從美國引進新式 FRP 製造技術；（5）1950 年代至今的民營漁船製造廠及中型造船廠演變；（6）民營造船集團化與多角化經營趨勢之成形；（7）我國海軍對國造軍艦政策的演變與原因。[81] 除了第七項，其餘均以戰後的民營造船業為研究對象。筆者認為，此六項可探討的主題，加上述之研究成果尚可擴展、深化的面向，能歸納出四大民營造船史研究課題。

第一項課題針對造船業本身，討論其材料、技術、資金與經營管理方式在不同時期的樣態、變遷，以及新舊技術、經營管理經驗的傳承與接合。第二項是關於造船業與空間的關係，例如：何種因素影響

---

80 「台灣區機械工業商業公會呈請積極扶植民營造船工業案」，行政院檔案，檔號：0051/8-89/30001。

81 陳政宏、黃心蓉、洪紹洋，〈臺灣公營船廠船舶製造科技文物徵集暨造船業關鍵口述歷史紀錄〉，頁 75-76。

造船業區位的形成？造船活動又反過來對港埠空間造成什麼影響？第三項涉及造船業的關聯產業。關聯產業可簡單分為上游的鐵工業、零件製造業或冷凍業，以及屬於造船市場消費者的漁業、航運業。這些產業的供需與造船業有何關聯？關聯產業背後的人際網絡——包含投資者、供應商、船東——與造船業者形成了什麼樣的關係？第四項為民營造船業與政府、公營造船業兩者之間的關係，包含政府對民營造船業需求的回應及政策的效果、民營造船業與公營造船業的合作及競爭。[82]

這些課題探討的問題相當龐雜，難以在資料不易取得的情況下全面掌握。因此，本書以民營造船業在港埠中的區位變遷為核心，政經變化為背景，來具體呈現業者與政府的關係，並旁及經營模式、技術取得、資金來源等課題。之所以強調遷廠，是因為民營造船業無法「擁有」四大生產要素中的土地。[83] 港區土地的所有權在高雄港務局手中，業者僅以承租的方式使用，因此增添營運的風險。另一方面，現階段也缺乏以空間區位作為主軸來探討民營造船業的研究成果。目前僅黃棋鉦在其碩士論文〈高雄市旗津地區的聚落發展與產業變遷〉第四章中，概述船廠空間區位的變遷對於造船業的影響。然而，黃棋鉦著重於產業對於聚落的影響，對於造船業本身的探討較少。此外，他對船隻修造技術的發展僅以線性的方式來看：由木殼船轉為鐵殼

---

[82] 從檔案中可見，1990年代臺機與民營造船廠合作，一同投標承造保七總隊一百噸級巡邏艇的標案。公營造船廠可能將貨輪承造的工作外包給部分民營造船廠，但目前尚未查找到明確的檔案。「保七總隊一百噸級巡邏艇」，《臺灣機械股份有限公司》，國家發展委員會檔案管理局，檔號：0084/000/001。

[83] 四大生產要素為土地、資本、勞力與企業才能。

船，再由鐵殼船發展成玻璃纖維船。[84]

　　事實上，鐵殼船與玻璃纖維船均為木殼船的「替代品」，船廠究竟要轉往修造哪一種船隻，不僅需要考量資本與技術，還得忖度空間。而戰後船廠所在的港區由高雄港務管理局管理，船廠多半不具廠區的土地所有權。船廠的一舉一動，在一定程度上均受到這個受政府所掌控的空間影響。如能爬梳船廠空間區位變遷的過程，便能掌握產業與政府之間的互動關係，以及前者在官方論述下難以被看見的能動性。或許透過基於空間變遷為主的研究架構，我們能跳脫過去以政策影響為主單一視角，以更多元的途徑理解產業的走向，並對臺灣民營造船業乃至工業經濟的發展有更細緻的詮釋。

第四節　彷彿建造一艘船：研究方法與書寫

　　研究民營產業並藉此回應臺灣經濟產業發展的大哉問，如同建造大船，向來不是一件容易的事。越大的船需要更多的船材方能興建，越大的問題也得仰賴更豐富的資料才能找到答案。因此，本書採用的資料類型相當龐雜。若簡單歸類，可分為統計年報、以政府檔案為主的文字材料，以及口述紀錄。政府統計年報主要來自行政院農業委員會漁業署及高雄港務局等單位。政府檔案則使用了國家檔案與機關檔案。根據《檔案法》，國家檔案為「有永久保存價值，而移歸檔案中央主管機關管理之檔案」，目前收藏於國家發展委員會檔案管理局（以下簡稱檔案管理局）；而機關檔案是「指由各機關自行管理之

---

[84] 黃棋鉦，〈高雄市旗津地區的聚落發展與產業變遷〉（高雄：國立高雄師範大學地理學系碩士論文，2008），頁 83-101。

檔案」，本書所選用的機關檔案收藏於交通部[85]、行政院、臺灣港務股份有限公司高雄港務分公司（以下簡稱臺灣港務公司高雄分公司）、高雄市經濟發展局等單位。[86]這些政府機關過去不是負責處理民營船廠的相關業務，就是曾經手與業者有關的案件。在檔案查找的過程中，筆者先透過檔案管理局建置的機關檔案目錄查詢網（Navigating Electronic Agencies' Records, NEAR）[87]搜尋個別船廠的檔案，再挑選上述機關所藏的項目。由於網站上的清單沒有檔案內容之摘要，有時甚至欠缺標題，因此只能由所藏機關作為選擇依據。

臺灣港務公司高雄分公司、交通部與高雄市政府經濟發展局等單位之所以會有大量關於民營造船廠的檔案，主要是因〈臺灣省造船廠註冊規則〉（以下簡稱「註冊規則」）與〈臺灣省工廠登記實施辦法〉（以下簡稱「工廠登記」）規定業者應向政府登記並申請營業執照。根據 1946 年 4 月由長官公署頒布的「註冊規則」，「造船廠聲請註冊時，應向交通處航務管理局領取註冊聲請書，依式填寫附具圖說，及工廠設備情形，並取同業一家以上之證明」，由主管之交通處航務管理局審核後，始可獲得由交通處頒布的執照。聲請書中應載明：廠主姓名、年齡、籍貫、住址或公司行號名稱、資本總額、工程師名額及其資歷、公司組織或獨資經營、營業概況、船塢設備、機器場及其他之設備等詳細資料。造船廠如有變更任何一項資料，均須報請主管機關

---

[85] 交通部所藏的檔案部分欠缺案名，此類檔案在本書中僅列檔號；其餘無檔號之檔案，則詳列主旨、收文字號。檔案收藏與管理相當不易，筆者十分感謝交通部同仁提供相關檔案，促進學術研究。若讀者有核對、回查此批檔案的需求，歡迎聯繫筆者。

[86] 《檔案法》，全國法規資料庫。網址：https://law.moj.gov.tw/LawClass/LawAll.aspx?pcode=a0030134（最後瀏覽日期：2023 年 7 月 27 日）。

[87] 機關檔案目錄查詢網。網址：https://near.archives.gov.tw/home。

查核。1951 年 5 月，主管機關改成交通處基隆或高雄港務局，即現今的臺灣港務公司基隆、高雄港務分公司。

雖然「註冊規則」並未提及交通部在整個聲請程序中的角色，但交通部藏有許多船廠的聲請資料。從檔案推敲，此一現象源於當時港務局也需將船廠資料送交交通部，由該機關鑒覽核定。至於高雄市政府經濟發展局之所以留有大量的資料，源自 1946 年 3 月頒布的〈工廠登記實施辦法〉。該法要求業者填寫登記表、工廠基地位置圖與廠房配置圖等資料，向縣市政府進行登記。縣市政府查核後會轉送長官公署工礦處核准，而 1947 年長官公署解散後，此業務改由省政府建設廳辦理。[88]

其他文字材料還包含國立成功大學系統及船舶機電工程學系（以下簡稱成大系統系）收藏的船舶檔案、戶籍資料、國營公司刊物（如《臺船季刊》、《中船季刊》與《臺機》）、報紙、政府公報、產業研究報告，以及從業者的回憶錄等。其中最特別的是成大系統系所圖書室所藏的船舶檔案。每一個卷宗都代表一艘漁船的「一生」，詳載漁船從開始建造到報廢或沉沒期間所發生的事件。這批資料本為臺灣港務

---

[88] 〈制定「臺灣省造船廠註冊規則」〉（1946 年 5 月 13 日），《臺灣省行政長官公署公報》，35：夏：19，頁 299；〈茲修正臺灣省造船廠註冊規則第二條第四條第五條第七條文公布之〉（1951 年 5 月 5 日），《臺灣省政府公報》，40：夏：34，381 頁；〈制定「臺灣省公司登記實施辦法」、「臺灣省工廠登記實施辦法」（日譯文「臺灣省工場登記實施辦法」）、「臺灣省商業登記實施辦法」〉，《臺灣省行政長官公署公報》（1946 年 4 月 12 日），35：夏：6，頁 92；〈修正「臺灣省工廠登記實施辦法」及制定「臺灣省小型工業登記辦法」，並廢止臺灣省政府 39 年 5 月 16 日公佈之「臺灣省工廠登記實施辦法」〉（1957 年 9 月 10 日），《臺灣省公報》，46：秋：62，頁 636-638；高雄市文獻委員會，《重修高雄市志·卷八》，頁 102。

公司高雄分公司欲銷毀之漁船檔案,在成大系統系副教授陳政宏的斡旋與安排下,原先因內容層級不夠高而無法被收入檔案管理局的珍貴資料,便被順利保存下來,讓研究者可微觀個別漁船的歷史。

在口述材料方面,根據訪問者的背景可分成三種類型:(1)造船廠高階管理及技術人員,如昇航造船廠廠長林朝春(1940-2019)、豐國造船廠第二任廠長劉啟介(1944-)、前中信造船集團總經理陳正成(1953-);(2)基層工作人員,如順榮造船股份有限公司管理室職員陳麗麗(1947-);(3)與船廠配合的承包商,如承包油漆工程的林蔡春枝(1945-)。筆者試圖透過家族及自身的人際網絡,來接觸業界中不同階層、身分與性別的從業者。就大量使用口訪材料的社會科學研究而言,本書撰寫期間訪問的對象相對不足。然而,因為現階段管道有限,僅在有限的範圍內進行訪談。

本應作為本書主要材料的民營企業資料,因徵集不易,僅使用劉啟介與陳正成所提供的手稿與演講稿。與口述類似,這些材料能補足官方檔案中的缺漏或「錯誤」,以及「民間觀點」,具有相當高的參考價值。[89] 為了彌補欠缺民營企業資料的問題,本書大量使用由業者提報給政府、現以機關檔案的形式保存的資料。這些資料以陳情書、申請書或附件的形式存在,雖然內容可能會因業者為應付法規或維繫自身利益,而有捏造的情形,無法全然反映真實情況,但依舊可供參考。由於機關檔案不一定有明確的檔號,且各機關多是以收發來文字號管理,故為了便於讀者於機關檔案目錄查詢網上查找,除交通部檔案外,本書盡可能詳列機關檔案完整的資訊。

---

89 在此所指的「錯誤」並非是指檔案在製造的過程中不小心產生的「筆誤」,而是登載內容有違事實。

與造船一樣，進行歷史研究需要先了解材料性質，再將之組合成特定結構。然而，受限於時間與個人能力，筆者無法對每一項資料都進行文字紀錄與口述訪談的交叉比對。為使讀者也能自行判斷本書所呈現的歷史事實是否接近真實，筆者盡可能於正文中說明所參考資料之性質。此外，為了避免被檔案製作者的立場所侷限，或過度偏信政府單位的官方說法，筆者試圖藉由所載之文字，推敲檔案涉及的所有對象的觀點與態度。這種做法不盡完美，可能會有曲解、過度詮釋之風險，但唯有如此，才能在機關檔案中，**看見作為歷史行動主體的業者其具體樣貌**。

本書的架構相當簡單，依照時序分成兩個部分：「日本時期至1970 年」、「1970 至 1990 年」。直接以 1970 年高雄民營造船廠第二次遷廠，來切分造船產業的變遷發展史不甚完美。因工廠的搬遷往往歷時數年，第二次遷廠實際上發生於 1960 年末至 1970 年初，部分個案甚至拖延至 1970 年中期。不過為求閱讀與敘事上的便利，只能大膽分割具有高度連續性的歷史變遷。第一部分談論高雄造船業於日本時期的奠基、戰後第一次遷廠的過程，以及 1950 至 60 年代民營船廠經營模式、困境與技術轉型。該章節將重新詮釋現階段對於造船業的一些固有見解，其中涉及最先製造鐵殼船的民營船廠的爭論，以及政府在產業發展中所扮演的角色。

第二部分著重於第二次遷廠中業者與政府的協商細節，以及遷廠後的「變」與「不變」。由於第二次遷廠後造船業的產業空間底定，不再擔心被驅趕的業者，紛紛擴增資金，大量投入鐵殼船與玻璃纖維船的修造，以面對漁業需求的擴張及日益稀缺的造船木料。而與此同時，家族事業的性質與高度仰賴外包體系的經營模式絲毫不受動搖，反映出臺灣的民營重工業與輕工業的高度相似性。

結論部分除了統整本書的主要論點,亦將指出現階段研究諸多不足之處,以及民營造船史研究未來可發展的方向。

本書正文主要訴說取自檔案或口述的故事,並藉此帶出學術論述,以免書寫流於艱澀生硬。一些可能影響敘事流暢度卻相當重要的細節則置於註釋,如讀者欲進一步尋求更多資訊,可加以閱讀內容亦相當豐富的註釋。希望讀者在閱讀本書時,如同參觀一艘剛下水的新船,時而在船艙中觀察各式設備,時而在甲板上遠眺汪洋——民營造船史的研究不只有各種有趣的陳年往事,還能讓我們回頭思忖臺灣經濟與產業發展的過程。

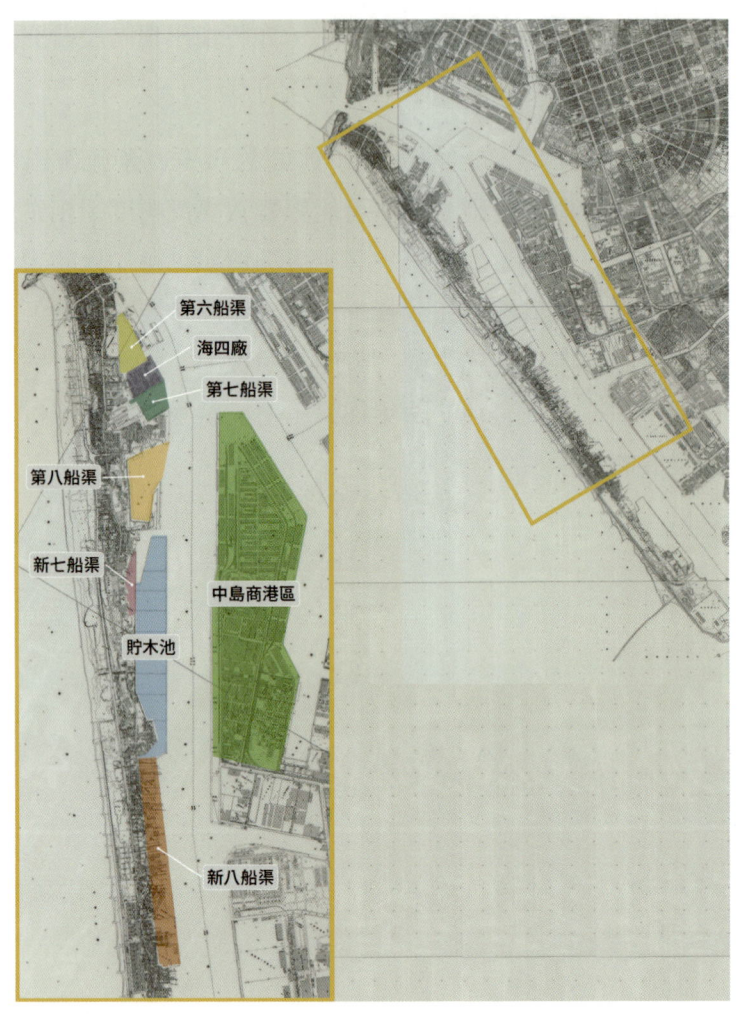

圖 1-3　本書所涉及主要研究範圍示意

說明：第一次遷廠前，旗津的民營船廠多位於海四廠所在地，遷廠後，則位於第七船渠及第八船渠間的「沙仔地」。第二次遷廠後，船廠則分布在新七船渠、新八船渠岸邊。

圖片來源：高雄市都市計畫航測地形圖（1986），中央研究院人社中心 GIS 專題中心，「臺灣百年歷史地圖」。網址：https://gissrv4.sinica.edu.tw/gis/kaohsiung.aspx。蘇聖惇繪製。

第二章　尋路・破浪：日本時期至 1970 年前

　　高雄港自 20 世紀初被捲入現代化的浪潮中，自然地景逐漸由人造的基礎建設取代。當人們以運輸之需改造港口後，煥然一新的港區反過來刺激產業的發展。日本時期的一連串的築港工程為高雄帶來了現代化的造船廠，開啟在地現代造船業的先河。第二次世界大戰期間，高雄港雖被盟軍炸毀，但也讓戰後社會在港區復建的過程中，衍生出大量維修船隻的需求。走出戰火的各行各業在 1950 年代逐漸復甦，1956 至 1961 年間，高雄港的卸貨量增加 1.5 倍。為了處理伴隨經濟發展而增長港口吞吐量，1950 年末起一系列的擴建工程在高雄港迅速展開。1958 至 1968 年間，提早兩年完工的「十二年擴建計畫」重塑了港區東岸的地貌，曲折的海岸線被切割成筆直的碼頭堤岸，迎來一艘接一艘進港的貨輪。中島商港區在此時自水中浮現，這塊人造半島除了碼頭，在 1966 年又增加了加工出口區。[1] 高雄的民營造船業便是在這約莫半世紀間的港口快速變化中扎根、茁壯。

第一節　走向現代：日本時期的高雄港與造船業

　　在 1920 年更名前，高雄港被人們喚作「打狗港」。這座位於臺灣西南部的狹長港口，彷彿變形蟲般，歷經多次空間上的變化。清領時期（1683-1895）的打狗港，隸屬鳳山縣，以旗津沙洲半島與臺灣本島之間的水域為主體，以打鼓山（今壽山，或稱柴山）與旗後北端之間的切口為港門。

　　在這兩百多年中，清朝政府對打狗港的「改造」，僅侷限在設置

1　李連墀，《高港回顧》（高雄：李連墀，1997），頁 5-81。

砲臺、烽火臺與望高樓等軍事設施。[2] 主要重塑港口地景的是在港邊謀生的居民及來臺貿易的洋商。海埔地的填埋、倉庫、住屋、卸貨碼頭與橋梁的闢建，以及電線桿與燈塔的設置，為這道由自然鑿斧出的缺口，增添人工打磨的痕跡。不過，直到1908年日本殖民政府展開築港工程，才讓打狗港徹底改頭換面，成為一座現代化港口。

目前學界將日本時期的現代化築港工程分成三期，時間斷限分別為1908至1912年、1912至1937年，以及1937至1943年。事實上，這「三期」工程並非原先規劃時所制定的施工期程。整個工程的進行可謂「且走且看」，視經費與需求不斷調整，期間歷經多次工程變更、工期延宕。而且，總督府往往在尚未完工或甫完工的情況下，便著手規劃下一期工程。[3]

整個工程以增加港口吞吐量為目標，由北往南逐步擴展。第一期工程的內容以清淤、浚渫、鑿除岩礁為主，改善打狗港淤淺的缺點。第二期則在第一期的基礎上，增加港深、拓寬港門，並建造防波堤、延長碼頭長度，以應付不斷增加的吞吐量。第三期隨戰爭的展開，著重興建護岸與陸上設施，如橋梁、鐵道、道路及倉庫等。此外，亦規劃延長港口岸壁、在旗後東北側以及前鎮河北緣填築土地（即戰後的「中島商港區」，當時本欲作為船隻的裝卸場），但因陷入戰爭泥淖，

---

2 〔清〕陳文達等撰，臺灣銀行經濟研究室編印，《鳳山縣志‧卷二‧阨塞》，臺灣文獻叢刊第124種（臺北：臺灣銀行經濟研究室，1961），頁33；〔清〕王瑛曾撰，臺灣銀行經濟研究室編印，《重修鳳山縣志‧卷七‧海防》，臺灣文獻叢刊第146種（臺北：臺灣銀行經濟研究室，1962），頁198-199。此處的「望高樓」非淡水河口由民間出資興建的燈塔，而是具有軍事瞭望用途的樓臺。

3 劉碧株，〈日治時期高雄的港埠開發與市區規劃〉（臺南：國立成功大學建築研究所博士論文，2017），頁1-23。

財政困窘，未能完成所有計畫。除了此三期工程，1943 年基於軍事需求規劃第四期工程，預計擴大築港範圍至南端的大林浦，惟最終因盟軍轟炸而告吹。[4]

高雄的現代化築港工程不是當時唯一的工程。築港與鐵路建設、市區改正是一整套建設計畫，目的在於鞏固殖民統治，以及經營、輸出殖民地資源。[5] 日本統治之初，制定「工業日本，農業臺灣」的產業發展原則，積極地將在臺加工的農業原料，運送至殖民母國，以便扶植當地工業。因此，串連港口、鐵路與市區空間的建設計畫，不只是資源輸出的必要建設，更是多項產業發展的基礎。**高雄造船業就是在此時萌芽的。**

根據王御風研究，高雄造船業之嚆矢，源自築港工程與糖業運輸之需。分別於 1900 年及 1910 年設立的荻原造船鐵工所、臺糖造船所，便是應港內外的運輸需求而生的。直至 1920 年中期爆發經濟危機以前，造船業受惠於一次世界大戰與戰後經濟榮景對船舶的大量需求而蓬勃發展，造船廠如雨後春筍般迸出，大量製造駁船。1920 年代至 30 年代中葉，新設造船廠的數量不如以往，但在政治推廣下迅速成長的漁業取代運輸業，成了造船業的推手，漁船修造因此躍升成造船廠主要的業務。中日戰爭爆發後，臺灣化身為南進基地，奉工業化為目標，造船業因此受到高度重視。臺灣總督府以統制經濟的方式，整合各家造船廠，在 1942 年 3 月將高雄、臺南共 5 間造船廠合併為

4　劉碧株，〈日治時期高雄的港埠開發與市區規劃〉，頁 1-23；劉碧株，〈日治時期高雄港的港埠規劃與空間開發〉，《成大歷史學報》，52（2017），頁 59-76。

5　劉碧株，〈日治時期鐵道與港口開發對高雄市區規劃的影響〉，《國史館館刊》，47（2016），頁 10。

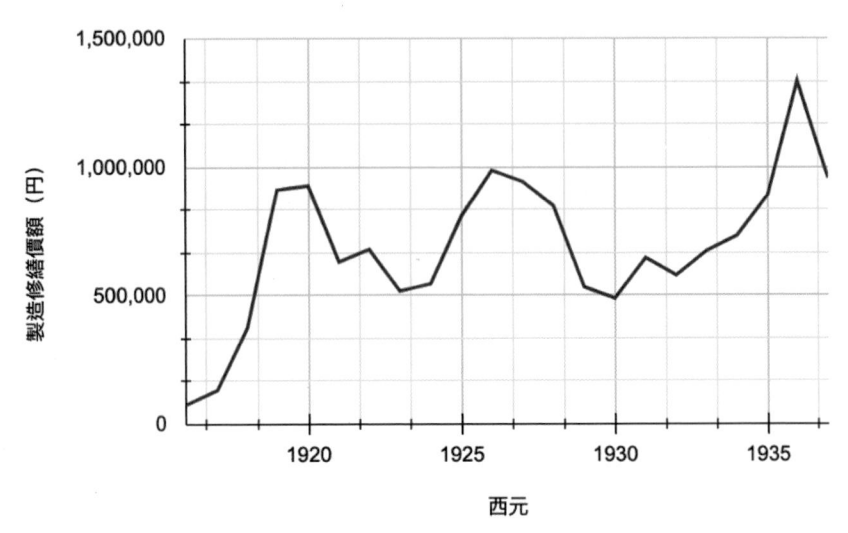

圖 2-1　日本時期全臺造船產業歷年產值折線圖（1916-1937）

資料來源：臺灣總督府殖產局商工課，《殖產局出版第四二三號　商工調查第七號　第二次臺灣商工統計　大正十二年十一月刊行》（出版地不詳：臺灣總督府殖產局商工課，1923），頁 35；臺灣總督府殖產局商工課，《殖產局出版第五九〇號　商工調查第十六號　昭和四年　臺灣商工統計》（出版地不詳：臺灣總督府殖產局商工課，1931），頁 74；臺灣總督府殖產局，《第二十次　臺灣商工統計　昭和十五年》（出版地不詳：臺灣總督府殖產局，1942），頁 44。筆者重繪。

「圖南造船會社」，而同年 11 月高雄各家造船廠亦組成「高雄造船報國株式會社」（以下簡稱報國會社）。藉由整合工作，國家得以控制造船業務、材料分配與技術人員的培訓（參見圖 2-1、附錄二）。[6]

這些造船廠除了神戶製鋼所外，均位於旗津東北緣。奇怪的是，相較於高雄港東側的鹽埕、戲獅甲等地，旗津並非築港工程與工業發

6　王御風，〈日治時期高雄造船工業發展初探〉，頁 61-72。

展的重點區域。王御風認為，此乃因造船業與漁業關係密切，船廠自然位於漁民聚集的旗後；此外，再加上當時臺灣總督府更為重視基隆的造船業，並未積極在高雄港東側的新興工業地帶發展造船業。[7]第一項原因相當合理，然而高雄多數造船廠是在1920年代之前設立的，當時對船隻有大量需求的產業是運輸業，而非漁業；若從聚集經濟的角度來看，倉庫與新式工廠聚集的港區東側應是最佳的廠房設置區位。

另一方面，政府對於產業的重視程度固然是一項合理的說法，卻忽略港口空間的安排也會考量到港內水深、材料運輸的便捷性，以及空間開發時程等因素。首先，造船廠與裝卸貨物的碼頭所需的水深與設施不同。造船廠需要鋪設將船拖上陸地的曳船道，岸邊的設施與停靠大型貨輪的碼頭不同，[8]因此在空間規劃上，通常不會與碼頭「混居」。綜觀整個高雄港，港口東側的腹地較大，適合設置倉庫，以及需要船隻載運原料與成品的新式工廠，造船廠自然得另覓他處。再者，旗津東北緣與哈瑪星、鹽埕、哨船頭一帶遙遙相望，來自嘉義的木材可快速地從高雄港站經由水路送至造船廠，而在哨船頭卸魚的船

---

7 王御風，〈日治時期高雄造船工業發展初探〉，頁69。根據臺灣總督府殖產局1935及1936年的《工場名簿》，其中登載的25間造船廠有將近一半位於基隆，高雄僅有7、8間，其餘零星分布於臺南、蘇澳及臺東。臺灣總督府殖產局，《工場名簿（昭和10年）》（臺北：臺灣總督府殖產局，1935），頁15-16。臺灣總督府殖產局，《工場名簿（昭和11年）》（臺北：臺灣總督府殖產局，1936），頁17-18。

8 一般來說，如要讓船隻上架或下水，除了連接淺水的曳船道，也可使用乾塢、浮塢。乾塢、浮塢的原理相似，都是先在塢內充水，引導船隻進塢或出塢，再排除塢內的水。相較於曳船道，乾塢、浮塢可以服務吃水更深的大型船舶，因此往往設置在水深較深的港區，可臨近貨輪碼頭。不過，日本時期高雄的造船廠僅使用曳船道。

隻也能就近維修。若為避開碼頭區，將造船廠設置於開發較晚的港區東南側，在材料運輸上便得耗費較長的時間與較多的運費。最後，還需考慮旗津東北緣的開發較港區東南側早，接近日人聚集的哈瑪星。對於初來乍到的日本企業家而言，前者是更加妥適的選項。

高雄造船業的發展在二戰的空襲火海中戛然而止。[9] 1943 至 1944 年，美軍在地圖上畫下一條由密克羅尼西亞島群、菲律賓至硫磺島、琉球，最終通向日本的反攻路線。[10] 臺灣幸運地躲過了這條線加諸在其他島嶼上的登陸戰戰火，卻逃不了配合反攻計畫的大空襲。至終戰前，轟炸機成了臺灣天空中的可怖黑點，空襲警報與飛機、砲彈的轟隆聲響激烈地奏著令人驚駭的死亡樂曲。[11] 高雄港作為工業與交通樞紐，是盟軍「地毯式轟炸」的主要目標。[12] 178 艘、總噸數 89,550 噸

---

9 盟軍對高雄地區最早的空襲可追溯至 1944 年 1 月 11 日晚間。當時攻擊的目標為高雄及鹽水兩地，共 1 人死亡，15 人受傷。林獻堂，《灌園先生日記》，1944 年 1 月 13 日，引自《臺灣日記資料庫》。網址：https://taco.ith.sinica.edu.tw/tdk/%E9%A6%96%E9%A0%81（最後瀏覽日期：2020 年 11 月 15 日）；張建俅，〈二次大戰臺灣遭受戰害之研究〉，《中央研究院臺灣史研究》，4（1）（1997），頁 155。

10 張建俅，〈二次大戰臺灣遭受戰害之研究〉，頁 155-156；鍾淑敏、沈昱廷、陳柏棕，〈由靖國神社《祭神簿》分析臺灣的戰時動員與臺人傷亡〉，《歷史臺灣》，10（2015），頁 85。

11 張建俅，〈二次大戰臺灣遭受戰害之研究〉，頁 155-160。

12 吳新榮在 1945 年 3 月 20 日的日記中寫下：「今天，美國空軍有十八架飛機在佳里上空盤旋達二十分鐘之久。心想佳里會不會像高雄、臺南一樣遭受地毯式轟炸，躲在防空壕內，提心吊膽。」日記原文為日文，本研究所引之譯文出自中央研究院臺灣史研究所之「臺灣日記資料庫」。吳新榮，《吳新榮日記》，1945 年 3 月 20 日，引自《臺灣日記資料庫》。網址：https://taco.ith.sinica.edu.tw/tdk/%E9%A6%96%E9%A0%81（最後瀏覽日期：2020 年 11 月 15 日）。

的大小船隻沉入港內,奪走港口優良的泊船功能。倉庫、起重機等港邊設施所剩無幾。株式會社臺灣鐵工所、報國會社以及株式會社臺灣船渠會社高雄工場等主要造船工廠嚴重毀損,造船能力大減。[13]

空襲,貌似造成戰後初期高雄造船業呈現只能修造木殼船的「幼稚狀態」。然而,日本時期的造船成果原本就十分有限,修造能力仍囿於木殼船,且維修工作多於製造。王御風主張,這是由於政府不加重視;縱使民間業者伴隨產業與社會的需求戮力推動造船業,但受限於技術與資金,僅能修造小型船舶,導致產業無法往大型船舶修造的方向成長。[14] 除了技術與資金的影響,洪紹洋更指出,大型造船工業所仰賴的機械製造業、製鐵業在臺灣不發達,以及臺灣總督府至戰爭後期才開始重製臺灣技術人員的培育,也是導致臺灣造船業發展有限的重要因素。[15]

第二節　戰後的空間爭奪:第一次遷廠

1945 年 8 月 15 日,臺灣迎來的政權更替,攪動了高雄港。在接收的震盪中,港區的土地以及佇立在旗津東岸的日資船廠,有的順利被重新分配,有的捲入利益糾紛。

接收的項目可分為政府機關及日本人財產(簡稱日產)。針對前者,行政長官公署採取「對等接收原則」,參照總督府的行政機構,

13　張建俅,〈二次大戰臺灣遭受戰害之研究〉,頁 166-172。
14　王御風,〈日治時期高雄造船工業發展初探〉,頁 73。
15　洪紹洋,《近代臺灣造船業的技術轉移與學習》,頁 66-69。

設置相對應的組織單位，提升接收效率。[16] 後者的接收工作主要由 1945 年 11 月成立的臺灣省接收委員會（以下簡稱接收委員會）統籌辦理，僅少數撥與特定政府機關接收。接收委員會下轄日產處理委員會、日產清算委員會以及日產標售委員會。日產處理委員會是接收、處理日產的主要單位，17 個縣市均設分會，而清算與標售委員會則是輔助單位，協助清查與標售日產，加快作業流程。[17]

接收工作原係根據 1945 年 10 月 23 日公布的〈收區敵偽產業處理辦法〉。然而，該辦法第二項規定：「產業原屬華人與日偽合辦者，其主權均收歸中央政府。」[18] 如據此接收臺灣各項由日本人投資的產業，將衝擊許多在戰前與日本人合資經營產業的臺灣人，使他們喪失生計。因此，長官公署於 1946 年頒布〈臺灣省接收日人財產處理準則〉、〈臺灣省接收日資企業處理實施辦法〉、〈臺灣省接收日人動產處理實施辦法〉及〈臺灣省接收日人房地產處理實施辦法〉，讓與日本人合夥的臺灣人可保有一定的財產權、產業經營權、動產及不動產使用權。[19]

---

16 湯熙勇，〈戰後初期高雄港的整建與客貨運輸〉，收於黃俊傑編，《高雄歷史與文化論集　第二輯》（高雄：陳中和翁慈善基金會，1994），頁 142-143。

17 寶薇薇，〈臺灣日產的接收〉，《檔案樂活情報》（電子報），95（2015）。網址：https://www.archives.gov.tw/alohasImages/95/search.html（最後瀏覽日期：2023 年 6 月 20 日）。關於接收的具體統計資料可見臺灣研究基金會策劃，黃煌雄、張清溪、黃世鑫主編，《還財於民：國民黨黨產何去何從？》（臺北：商周出版；城邦文化事業股份有限公司發行，2000），頁 16-17。

18 秦孝儀主編，《中華民國重要史料初編：對日抗戰時期》（第七編第四冊）（臺北：中國國民黨中央委員會黨史委員會，1990），頁 46。

19 〈訂定「臺灣省接收日人財產處理準則」、「臺灣省接收日資企業處理實施辦法」、「臺灣省接收日人動產處理實施辦法」、「臺灣省接收日人房地產

由上述的施行辦法可知,日產被分為日資企業、日人房產及動產三種。根據〈臺灣省接收日人財產處理準則〉,「屬於交通、工礦、農林等企業廠所,應以一律使之復工使用為原則」,戰前的日資造船廠自然以復工為首要目標。[20] 不過,由「誰」復工、經營,是一大問題。

部分被指定的日資企業在接收後應撥歸公營企業,並依照規模及重要性,分成國營、國省合營、省營及縣市經營四種。根據《臺灣省接收委員會日產處理委員會結束總報告》,國營者如石油、鋼鐵、鋁業、礦業等攸關工業發展之基礎材料產業,國省合營者包含屬於「電力、肥料、造船、機械、紙業、糖業、水泥」等產業的大型企業,省營者則有「工礦、農林、航業、各金融機構、保險公司、醫療物品、營建等」各式公司,縣市經營者則是「規模較小、富有地方性」的公司。[21] 該報告所指出的國省合營的造船公司,是前一章所提及的臺灣機械造船公司。[22] 未被撥歸公營者,則會被標售、出租給民間業者經

處理實施辦法」等4種辦法,公告週知〉,《臺灣省行政長官公署公報》(1946年7月2日),35:秋:2,頁20-21;〈訂定「臺灣省接收日人財產處理準則」、「臺灣省接收日資企業處理實施辦法」、「臺灣省接收日人動產處理實施辦法」、「臺灣省接收日人房地產處理實施辦法」等4種辦法,公告週知(續)〉,《臺灣省行政長官公署公報》(1946年7月3日),35:秋:3,頁35-36、42-43。

20 〈訂定「臺灣省接收日人財產處理準則」、「臺灣省接收日資企業處理實施辦法」、「臺灣省接收日人動產處理實施辦法」、「臺灣省接收日人房地產處理實施辦法」等4種辦法,公告週知〉,頁20。

21 臺灣省接收委員會日產處理委員會編輯,《臺灣省接收委員會日產處理委員會結束總報告》(出版地不詳:臺灣省接收委員會日產處理委員會,1947),頁19。

22 同上註,頁25。

營，或由政府單位與民間業者共同營運。[23]

在高雄旗津地區，除了株式會社臺灣船渠會社高雄工場被指定作為國省合營的臺灣機械造船公司，高雄築港出張所船舶機械修造廠及臺灣倉庫株式會社艀船工場分別由高雄港務局及海軍接收使用，其餘的日資造船廠可能因規模較小，部分予臺灣省立高雄水產職業學校作為實習工廠，保留原有的修造船隻功能。其中，僅富重造船鐵工所之部分空間被改為省立高雄水產職業學校的教職員宿舍及水工試驗場。[24]

這套接收體系看似設計完善，卻深陷人力不足、溝通不善與權責不清的困境。部分政府機關在接收日產後，未開列清單通知接收委員會，造成漏接或重複接收等問題。[25] 不同機關對於接收標的也常意見相左，如仲野株式會社社長大野鹿男的私人房屋，曾引發高雄港務局與高雄市政府之間的齟齬。這棟家屋起先由該會社移交高雄港務局海事工程事務所，部分作為倉庫使用，部分供留用日人居住。然而，高

---

23 〈訂定「臺灣省接收日人財產處理準則」、「臺灣省接收日資企業處理實施辦法」、「臺灣省接收日人動產處理實施辦法」、「臺灣省接收日人房地產處理實施辦法」等4種辦法，公告週知〉，頁21。

24 吳初雄，〈旗後的造船業1895-2003〉，頁6；〈哨船頭土地案卷〉，《臺灣省農工企業股份有限公司高雄漁務處》，國家發展委員會檔案管理局，檔號：A375720500K/0047/113/0、A375720500K/0049/110/1。臺灣水產株式會社造船工場及高雄魚市株式會社造船所分別由臺灣省農工企業股份有限公司水產分公司高雄漁務處、高雄市漁會造船廠接收，唯接收細節及後續與漁業的關係尚待進一步研究。

25 「宣委會接收日產清冊電送案」（1946年6月1日），〈宣委會接收各地戲院及報社〉，《臺灣省行政長官公署檔案》，國史館臺灣文獻館藏，典藏號：00326620030006。

雄市政府認定該家屋之產權不屬港務局所有,應依法公開標售。[26]

表 2-1　戰後高雄日資船廠接收情況

日資船廠	接收後用途	備註
富重造船鐵工所	臺灣省立高雄水產職業學校教職員宿舍、水工試驗場	
合資會社荻原造船鐵工所	臺灣省立高雄水產職業學校造船實習工廠(第一工廠)	
龜澤造船所	臺灣省立高雄水產職業學校造船實習工廠(第二工廠)	
高雄築港出張所船舶機械修造廠	高雄港務局修理工廠	
株式會社臺灣船渠會社高雄工場	臺灣機械公司船舶修造工廠	
臺灣倉庫株式會社艀船工場	海軍第一工廠	簡稱海一廠,1956年改稱海軍第四工廠,俗稱「海四廠」
臺灣水產株式會社造船工場	臺灣省農工企業股份有限公司水產分公司高雄漁務處	曾一度為臺灣省立水產職業學校占用,作為實習造船廠第二工廠
高雄魚市株式會社造船所	高雄市漁會造船廠	
廣島造船所	曾強經營之振豐造船廠	
光井造船所	陳生啟「等人」經營之竹茂造船廠	
開洋造船所	盧再添經營之開洋造船廠	

資料來源:吳初雄,〈旗後的造船業 1895-2003〉,《高市文獻》,20(4)(2007),頁 6;〈哨船頭土地案卷〉,《臺灣省農工企業股份有限公司高雄漁務處》,國家發展委員會檔案管理局,檔號:A375720500K/0047/113/0、A375720500K/0049/110/1。

---

[26] 「高雄造船廠等接管案」,〈本局交管日產公私營企業〉,《交通部高雄港務局》,國家發展委員會檔案管理局,檔號:0036/056.4.1/001/3/013。

紊亂的接收工作自然給人可乘之機，臺灣各地均出現有人任意使用、侵占日本資方或政府遺留下來的建築、廠房與土地等情事。例如：日產處理委員會臺中縣分會就曾埋怨，有「鄉間不肖之徒」，「偽造印信，擅貼封條」，將尚未被接收的不動產佯裝成已被接收的資產，藉此霸占。[27]

　　事實上，部分造船廠的廠房或土地即是由「占用」而來。例如：1951年向政府登記的海進造船廠廠地，來自孫天剩占用原日本時期派出所後方的民防訓練場。[28] 這種行為在政府眼中，僅是非法的「占用」，但在民間，卻可能是針對「無人使用空間」的合理運用，抑或從殖民者手中奪回土地的一種行動。

　　目前並未存有「占用」日產開設造船廠的完整紀錄，零碎的線索多半得依賴口述。根據吳初雄的口述調查，廣島造船所、光井造船所與開洋造船所分別為曾強、「陳生啟等人」與盧再添占用。[29] 曾強將鄰近的廣島造船所的廠房納入他於1927年設立的振豐造船廠；「陳生啟等人」成立了竹茂造船廠；盧再添承繼開洋造船所的原名，成立開洋造船廠（請見表2-2）。[30] 曾強自日本時期即經營船廠，其「擴廠

27　「宣委會接收日產清冊電送案」(1946年6月1日)，〈宣委會接收各地戲院及報社〉，典藏號：00326620030006。

28　「登記」(1962年5月12日)，高雄市政府經濟發展局藏，檔號：0051/市472.4/2/024/007，來文字號：(五一)警總字第08685號，收文字號：0510024569，發文字號：高市府建工字第0510024569號。

29　這些故事言之鑿鑿，卻難有文字資料印證。我們不能否認，人們的記憶與事實總是若即若離，隨著時間的流逝，難免失真，或因記憶者的立場、觀點與陳述目的，被轉化成另一種真實；然而，口耳相傳的消息並非全是信口開河。

30　吳初雄，〈旗後的造船業1895-2003〉，頁3、6。吳初雄首次提及曾強的船

之舉」自不令人吃驚。至於其他人呢？他們究竟有什麼背景可以取得日資船廠？

表2-2 第二次世界大戰前後民營船廠變化

戰前造船廠名稱	戰前經營者	戰後造船廠名稱	戰後經營者
廣島造船所	高垣阪次	振豐造船廠	曾強
光井造船所	光井寬一	竹茂造船廠	陳生啟、陳生行、陳生苞
開洋造船所	未知	開洋造船廠	盧再添
高雄造船株式會社	由林成與呂座、王沃、蔡文賓、戴蘇瑞、甘清、林瓊、黃田等人合資	天二造船廠	潘江漢
陳還造船所	陳還	陳還造船廠	陳還

說明：一般而言，第二次世界大戰前後是以1945年為分期，然而本表所指涉的戰前與戰後只是一個大概的時間。戰前指涉的是日本時期，戰後則是1945至49年期間。

資料來源：吳初雄，〈旗後的造船業1895-2003〉，頁6。旗津戶政事務所戶籍資料。黃棋鉦，〈高雄市旗津地區的聚落發展與產業變遷〉（高雄：國立高雄師範大學地理學系碩士論文，2008）。黃棋鉦之資料除了根據吳初雄的調查，亦參考造船業從業者潘長科之說法，以及臺灣區造船工業同業公會會員工廠總調查表。資料已經交叉比對，可信度高。

廠時，稱之為振豐造船所，並將之歸於日本時期的船廠。之後卻又寫道：「廣島造船所由曾強占用，於民國三十五年（1946）年十月設立振豐造船廠。」1946年應是曾強在占用隔壁的廣島造船所的廠房後，向政府登記之年分。根據1937年出版的《高雄市商工案內》，曾強的船廠應成立於1927年1月，工廠全名為「振豐造船鐵工所」。高雄市役所，《高雄市商工案內》（高雄：高雄市役所，1937），頁177。交通部的檔案則顯示，振豐造船所於1953年更名為「新振豐造船廠」，可修造200噸以下之木殼船。交通部檔案，檔號：0042/040208/*019/001/001。

如將口述紀錄與機關檔案相互比對，可略知一二。讓我們以資料較為豐富的竹茂造船廠為例。根據政府的工廠登記資料，竹茂造船廠最初的老闆為陳生行。他獨資經營船廠至 1964 年 5 月，而後以新臺幣 39 萬 563.3 元的價格轉售予陳生啟。[31] 生於 1910 年的陳生啟造船經歷豐富，曾為株式會社臺灣鐵工所造船廠、臺灣船塢、加藤部隊船舶修造工程之包工，還分別在光井、廣島及開洋三間造船所擔任技工二至四年不等。[32] 1965 年，他找來經營竹茂漁業行的陳生苞與其他六名合夥人，擴增資本額，並將造船廠登記為「竹茂造船股份有限公司」（以下簡稱竹茂造船公司）。[33]

　　根據高雄市鼓山區戶政事務所旗津辦公室所收存的日本時期戶籍資料，三人為兄弟關係，排行分別為陳生啟、陳生行、陳生苞。[34] 這證實了吳初雄的口訪紀錄中的「陳生啟等人」，即為陳家三兄弟。此外，戶籍資料中的職業欄，清楚載明陳生行為「造船大工」。換言之，陳生行與大哥一樣，早在戰前即在造船業界中打滾。政府工廠登記資料與口述之間的落差，可能反映出「行政登記」與「實際狀況」的區別。或許陳生行真的獨自經營船廠，然而實際的情況更可能是，陳家三兄弟一同經營均以「竹茂」為名的造船與捕魚事業，串起上下游產業，壯大事業規模。

31　交通部檔案，檔號：0054/040208/*018/001/002。高雄市鼓山區戶政事務所旗津辦事處戶籍資料，「旗後段五地目 48」。

32　交通部檔案，檔號：0055/040208/*018/001/002。目前尚未考證出臺灣船塢究竟是哪一間造船廠。

33　交通部檔案，檔號：0054/040208/*018/001/002、0055/040208/*018/001/002。「登記」（1970 年 4 月 4 日），檔號：0059/ 市 472.4/2/025/012，發文字號：高市府建工字第 0590018958 號。

34　高雄市鼓山區戶政事務所旗津辦事處戶籍資料，「旗後段五地目 48」。

由前述分析可知，占用日資船廠者過去即從事造船業，其家族亦可能投身其中。在政權轉移的縫隙間，戰前的造船人窺見一絲生存發展的機會。他們或許欠缺現代法律觀念，或許心知肚明，卻為生計所趨。[35] 無論如何，他們成為戰後初期第一批的復工者，替漁民修理破損的船隻。忙亂的政府單位無暇徹查、糾正在全臺各地上演的占用問題，一時間也不知如何運用這些土地，於是乾脆與占用者簽訂租約，一來能管理占用者的使用範圍，二來能獲取收益，彌補支絀。這些船廠日後也遵循1946年制定的〈臺灣省工廠登記實施辦法〉、〈臺灣省造船廠註冊規則〉，向主管的政府機關登記並獲得執照，等同既成事實被政府承認。[36]

　　由於政府無力妥善處理占用問題，日後不免出現土地糾紛。1953

---

35 並非所有的造船技工都缺乏法律觀念，或為求生計而自行使用日人留下的船廠。曾在豐國造船公司任職造船技師的蔡成德，年輕時曾在安平的須田造船所當學徒。據說造船技術了得，日人離去後，應朋友之邀到高雄旗津工作。當時的船廠因盟軍轟炸而殘破不堪，多無人管理。不知如何是好的警衛將鑰匙遞給這位安平師傅，問他能否「接管」船廠。蔡成德從未想過，竟有這麼一天，毋需透過買賣，就能得到一座船廠。他深恐節外生枝，驚惶地婉拒了。這串鑰匙後來流落到誰的手中，已不得而知。筆者祖母林蔡春枝口述，2018年於高雄訪談。

36 從1949年一份工廠登記的檔案中，可見竹茂、開洋等造船廠亦在登記之列。「興臺造船廠等工廠登記申請書各件電送案」（1949年6月28日），〈工廠登記（0038/472/2/22）〉，《臺灣省級機關》，國史館臺灣文獻館（原件：國家發展委員會檔案管理局），典藏號：0044720008287022。有關1946年制定的工廠登記與造船廠登記法規，請見〈制定「臺灣省造船廠註冊規則」〉，《臺灣省行政長官公署公報》，35：夏：19，1946年5月13，頁299；〈制定「臺灣省公司登記實施辦法」、「臺灣省工廠登記實施辦法」（日譯文「臺灣省工場登記實施辦法」）；「臺灣省商業登記實施辦法」〉，頁92。

年11月,高雄市漁會向高雄市議會陳情,控訴明華造船廠趁戰後初期「秩序紛亂之際,藉機向市府租用」公有土地;當租約期滿,市政府為了擴建魚市場、「興建漁船避風塢」,要求船廠返還土地時,卻遭致困難。[37] 有1,915名旗津居民也大感不滿,聯合向議會陳情,並告知這塊地是船廠「利用戰後混亂時期乘機占用」的,「造成已成事實,然後承租該地」。[38]

呂明壽所有的明華造船廠,座落於旗津東北緣,南側緊鄰臺灣省立高雄水產職業學校(今國立高雄科技大學,以下簡稱水產學校)的實習造船廠、漁會旗後分場、拍賣場,以及菜市場(請見圖2-2)。[39] 除了水產學校的造船廠,明華造船廠312坪的廠地比周圍其他場地設施都要大。1950年代旗津已擺脫戰爭造成的衝擊,漁船及漁業產量逐漸增加,不僅魚市場空間不敷使用,也欠缺供漁船使用的避風塢。居民透過議會向市政府表達兩項設施的興建需求,獲得正面回應,殊不知船廠亦取得議會的協助,要求市政府保留船廠,另選他處籌建。[40]

---

37 〈為旗後明華造船廠不法久占公地,請賜重加調查真相,以維該區漁民居民之公眾福利及完全,藉維政令威信案〉,「地方議會議事錄」資料庫,檔案日期:1953年11月3日至1953年11月16日,檔案編號:010b-02-03-000000-0002。

38 〈為本市府收回明華造船廠址興建公共設施一案,鈞會第二屆第四次會議鑑予干涉請予復議案〉,「地方議會議事錄」資料庫,檔案日期:1953年11月3日至1953年11月16日,檔案編號:010b-02-03-000000-0003。

39 明華造船廠的地址為高雄市旗津區振興里振興巷77號。交通部檔案,檔號:0044/040208/*012/001/002、0046/040208/*012/001/003。

40 〈為本市府收回明華造船廠址興建公共設施一案,鈞會第二屆第四次會議鑑予干涉請予復議案〉,檔案編號:010b-02-03-000000-0003。

明華造船工廠位置圖

```
                道路至中洲
         ┌─────────────────┬──────┐
         │      店鋪       │ 店鋪 │
   ┌─金義興─┼─────┬─────┬────┤      │
水 │ 鐵工廠 │水產校│倉庫 │辦公室│      │
產 │        │宿舍  │     │      │      │
造 ├────────┤     │     │      │      │
船 │  水產  │ 明華 │菜市場│ 魚肉 │
廠 │  造船  │ 造船 │     │ 市場 │
   │  廠    │ 廠   │     │      │
   │        │      │廁所 │      │
   │        │      │漁會旗後分場│
   │        │      │拍賣場│      │
   ├─平和橋─┴──────┴──────┤ 碼頭 │台維
   │                               │鐵工廠
   │ 海面 │       海面             │
```

圖 2-2　明華造船工廠位置圖
資料來源：交通部檔案，檔號：0044/040208/*012/001/002。筆者重繪。

面對指責，明華造船廠及其支持者——據說有 2,265 名——指稱，廠地是 1946 年「依據政府實施公地放租之政策」向市政府所承租，並強調按期繳納租金的事實。[41] 這套說詞有憑有據。1946 年臺灣省行政長官公署所頒布的〈臺灣省公有土地處理規則〉規定：「各機關接管之公有土地，除本身業務上或創設省營企業機構所必需或依法令暫行保留者外，其以出租收益為目的者，應一律交由該縣市政府依本規則之規定暫行出租。」[42] 然而，合法租賃一說並非事實的全貌。

---

41 〈為市府收回明華造船廠承租公用基地，蒙鈞會議決請市府收回成命乙案，聞蔣福安等向鈞會議提請復議，懇祈鈞會徹底主持公道，掃除不純策動以獲正當權益而維民業案〉，「地方議會議事錄」資料庫，檔案日期：1953 年 11 月 3 日至 1953 年 11 月 16 日，檔案編號：010b-02-03-000000-0004。

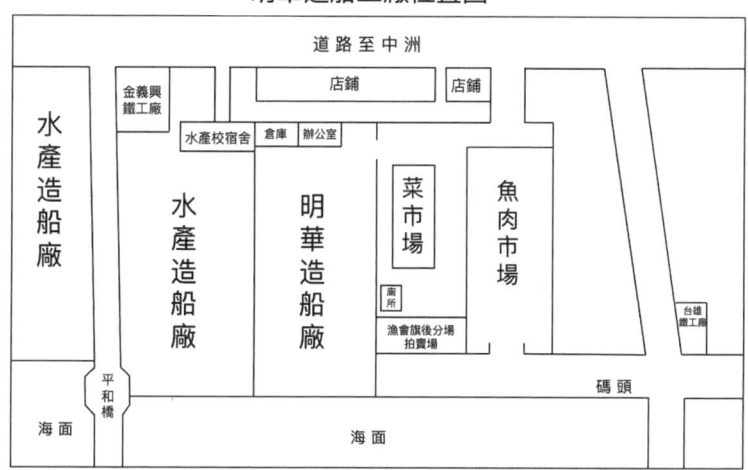

42 「公有土地處理規則第 2 條修正案」（1946 年 1 月 29 日），〈臺灣省公有土地處理規則〉，《臺灣省行政長官公署》，國史館臺灣文獻館，典藏號：

廠主早在有租賃事實前，即在土地上鋪設曳船道，開始營業。有居民甚至指出，廠主是「遭地方人士之反對」，才「以既成事實向市府申請租用」。[43] 這無非暗示若不是占用土地牽扯地方利益，船廠可能不會老老實實地向市政府租地、繳納租金。或許市政府因當時無力長遠規劃所有市地的使用方式，便乾脆承認占用者的使用權，根據省政府訂定的規則出租土地。在合約的束縛下，市政府無法隨意取用土地，但至少能以地租挹注困窘的財政。只是市政府沒想到，就算白紙黑字載明政府須用土地時，承租者應無條件返還，竟不能輕易令呂明壽屈服。

明華造船廠一方先是宣稱，避風塢的興建只是以蔣福安為首的七十多位漁民的提議，並非基於多數居民的需求。再進一步抨擊這項提議只是幌子，實際上蔣等人欲開辦船廠，「占奪他人船廠既得之權益」。為證明這項指控非憑空捏造，還稱蔣等人在前一年就曾策動漁會，計劃在新振豐造船廠旁建造避風塢，企圖興建自己的船廠。[44] 這套說詞雖將這群漁民描繪成窺伺他人企業、財產的豺狼虎豹，卻被蔣福安一句「政府已繪有設計圖，亦經向港務局接洽同意，並已編列經費預算」給戳破。[45]

00307340002001。

43　〈請主持公道飭明華造船廠勿遷至旗津區實踐里以免民等生活蒙受損失〉，「地方議會議事錄」資料庫，檔案日期：1956年7月30日至1956年8月7日，檔案編號：010b-03-08-000000-0007。

44　〈為市府收回明華造船廠承租公用基地，蒙鈞會議決請市府收回成命乙案，聞蔣福安等向鈞會議提請復議，懇祈鈞會徹底主持公道，掃除不純策動以獲正當權益而維民業案〉，「地方議會議事錄」資料庫，檔案日期：1953年11月3日至1953年11月16日，檔案編號：010b-02-03-000000-0004。

45　〈為明華造船廠謊造事實蠱惑民眾欺騙議會仰祈明察〉，「地方議會議事錄」

不得不搬遷的船廠奮力使出最後一擊：要求遷移補助費。時值1956年，距漁會及居民陳情已過三年。船廠再次忽略租賃合約中對自身不利的內容：「得終止契約，並無補助該廠遷移費之義務」，以遷廠損失巨大為由，向政府索取補助。市政府原欲提供補助費六萬元，其中兩萬由漁會支出，後來議會決議市政府只應補助三萬元，僅較船廠資本額多一萬元。[46]

藉由這起土地爭議，我們可重探民營船廠、市政府、議會、漁民之間複雜的關係。照理來說，漁民為船廠的客戶，兩者不是競爭對手。實際上，當時有些造船業者本為漁民或養殖戶，因此蔣福安等人的提議，被呂明壽懷疑，甚至視為威脅。為捍衛自身權益，反目的雙方均不約而同地透過議會影響市政府的決議，還相互指控，一來一往毫不退讓。議會為此特別成立專案小組進行調查，間接扮演了居中協調的角色，緩解市政府尷尬的處境。

1957年7月，明華造船廠終於決定遷廠。新址位於實踐里北汕尾巷127號，緊鄰順源造船廠，與民房擠在這塊位於第八船渠入口旁的土地上。[47] 當一切看似塵埃落定時，廠主呂明壽卻在廠房搬遷前，將船廠設備以14萬的價格出售給曾在天二造船廠擔任工程師的葉守

資料庫，檔案日期：1953年11月3日至1953年11月16日，檔案編號：010b-02-03-000000-0009。

46 〈請審議興建旗後漁港需要收回明華造船廠擬酌予補助遷移費新臺幣四萬元〉，「地方議會議事錄」資料庫，檔案日期：1956年12月27日至1956年12月28日，檔案編號：010b-03-11-000000-0013；交通部檔案，檔號：0044/040208/*012/001/002。

47 交通部檔案，檔號：0046/040208/*012/001/003。

善,「明華」之名自此被「永豐」取代。[48] 我們無法探知這個不斷「抗爭」的廠主為何忽然完全投降了：究竟是遷廠對財務的負擔太大,導致無法繼續經營,還是呂明壽經歷這一連串風波後,已經難以在旗津立足,決心遠離?

曾以兩千多名旗津區民之名義向市政府陳情的明華造船廠,不僅與漁民、振興里居民關係不佳,也不受實踐里的蔡姓家族歡迎。當船廠選定實踐里北汕尾巷一帶為新廠址後,便因牴觸該地居民養殖蛤蜊、牡蠣之處,遭受強烈反對。[49] 不過,呂明壽不願退讓,最終船廠也依照他的期望,搬到北汕尾巷。為什麼他偏愛擁擠的區域,而不願往南方人口較少的海岸邊設廠呢?如欲推敲箇中原因,就要先探究旗津民營船廠第一次遷廠的過程。

1940年代末至50年代初,高雄港彷彿久病初癒的病人,還未能伸展軀體,向外踏出一步。二戰期間沒入水中的船隻剛被撈起,坑坑疤疤的港口碼頭與設施,在1950年到來的美援澆灌下,漸從癱瘓中復原。[50] 充滿著治理縫隙的接收工作,讓旗津造船業在重建與占用的過

48　交通部檔案,檔號:0046/040208/*012/001/004。葉守善的永豐造船廠於1965年為蔡文賓買下,成立著名的豐國造船廠。吳初雄,〈旗後的造船業1895-2003〉,頁7、10。

49　〈請主持公道飭明華造船廠勿遷至旗津區實踐里以免民等生活蒙受損失〉,檔案編號:010b-03-08-000000-0007。

50　高雄港復舊整建工程始自1946至1955年,為期十年。起初先以打撈港內沉船為主,1950年起,港務局運用美援贈款與捐款增購挖泥船等設備,修建碼頭、倉庫及其他附屬設施。工程項目包含重建十號碼頭、修復新濱碼頭,以及新建十號貨棚、五號倉庫等。行政院國際經濟合作發展委員會編,《臺灣高雄港務局運用美援成果檢討》(臺北:行政院國際經濟合作發展委員會,1967),頁8-22。李連墀,《高港回顧》,頁112-119。

第二章　尋路・破浪：日本時期至1970年前

程中，恢復生機。旗津的船廠業者和居民們或許都在期待戰爭結束後的安穩日子。萬萬沒想到，海軍竟大手一揮，趕走數間船廠與民房。

　　1949年，剛擺脫二戰泥淖的中國國民黨政府（以下簡稱國民政府），在中國共產黨的武力威逼下，帶著軍隊與軍工廠人員倉皇地離開中國，在臺灣尋覓落腳之處。全臺最大的高雄港吸引了當時海軍第一工廠（以下簡稱海一廠）廠長高世達的注意，他向海軍總司令部提出在高雄復廠的建議。海軍總司令部選定旗津東北緣的土地，作為工廠的新廠址，並令船廠接收日本時期臺灣倉庫株式會社艀船工場的廠房、設備。這復廠過程類似其前身「浦口工廠」，以日軍造船廠遺留的設備為基礎來設廠。[51] 1950年，旗津迎來分別來自南京浦口、浙江定海及江西湖口的工廠人員。[52]

　　在高雄復建海軍的造船工廠是個大工程，不只要修建廠房，挖深船渠，以便大型軍用艦艇出入，也得讓工廠人員有個安身之地。幸運的是，為配合反共復國的國策，便於軍方運用港口，當時高雄與基隆港務局局長皆由海軍將官出任。[53] 在高雄港務局的大力配合下，所

---

[51] 海一廠的成立源自戰後中國對日工廠的接收。1946年軍政部海軍接收日軍在中國南京浦口設立的海軍上海造船工廠南京分廠，而後移交海軍總部，於同年6月設立海軍浦口工廠。1948年夏，為因應國共內戰的戰事，浦口工廠分成揚州分廠及鎮江分廠，但不到一年內即分別結束工作。由於戰事對國民政府轉趨不利，浦口工廠於1949年搬遷至上海。同年5月，海軍將甫搬遷的浦口工廠與定海工廠合併，僅留定海之名。兩個月後，再度修改編制，更名為海軍第一工廠。1950年海一廠及隨廠人員遷移至旗津。王崇林發行，《滄海變桑田——旗津江業》（高雄：海軍第四造船廠，1998），頁21-23。

[52] 王崇林發行，《滄海變桑田——旗津江業》，頁54。

[53] 張守真訪問、陳慕貞記錄，《口述歷史：李連樨先生》（高雄：高雄市文獻委員會，1996），頁4。

67

有問題迎刃而解。港務局同意海軍使用旗津第七船渠與船渠兩側的土地，並隨即展開挖浚第七船渠的工程。

　　港務局對海軍的「情義相挺」自是沒有考慮到民營造船廠業者。當時的民營造船廠多位在第六、七船渠之間的土地，並與第七船渠接壤。1949 年 7 月中旬，業者接獲高雄港務局的通知，要求搬遷至第八船渠以南。被迫遷廠的船廠共 10 間，分別為平利、夏華、竹茂、開洋、福利、新高雄、陳還、三吉、漁會造船廠，以及位於第七船渠右側的興臺造船廠。這些船廠多半沒有土地所有權，其中還有部分是先占用土地再向港務局租用。他們與港務局簽訂的土地租約，通常寫明「如遇該土地必須闢作公用時」，出租機關「有隨時收回及中止出租之權」。[54] 業者自知作為土地的承租者，沒有太多商量的空間，於是放低姿態，強調「以國家為重」，「自當遵命遷除」廠房；然而，由於第八船渠以南的區域為砂灘，沿岸深度僅 1.5 至 3 尺，不適合作為造船廠用地，業者期盼能搬至第八船渠（請見圖 2-3）。[55]

　　港務局大概沒料想到，力保生計的業者積極請願（三吉造船廠除

---

[54] 目前未找到 1949 年之前高雄港務局與民營造船廠簽訂的租約，但同一時期同一單位的租約格式往往是固定的，因此可從決定新廠址後所簽訂的新合約來推測舊合約的內容。「九家民營船廠租地契約案」，〈第八船渠各造船廠商租地〉，《交通部高雄港務局》，國家發展委員會檔案管理局，檔號：A315230000M/0038/221.1.2/001/1/012。

[55] 「第八船渠再建工廠案」，〈第八船渠各造船廠商租地〉，《交通部高雄港務局》，國家發展委員會檔案管理局，檔號：A315230000M/0038/221.1.2/001/1/003；「呈請書」，〈第八船渠各造船廠商租地〉，《交通部高雄港務局》，國家發展委員會檔案管理局，檔號：A315230000M/0038/221.1.2/001/1/009；「嘆院書」，〈第八船渠各造船廠商租地〉，《交通部高雄港務局》，國家發展委員會檔案管理局，檔號：A315230000M/0038/221.1.2/001/1/013。

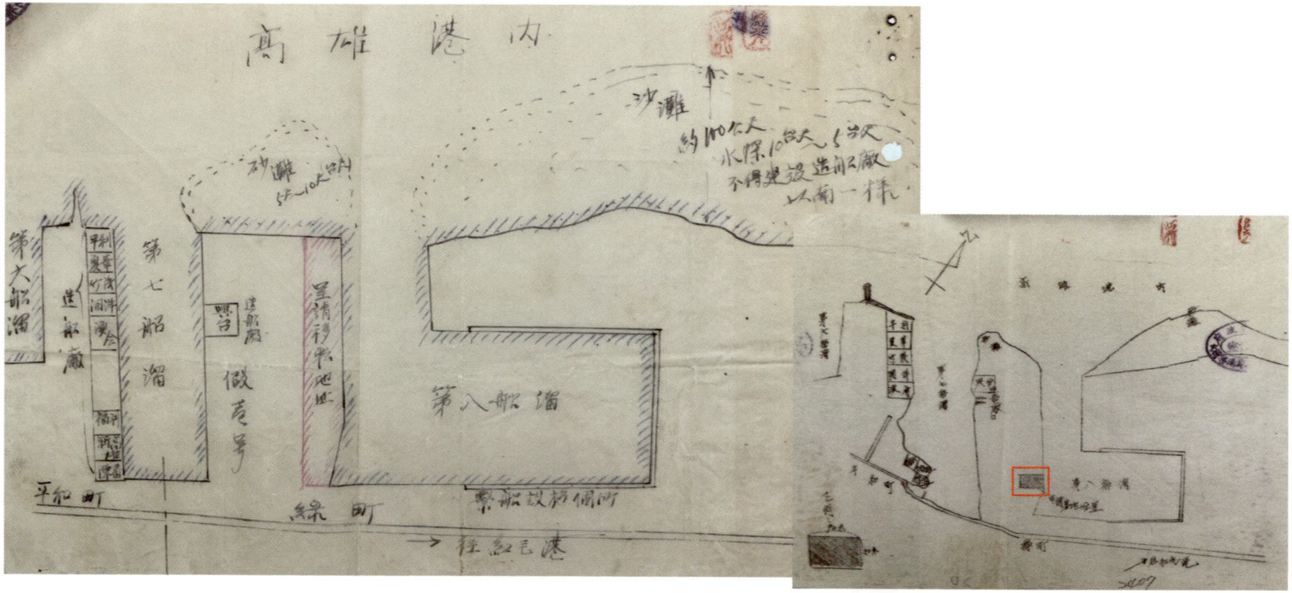

第二章　尋路・破浪：日本時期至1970年前

圖 2-3　1949 年高雄旗津民營造船廠分布圖與新高雄造船廠規劃之新廠位置

說明：左圖中標示的「船溜」即「船渠」。該圖是民營造船廠向高雄港務局請願時提供的附圖，表明心目中盼望的新廠址。右圖為 1949 年 8 月 5 日新高雄造船廠經理呂天賞給高雄港務局的請願書中，附上其所盼望的新廠位置圖一張（參見紅框處）。本圖未繪出三吉造船廠，筆者推斷該造船廠未與其他業者聯合請願，唯一箇中原因不詳。

圖片來源：「嘆院書」,〈第八船渠各造船廠商租地〉,《交通部高雄港務局》, 國家發展委員會檔案管理局, 檔號：A315230000M/0038/221.1.2/001/1/013 ；「第八船渠再建工廠案」,〈第八船渠各造船廠商租地〉,《交通部高雄港務局》, 國家發展委員會檔案管理局, 檔號：A315230000M/0038/221.1.2/001/1/003。兩圖皆經檔案管理局同意，由筆者自行翻拍。

69

外），不只自行寄來請願書或陳情書，還透過造船公會、議會，聯合懇求一個適當的遷廠地點。[56] 為了回應民意，港務局於 8 月 5 日派遣浚港處、業務課、港灣課及航政組的主管人員，實地考察五處候選地點（請見表 2-3、圖 2-4）。船廠心目中的兩個理想地點為第八船渠入口的東岸及入口內直角形處。港務局較中意可作為長期船廠用地的第八船渠北外側臨海沿岸，但該處在遷廠前須經挖浚，也不符合船廠期待。[57]

表 2-3　1949 年 8 月高雄港務局對於民營造船廠遷廠候選新址之考察結果

候選地點	說明	圖例
戲獅甲沿海岸（鋁業公司沿岸）	地處遼夐且無綠地供九家廠商之面積，似勿庸置喙。	不在圖中
第八船渠北外側臨海沿岸	為廠商新址將最為適當。地處一角，對於本局將來利用該渠時無妨礙，且可較長期租與，而廠商亦可免去屢遷之損失。唯該地水深較淺，須經少量之挖浚方能使用。	紅色虛線

---

56 並非所有的船廠一開始都要求遷廠至第八船渠。位處第七船渠入口處轉角的平利造船廠，起初以「拆去東面船架改移北面」，便不妨礙軍用艦艇出入為由，試圖說服高雄港務局令其免於遷廠，然此提議並未獲得同意。平利造船廠提議參見「第八船渠再建工廠以維工友生活案」，〈第八船渠各造船廠商租地〉，《交通部高雄港務局》，國家發展委員會檔案管理局，檔號：A315230000M/0038/221.1.2/001/1/001。其餘陳情案例，皆收錄於案卷〈第八船渠各造船廠商租地〉（「第八船渠再建工廠案」，檔號：A315230000M/0038/221.1.2/001/1/003；「呈請書」，檔號：A315230000M/0038/221.1.2/001/1/009；「呈」，檔號：A315230000M/0038/221.1.2/001/1/010；「陳情書」，檔號：A315230000M/0038/221.1.2/001/1/011。「嘆院書」，檔號：A315230000M/0038/221.1.2/001/1/013；「呈請第八船渠造船工廠地」，檔號：A315230000M/0038/221.1.2/001/1/014）。

57 「第八船渠再建工廠案」，〈第八船渠各造船廠商租地〉，《交通部高雄港務局》，國家發展委員會檔案管理局，檔號：A315230000M/0038/221.1.2/001/1/002。

（續上表）

第八船渠內部北側無碼頭沿岸	此處水面較深，勿須挖浚且不受海浪之襲擊，然對於本局利用該渠時，難免〔有〕船隻雜亂現象，須事先擬定廠商泊船之限度。	紅色實線
第八船渠入口東岸一帶	該處屬本渠咽喉，為發生船隻紊亂狀態，則影響全渠之利用。	藍色虛線
第八船渠入口內直角形處	若廠商設於此處，較前項（指第八船渠入口東岸一帶）障礙為少。倘為顧及廠商等等困難，而（付）〔賦〕與其等希望之地利條件時，該地點尚為適合。	藍色實線

資料來源：「第八船渠再建工廠案」,〈第八船渠各造船廠商租地〉,《交通部高雄港務局》, 國家發展委員會檔案管理局, 檔號：A315230000M/0038/221.1.2/001/1/002。

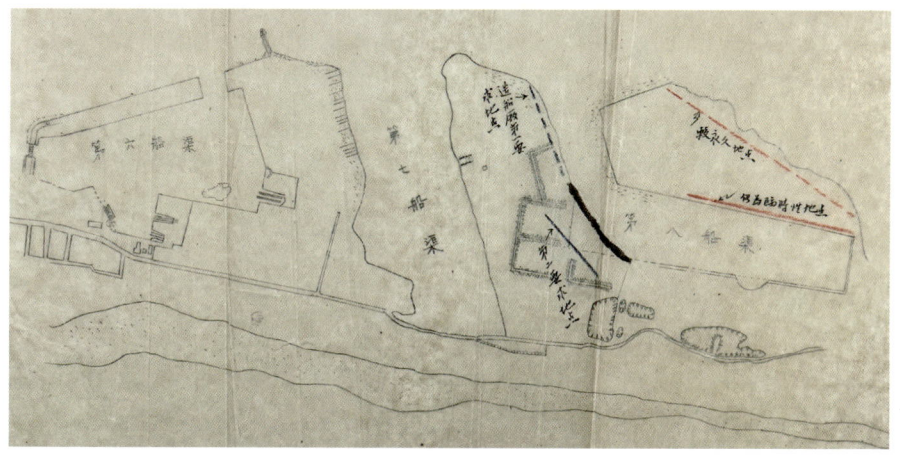

圖 2-4　1949 年 8 月民營造船廠遷廠候選新址
說明：候選新址共五處，該圖僅列出四處。
圖片來源：「第八船渠再建工廠案」,〈第八船渠各造船廠商租地〉,《交通部高雄港務局》, 國家發展委員會檔案管理局, 檔號：A315230000M/0038/221.1.2/001/1/002。本圖經檔案管理局同意, 筆者自行翻拍。

權衡利弊得失後，港務局最後同意出租第八船渠入口內直角形處

圖 2-5　第八船渠造船廠配置圖
說明：該圖為港務局 1949 年的規劃，其中不包含三吉造船廠。
圖片來源：「九家民營造船廠租地契約案」,〈第八船渠各造船廠商租地〉,《交通部高雄港務局》, 國家發展委員會檔案管理局, 檔號：A3152300000M/0038/221.1.2/001/1/012。本圖經檔案管理局同意，筆者自行翻拍。

的土地，作為船廠遷建的新廠址（請見圖 2-4、圖 2-5）。不過，港務局有兩個條件：第一，為確保船渠內的通暢，船廠的船架設備與停靠的船舶不能超過規定範圍；第二，船廠須在 9 月底撤離原廠址，10 月底前復工，「否則視為無力設廠」，將終止租賃關係。[58] 港務局於 1949 年為民營船廠規劃的新廠址大半被落實，唯獨興臺造船廠沒有搬遷。這可能是因港務局調整規劃，同意興臺不用搬遷。然而，受限於資料，無從佐證。

---

58 「第八船渠再建工廠案」，檔號：A315230000M/0038/221.1.2/001/1/002。

這批民營船廠在整個遷廠過程中，均未曾提及遷廠的補償費。讓廠主持續向港務局協調的因素只有廠地的情況。位於直角處的平利與興臺兩間造船廠因距離過近，曳船軌道有交叉風險，要求港務局微調廠房位址及間距。[59] 新高雄造船廠則因分配到的廠地有一片高 7 公尺的砂灘，妨礙設備架設，而向港務局求助。[60]

這可能是因港務局已根據合約，「酌量補助」各船廠。港務局與船廠簽訂的合約載明，拆遷費用由出租機關「酌量補助之，以不超過甲方（即出租機關）全部租金收入半數為限」。[61] 由於沒有補償金的紀錄，我們很難推估金額對業者而言是否足夠。同年便將廠房與廠地使用權轉售給潘江漢、助其成立天二造船廠的新高雄造船廠廠主吳天賞，或許就是無法接受負擔遷廠的成本，才讓出一手打造的心血。[62]

直至 1970 年初第二次遷廠前，搬遷後的船廠有不少被易手。陳還造船廠的少東陳自修於 1953 年接手船廠營運後，將船廠更名為「南光」。[63] 七年後，陳自修將船廠售予廖永和，後者成立益滿造船

---

59 「西北岸壁展延離開案」,〈第八船渠各造船廠商租地〉,《交通部高雄港務局》, 國家發展委員會檔案管理局, 檔號：A315230000M/0038/221.1.2/001/1/005。

60 「廠基地有砂灘障礙案」,〈第八船渠各造船廠商租地〉,《交通部高雄港務局》, 國家發展委員會檔案管理局, 檔號：A315230000M/0038/221.1.2/001/1/006、A315230000M/0038/221.1.2/001/1/007、A315230000M/0038/221.1.2/001/1/008。

61 「九家民營造船廠租地契約案」, 檔號：A315230000M/0038/221.1.2/001/1/012。

62 吳初雄,〈旗後的造船業 1895-2003〉, 頁 10。

63 交通部檔案, 檔號：0042/040208/*016/001/001;「為送高雄市南光造船廠設立申請案函請核備由」(1953 年 11 月 5 日),〈高雄市工廠登記

廠。1967年益滿造船廠由經營木材買賣起家的麥清港買下，更名為「三陽」。[64] 福利造船廠於1956年10月被呂媽福出售給魏春達，更名「祥益」，而呂媽福兩年後又開了福泰造船廠。[65] 投入政界的造船界大老夏標，在1958年8月將夏華造船廠轉售王江柱，後者成立勝得造船廠；如同呂媽福，夏標從未真正離開造船界，不久後當起順源造船廠的經理。[66] 原由張曲、張致經營的平利造船廠於1960年被賣給洪敏雄，更名「海發」。[67] 竹茂造船廠變動最小，僅於1965年變更經營者，由陳生行轉售給陳生啟，基本上仍由同一家族經營（請見附錄三）。[68]

相對於其他船廠，終究未遷至第八船渠的興臺造船廠，命運乖舛。1951年9月15日，廠主廖永富不幸病故，其子廖啓峯因年幼

（0042/472/6/18）〉,《臺灣省級機關》, 國史館臺灣文獻館（原件：國家發展委員會檔案管理局）, 典藏號：0044720023115025。

64 吳初雄,〈旗後的造船業 1895-2003〉, 頁 10-11。

65 同上註, 頁 6、10。

66 同上註, 頁 6、10。夏標於1958至1968年間, 擔任第四、五、六屆省轄市高雄市議會議員。他熱心於公共事務, 還曾任復興里里長、造船公會理事長、旗津區兵役協會主任委員等職務。〈改制前第四屆第一次議員夏標履〉,「地方議會議事錄」資料庫, 檔案日期：1958年3月15日至1958年3月31日, 檔案編號：010b-04-01-000000-0141；〈改制前第五屆第一次議員夏標履〉,「地方議會議事錄」資料庫, 檔案日期：1961年3月3日至1961年3月18日, 檔案編號：010b-05-02-000000-0091；〈改制前第六屆第一次議員夏標履〉,「地方議會議事錄」資料庫, 檔案日期：1964年3月2日至1964年3月21日, 檔案編號：010b-06-01-000000-0096。

67 臺灣省政府建設廳編,《臺灣省民營工廠名冊》（上）（南投：臺灣省政府建設廳, 1953）, 頁164；吳初雄,〈旗後的造船業 1895-2003〉, 頁 6、10。

68 交通部檔案, 檔號：0054/040208/*018/001/002、0055/040208/*018/001/002；吳初雄,〈旗後的造船業 1895-2003〉, 頁 6、8、10。

而無法繼承父業，船廠被迫停業。直至 1954 年春，長年經營三吉船廠的許丁犇，將手中的三吉造船廠出售給吳錦彩，[69] 隔年轉而與廖啟峯共同擔任興臺造船的負責人，並船廠更名為「新三吉」，才再次復業。[70] 新三吉造船廠後來於 1959 年 9 月被陳其祥買下，成立中一造船廠（請見附錄三）。[71]

每間船廠易手的近因或許不盡相同，但遠因不脫 1960 年代臺灣漁業逐漸遠洋化的趨勢。是時，政府除了運用美援貸款補助漁民修造沿岸與近海漁船，也鼓勵民營漁業公司建造遠洋漁船。1967 年位於高雄前鎮的遠洋漁港完工，同年政府祭出 120 噸以下雙拖網船及 300 噸以下單拖漁船的限建令，促使市場對大型遠洋漁船的需求大增。[72] 由

---

[69] 1954 年 6 月 8 日，許丁犇將其經營的三吉造船廠售予將船廠、設備以及土地租用權利以新臺幣 1 萬元售予吳錦彩，後者於 1958 年將船廠名稱變更為「建興造船廠」。但經營不久後，吳錦彩於 1960 年 2 月將船廠售予蘇大機成立新光造船廠。「為送三吉造船廠變更登記申請案准予備查」（1953 年 4 月 25 日），〈高雄市工廠登記（0042/472/6/5）〉，《臺灣省級機關》，國史館臺灣文獻館（原件：國家發展委員會檔案管理局），典藏號：0044720023102011；交通部檔案，檔號：0044/040/208/*006/001/001、0044/040208/*006/001/002、0047/040208/*046/001/004；吳初雄，〈旗後的造船業 1895-2003〉，頁 10。

[70] 「為送三吉造船廠變更登記申請案准予備查」，典藏號：0044720023102011；「為三吉造船廠業主變更重新申請註冊并請換發執照案呈請鑒核由」（1953 年 11 月 10 日），〈造船廠執照案（0042/014.2/95/1）〉，《臺灣省級機關》，國史館臺灣文獻館（原件：國家發展委員會檔案管理局），典藏號：0040142020292015；交通部檔案，檔號：0043/040208/*020/001/001、0044/040208/*020/001/002、0044/040/208/*006/001/001、0044/040208/*006/001/002。

[71] 交通部檔案，檔號：0048/040208/*092/001/001。

[72] 羅傳進，《臺灣漁業發展史》，頁 41-46。

於遠洋漁船的製造成本較高，部分小型船廠受限於資金規模，無法擴充設備與技術，競爭力嚴重下滑，被快速變化的產業淘汰。

擴張中的遠洋漁業雖然拉升造船業的生產成本，卻也吸引大量勞動力投入造船業。1950 至 60 年代，夾在第七、八船渠間的土地迅速成為船廠的聚集地，形成高雄的造船產業聚落。這塊區域被當地人稱為「沙仔地」，在當時的行政區劃中屬復興里，今則屬實踐里，而船廠廠址多位在北汕尾巷。[73] 自 1949 年 9 間船廠（不計興臺）被迫搬遷至此後，陸續有造船廠加入這個產業聚落，如三吉、協進、金明發、新高[74]、振台、泰興、順源、福泰、信東、信興等多間船廠（請見附錄三）。如前所述，1957 年本位於振興里的明華造船廠，因廠址牴觸旗津公有市場用地，也遷徙至此。

漁業政策的推波助瀾，固然能帶動造船業，卻無法完整解釋旗津大半船廠聚集於「沙仔地」的事實。[75] 以「沙仔地」為中心所形成的造

---

73 「沙仔地」顧名思義，是土壤疏鬆的近水沙灘。在日本時期築港工程進行前，該地本為墓地，由於東緣臨港，容易受潮水侵襲。日本殖民政府填築、加固海岸，免除當地水患，並將墓地改為建地，蓋神社、棒球場、醫院、日人宿舍與沉箱工廠等設施。戰後依照行政區劃，「沙仔地」包含慈愛里、安樂里、復興里與實踐里。高雄市文獻委員會，《高雄市舊地名探索》（高雄：高雄市政府民政局，1983），頁 11-11 至 11-15。

74 1952 年創立新高造船廠的劉萬詞在日本時期即是造船技工，1939 至 1942 年在日人經營的開洋造船所擔任組長，1943 至 1945 年轉任高雄造船株式會社組長。交通部檔案，檔號：0054/040208/*013/001/003。

75 根據吳初雄的統計，1971 年前旗津共有 31 間造船廠，其中 20 間位於「沙仔地」。吳初雄，〈旗後的造船業 1895-2003〉，頁 9。1976 年臺灣區造船工業同業公會為沙仔地船廠爭取遷廠補償時，發給監察院一份陳情函，該陳情函中亦顯示共計 20 間船廠位於「沙仔地」：竹茂、天二、新高、海發、中一、豐國、得益、得盛、高雄、新光、勝得、順源、祥益、三陽、金明

船聚落，可謂 1950 年初遷廠後的結果。在遷廠前，「沙仔地」僅有興臺造船廠，且多數居民以養殖、捕魚為生。相較於漁民聚居的「沙仔地」，第八船渠北外側臨海沿岸被認為是更適合租與船廠的空間。然而，在各種考量的折衝後，8 間船廠一同搬遷至「沙仔地」。日後加入造船業的業者受到產業群聚效應影響，多傾向於該地設廠。高雄港務局縱使無意在該地規劃永久產業聚落，但可能基於管理便利之理由，允許船廠落腳於沙仔地。

除了漁業政策與港務局的影響，環境變遷也是旗津產業生態改變的一大因素。信興船廠的成立源自「沙仔地」蔡姓家族遭遇的環境問題。1966 年，蔡家原有的蚵仔埕因港內化學液體洩漏而暴斃，魚塭也不幸在風災大水中沉沒，無法繼續從事養殖業，蔡萬料、蔡祈、蔡阿胜三兄弟遂於隔年利用原有的魚塭空間，開始替當地漁民修造船。[76]

迫使蔡家「轉行」的環境變遷，與高雄港的發展不無關係。1950 年爆發的韓戰改變美國在遠東的戰略，為國民政府帶來一連串的援助計畫。[77] 1956 年高雄港務局在美國專家凱姆（Paul F. Keim）的協助下，研擬為期十二年的港口擴建計畫，以便配合當時伴隨經濟發展而快速升高的港口吞吐量。兩年後，該計畫以美援貸款後盾，於三個工

發、福泰、信東、協進、信興、高雄市漁會造船廠。交通部檔案，檔號：0065/040208/*147/001/007。

76 蔡佳菁，《戰爭與遷徙：蔡姓聚落與旗津近代發展》（高雄：春暉出版社，2016），頁 70-71、74、88；〈化學流體為害　毒斃養殖魚類　漁民損失達七百餘萬元　漁會交涉賠償久無下文〉，《徵信新聞報》（1966 年 9 月 27 日），第 8 版。此事件與臺灣塑膠公司有關，見本小節最末的說明。

77 關於韓戰與美援之間的關係，可參考張淑雅，《韓戰救臺灣？解讀美國對臺政策》（臺北：衛城出版，2011）。

期間,由北至南逐步展開。[78]

　　計畫的主要內容是浚深港內航道,再以這些泥沙填築海埔新生地、修築碼頭與岸壁,並將空間分割成漁港、商港區、工業區來使用。最著名的新生地莫過於位處愛河與前鎮河之間、與旗津平行的「中島新商港區」。1962 至 1975 年間,貨櫃碼頭、倉庫、通棧、加工出口區等設施一一拔地而起,與對岸的旗津遙遙相望。[79] 這些建設不只讓高雄港逐步蛻變為東亞地區的貨櫃儲運中心,也在產業政策的配合下,推動臺灣整體的經濟成長。

　　在國家對高雄港的改造中,旗津的面貌也被大幅重塑。1970 旗津西側曲折的沿岸漸趨筆直,彷彿被人用刀裁切過。第八船渠南側規劃了貯木池(或稱儲木池),用來存放將被加工製成夾板的印尼原木。再往南的砂灘、荒地則被築成船渠、新生地、漁港與貨櫃碼頭(日後成為中興商港區,即第四貨櫃中心)等用地(請見圖 2-6)。[80] 我們將在下一章看到,新船渠與新生地將成為船廠第二次遷廠後的最終歸宿。然而,當港口擴建計畫如火如荼進行時,尚無人能預見未來的大轉變。旗津從事養殖業的居民眼前所見,只有一座不願放緩成長步伐、日益工業化的高雄港。

78　該計畫的執行經費並不全來自美援貸款。高雄港務局本希望在第一期工程完工後,出售新生地,以籌措貸款之還款經費及下一期的工程款;然而,因新生地的公共設施尚不足,銷售不佳,港務局改向土地銀行貸款 1.8 億萬元。第三期工程開工後,中油與臺電預先繳納的新生地填築費用,也成為港務局興工的重要經費。李連墀,《高港回顧》,頁 5-9;吳連賞,《高雄市港埠發展史》(高雄:高雄市文獻委員會,2005),頁 45-49。

79　李連墀,《高港回顧》,頁 20-32;吳連賞,《高雄市港埠發展史》,頁 57-58。

80　李連墀,《高港回顧》,頁 87、96。

第二章　尋路・破浪：日本時期至1970年前

圖 2-6　1956 年與 1969 年高雄市舊航照影像比較
說明：上圖為 1956 年高雄市舊航照影像，下圖為 1969 年高雄市舊航照影像。
　　　比例尺及座標由呂鴻瑋增補。
圖片來源：中央研究院人社中心 GIS 專題中心，「臺灣百年歷史地圖」。網址：
　　　　　https://gissrv4.sinica.edu.tw/gis/kaohsiung.aspx。

1962 年 10 月，旗津漁戶與市議員莊士卿[81]向高雄港擴建工程處陳情，盼能暫緩第二期港口擴建計畫兩個月，待旗津西岸養殖的牡蠣、蛤蜊收成後再動工；否則養殖戶將損失約莫 180 萬元（相當於 2020 年的 1,200 多萬）。[82] 同年 12 月漁民又請「省議會五虎將」之一的議員李源棧（1910-1969）[83] 陪同，再次陳情，然而漁民的訴求被港務局以「擴建進度未便變更」為由，一口回絕。[84]

81　莊士卿於 1960 至 1968 年、1973 至 1979 年擔任第五、六、八、九屆省轄市高雄市議會議員，並於 1979 至 1981 年任改制直轄市臨時市議會議員。〈改制前第五屆第一次議員莊士卿履〉,「地方議會議事錄」資料庫，檔案日期：1961 年 3 月 3 日至 1961 年 3 月 18 日，檔案編號：010b-05-02-000000-0092；〈改制前第六屆第一次議員莊士卿履〉,「地方議會議事錄」資料庫，檔案日期：1964 年 3 月 2 日至 1964 年 3 月 21 日，檔案編號：010b-06-01-000000-0095；〈改制前第七屆莊士卿議員履歷及政見一覽〉,「地方議會議事錄」資料庫，檔案日期：1968 年 5 月 3 日至 1968 年 5 月 23 日，檔案編號：010b-07-02-000000-0081；〈改制前第九屆第一次議員莊士卿履〉,「地方議會議事錄」資料庫，檔案日期：1978 年 5 月 1 日至 1978 年 5 月 25 日，檔案編號：010b-09-02-000000-0135。

82　〈旗津漁民阿情　高港請緩擴建　養殖牡蠣尚未成長　一旦動工心血白費〉,《徵信新聞報》（1962 年 10 月 30 日），第 8 版。養殖戶損失金額之換算係使用中華民國統計資訊網中的「消費者物價指數（CPI）漲跌及購買力換算」系統。網址：https://estat.dgbas.gov.tw/cpi_curv/cpi_curv.asp（最後瀏覽日期：2021 年 8 月 23 日）。

83　李源棧（1910-1969）生於臺南廳阿公店支廳圍仔內區（今高雄市湖內區），畢業於岩手醫專，曾在母校附設醫院任職。戰後於高雄左營開設李源棧醫院，而後投入政壇，曾任第二、三屆高雄市議員、第三屆臨時省參議員。他問政犀利，且觸及議題廣泛，人們將他與郭雨新、郭國基、許世賢、李萬居、吳三連等黨外議員合稱為「五龍一鳳」。楊國夫計畫主持、薛化元協同主持,《李源棧先生史料彙編》（臺中：臺灣省諮議會，2001），頁 20-21。

84　〈高旗津區養殖漁民　請求緩期清港　高港務局表示礙難允准　省議員將向省爭取補償〉,《徵信新聞報》（1962 年 12 月 27 日），第 8 版。

第二章　尋路・破浪：日本時期至1970年前

　　四年後，尚未適應港口迅速變化的漁民，又再次遭逢厄運。1966年6月20日臺灣塑膠公司在旗津區南汕里西側裝設的塑膠管破裂，導致化學液體流入海中，毒死附近養殖的牡蠣、魚苗，損失金額高達700多萬（相當於2020年4,700多萬）。漁民請漁會代為向塑膠公司爭取賠償，卻困難重重。[85]當高雄港被打造成工商業的搖籃後，沿岸養殖業的生存空間被嚴重壓縮，迫使部分漁戶另謀生計，轉入蓬勃發展的造船業。

圖 2-7　1961年高雄港旁的造船廠
圖片來源：中國農村復興聯合委員會收藏，外交部國傳司提供。

---

85 〈化學流體為害　毒斃養殖魚類　漁民損失達七百餘萬元　漁會交涉賠償久無下文〉，第8版。養殖戶損失金額之換算係使用「中華民國統計資訊網」中的「消費者物價指數（CPI）漲跌及購買力換算」系統。網址：https://estat.dgbas.gov.tw/cpi_curv/cpi_curv.asp（最後瀏覽日期：2021年8月23日）。

第三節　被木材及魚養大：造船業與上下游產業

在 1970、80 年代木殼船逐漸被鐵殼船、玻璃纖維船取代前，造船業的主要材料為木材，[86] 自然與上游木材業培養出密不可分的關係。1970 年向高雄市港務局申請造船廠登記的洽發木材行，以及政商關係良好的揚子木材公司，都曾涉足造船事業。另外，也可從交通部檔案中窺見鋸木場「非法」造船的紀錄。[87] 雖然木材業與造船業屬於兩種不同的產業，但在以木殼船為主的年代中，木材行經常投入船舶修造的工作中。木材行本身就涉及木材加工，而所謂的木材加工究竟是將木材切割成客戶所需的形狀、大小，還是製造其他木製品（其中包含直接聘請造船工匠替客戶製造船殼），全賴經營者與客戶決定。

木材業的經營者有的直接製造船殼，也有的轉而投資造船業。前述船廠經營者麥清港即是一例。他年輕時因親戚在高雄西子灣從事木材買賣而入該行，而後自行創業並向宜蘭羅東的丹大木材行批發木

---

[86] 木殼船的主要木材有作為龍骨的櫸木、作為船肋之相思木、龍眼木、樟木，以及作為船隻外板及底板的檜木。另外還有柳安木、杉木、佳冬、赤皮等木材。船板先用鐵釘、鉚釘或螺絲釘來拼接，再用檜木皮或杉木皮塞入拼接的縫隙中，最後敷上桐油灰來防水。吳初雄，〈旗後的造船業 1895-2003〉，頁 25-27；陳政宏、黃心蓉、洪紹洋，〈臺灣公營船廠船舶製造科技文物徵集暨造船業關鍵口述歷史紀錄〉，頁 61。

[87] 1972 年 6 月造船公會向交通部、高雄市交通處、高雄港務局舉報位於協進造船廠隔壁的和成鋸木場（後改名永昇鋸木場）「非法」建造木殼船；根據該會說法，所謂「非法」是指「非造船業者且未加入本會為會員」。事實上並無法規強制造船業者加入造船公會，當時造船廠合法與否取決於該工廠是否根據〈造船廠註冊規則〉第三條向政府主管機關登記並領有執照；不過，〈造船廠註冊規則〉於 1972 年 9 月 7 日即公告廢止。交通部檔案，檔號：0061/040215/*252/001/001、0061/040215/*252/001/002、0061/040215/*252/001/004、0061/040215/*252/001/005、0061/040215/*252/001/006。

材，轉賣給高雄的造船廠與其他較小的木材行。根據其說法，1956 年其客戶三吉造船廠積欠了大筆款項，又向其借錢融資，最終只好將船廠售予他，藉以抵債，麥清港自此跨入造船業。他最初邀請一名造船師傅入股，又先後於 1960 年與 1963 年投資泰興造船廠（負責人為許水巡）、中一造船廠（負責人為陳其祥）。[88] 與中一造船廠的股東拆夥後，麥清港於 1967 年買下益滿造船廠，成立三陽造船廠。[89]

麥清港之口述與檔案所載略有出入。根據檔案記載，三吉造船廠的廠主許丁彝早在 1953 年便約定將船廠售予吳錦彩。但不知何故，吳錦彩於當年向高雄港務局申請的執照並未通過，遲至 1955 年再次提出辦理。隔年，吳錦彩將船廠更名為「建興」，並將經營型態由「獨資」改設定成「合資」。[90] 檔案中毫無麥清港之名，但船廠變更登記之 1956 年，恰是麥清港買下船廠之時。由於申請登記等資料全由民營業者提供，不能全然反應真實情況，涉入買賣的當事人如何達成協議至今已不得而知。可確定的是，此為麥清港涉足造船界之始。

麥清港進入造船業或許是出於意外，然而長期與造船業者接觸的他，必然了解該產業在當時的前景。剛遷移至沙仔地的船廠雖付出不少成本，但 1950 年代的漁業政策成功回應了貧困漁民的渴盼，利用美援貸款提升漁業界的購買力，進而使多數船廠雨露均霑。麥清港可能嗅到了漁業界對漁船的需求，又看到了政府為穩固統治基礎而高舉的「漁者有其船」之大纛。再加上他本身即是造船業的原料供應商，

88　陳朝興總編輯，《海洋傳奇——見證打狗的海洋歷史》，頁 128。

89　吳初雄，〈旗後的造船業 1895-2003〉，頁 10-11。

90　「為送三吉造船廠變更登記申請案准予備查」，典藏號：0044720023102011。交通部檔案，檔號：0044/040/208/*006/001/001、0044/040208/*006/001/002、0047/040208/*046/001/004。

相較於其他同業更能壓低修造船隻的成本，因此朝下游產業「擴張」是相當合理的商業策略。

除了原料供應商，民營造船界的最大客戶——漁業界的船東，為確保生財工具之品質、降低成本，也可能積極投資造船事業。前文已提及信興造船廠與蔡文賓的案例，可作為造船界部分資金源於漁業界的證據。[91] 不過，本節將更進一步討論由漁業界跨足造船界的股東，並分析漁業界與造船界之間的互動關係。

1965 年設立的豐國造船公司的四大股東——陳水來、蔡文賓、莊格發、柯新坤——最初合夥成立的事業體為豐國水產公司。1964 年設立水產公司的契機與 1960 年代政府的漁業政策不無關係。據說，本經營外銷冷凍魚貨有成的陳水來，透過高雄市漁會[92] 常務理事蔡芳太得知，政府當時「計劃再貸款十艘漁船，成立有規模的漁業公司來經營」，故「配合政府推動遠洋漁業發展政策」與三名友人共同創立大型水產公司，並挖角國營之中國漁業公司總經理郭欽敬來經營。由於公營造船廠無法滿足公司對漁船的需求，陳水來決議自行造船。[93]

事後來看，豐國水產公司成立造船公司的促成者，可能是當時擔任高雄市漁會理事長的蔡文賓。如前一節所述，他自日本時期即是漁業界成功商賈，事業還擴及製造冰與漁船修造，在地方上頗富名

---

91 第二章所談及的明華造船廠廠主呂明壽，曾懷疑旗津漁民意圖取而代之。此事亦可視為漁業界投資造船界實為常態的側面證據。

92 1976 年 6 月漁會法修正，高雄市漁會改組為高雄區漁會。〈修正「漁會法」〉（1976 年 5 月 15 日），《司法院公報》，18：5，頁 3；「漁會沿革」，高雄市區漁會官方網站。網址：http://www.kfa.org.tw/fisheries-info（最後瀏覽日期：2022 年 9 月 1 日）。

93 陳朝興總編輯，《海洋傳奇——見證打狗的海洋歷史》，頁 119-120。

望。他任內重用原在楠梓擔任區長、行政經驗豐富的蔡芳太,處理會務。[94] 換言之,蔡芳太似蔡文賓的左右手。蔡芳太告知陳水來漁船貸款一事,可能為蔡文賓提供之消息。

　　一同入股的柯新坤、莊格發,亦是地方上頗富成就的商人。柯新坤雖然因 1963 年成立的光陽工業股份有限公司而為人所知,但他亦為著名漁業界人士,先後於 1950、1972 年夥同友人創立光隆漁業公司及豐群水產股份有限公司,後者為臺灣最具規模之魚貨經銷及漁船補給商。[95] 他長期投身漁會事務,曾任高雄市漁會第八、九屆理事長(1958-1963),在 1961 年任內成功協助漁民阻止政府貿然提高「漁民保險備付金」,並以鮪魚外銷委員會主委的身分至海外拓展市場。[96] 至於莊格發,亦從事漁業買賣,曾於 1951 年被推舉為軍魚供應委員會委員,積極參與地方事務(請見圖 2-8)。[97] 豐國水產公司成立後,

---

[94] 〈兄弟鬩牆另有內情　常務理事鬥法煙幕　蔡芳太大權在握遭人怨　吳政雄勃勃雄心施側擊　蔡文賓力闢「自相殘殺」謠傳　高市漁會改選二流角色鬥智〉,《中國時報》(1965 年 1 月 10 日),第 6 版。

[95] 〈柯新坤訃聞及行述影本〉,入藏登錄號:1280058500001A;「歷史沿革」,豐群水產股份有限公司官網。網址:https://fcf.com.tw/cn/our-history/(最後瀏覽日期:2023 年 7 月 26 日)。

[96] 〈臺灣省議會通知柯新坤君為臺端等…〉,(1961 年 9 月 26 日),《臺灣省議會史料總庫・公報》,國史館臺灣文獻館(原件:國家發展委員會檔案管理局),典藏號:003-02-03OA-05-7-1-01-01129;〈柯新坤訃聞及行述影本〉,入藏登錄號:1280058500001A。

[97] 〈高港供應軍魚　先試辦四個月　供魚價格業已決定〉,《聯合報》(1951 年 12 月 12 日),第 5 版。1951 年,為分配「遠洋漁船出港資金的軍魚貸款八十萬元」,高雄市漁會成立軍魚供應委員會。與莊格發同時被推舉為軍魚供應委員會委員者,尚有王峯巒、王技前、蔡文賓、盧森竹、鄭進步、陳生啟,而蔡文賓為主任委員。事實上,經濟部臺灣漁業增產委員會於 1952 年才公布正式之「臺灣漁業增產委員會供應軍魚貸款辦法」,前一

圖 2-8　1978 年 7 月莊格發（右側戴眼鏡持鈔票者）贈 68 萬賑高雄市鼓山區濱海一路第二船渠遭受祝融之損的災民

圖片來源：〈臺灣新聞報底片民國六十七年（四）〉,《台灣新聞報》,國史館藏,數位典藏號：156-030116-0004-030。

隨即獲得農復會源自「中美基金」的漁船貸款，得以向臺機公司訂購 150 噸的鮪延繩釣漁船「豐國一號」。[98]

當時在高雄漁業界以同鄉關係為基礎分成「在地派」與「澎湖派」兩大派系，前者以旗後人蔡文賓之家族為中心，後者則以陳生苞

年僅以有暫行辦法，高雄市漁會係根據暫行辦法組織軍魚供應委員會。該貸款辦法僅持續十年，1962 年即廢除。〈廢止「臺灣漁業增產委員會供應軍魚貸款辦法」〉（1962 年 3 月 8 日）,《臺灣省政府公報》,第 4533 期,頁 932。

98　陳朝興總編輯,《海洋傳奇——見證打狗的海洋歷史》,頁 119-120。

之家族擁有較大的勢力。[99] 分別代表兩派人馬的蔡家與陳家，有著極為相似的事業結構：均自日本時期便開始投入漁業及造船業，家族亦長年參與漁會及哈瑪星代天宮之公共事物。[100] 雙方與政界的關係相當良好，蔡文賓之弟蔡文玉曾任省議員與中國國民黨臺灣省委員會評議，[101] 而陳生苞在1955年遭人檢舉利用漁會理事長之職轉賣向林管局申請的木材套利時，獲得當時市長謝掙強力挺。[102] 相較於獨自擁有船

---

[99] 〈在地澎湖兩派　雙方蓄勢待發　蔡家集團新人掛帥　陳生苞將捲土重來〉，《中國時報》（1964年8月15日），第7版。陳生苞為竹茂造船廠的經營者陳生啟、陳生行之弟，經營竹茂漁業行，曾於1950年初擔任漁會理事長，被視為漁業界中澎湖派的領袖。陳水來為旗津人，與陳生苞等人無親族關係。自日本時期，高雄有許多澎湖人從事漁業、造船業。先後開設新高造船廠、大洋遊艇公司的劉萬詞、福利與福泰造船廠老闆呂媽福、平利造船老闆張曲、興臺造船廠老闆廖永富、明華造船廠老闆呂明邱及呂明壽、華夏造船廠老闆夏標、金明發造船廠老闆葉媽佑均為澎湖人。黃棋鉦，〈高雄市旗津地區的聚落發展與產業變遷〉，頁91-92。

[100] 關於蔡家與陳家參與哈瑪星代天宮事務，請見李文環，〈蚵寮移民與哈瑪星代天宮之關係研究〉，頁33、37-40。

[101] 蔡文玉（1917-2012）生於臺南廳大竹里打狗街旗後（今高雄市旗津區），為漁業界、造船界大老蔡文賓之弟，畢業於日本慶應義塾大學經濟學部，在政壇及漁業界均相當活躍。他於1960至1968年間任省議會第二、三屆議員，從政期間特別重視漁業發展及漁民生計福祉。其他曾任擔任的公、私職務尚有：高雄市鼓山區漁會常務理事、第十、十一屆高雄區漁會理事長、中國國民黨第八屆臺灣省委員會評議、臺灣區鮪魚類輸出業公會理事、臺灣海洋漁業股份有限公司董事長、慶豐漁業公司董事長等。王靜儀等編撰，《臺灣省議會議員小傳及前傳》（臺中：臺灣省諮議會，2014），頁129-133；千草默仙，《會社銀行商工業者名鑑》（臺北：圖南協會，1932），頁110；〈蔡文玉其人其事〉，第3版。

[102] 〈高漁會理事長　陳生苞被撤免　因經檢舉套購木材牟利　謝掙強將申覆請省免究〉，《聯合報》（1955年7月10日）第5版；〈理事長因魚求木得手後變賣圖利　陳生苞撤職查辦　高市府失察議處〉，《中國時報》（1955年7月10日）第4版。

廠的陳家，蔡家的事業重心在漁業，豐國造船公司的事務也全交由陳水來打理。然而，早在豐國造船公司成立之前，蔡文賓即購入永豐造船廠成立滿慶造船廠，似乎有意自建漁船，供自己的漁業行使用。

　　蔡家與陳家在政治權力與經濟利益上的競爭雖然以漁業公會為場域，[103]而非造船公會，但由於漁撈事業高度仰賴造船業的支持，兩家族的投資從未忽略造船業。蔡文玉為鞏固與造船業經營者之間的關係，在1969年時甚至以其漁會理事長的身分，意圖為陳水來安排理事一職。[104]由此可見，在民間漁業與造船業呈現相輔相成、互利共生的關係。起先經營魚貨買賣者，待事業往遠洋漁業擴張後，勢必對穩定且良好的漁船產生需求；而造船業者由於能自行製造「生財工具」，何不僱人捕撈漁獲，投入漁業買賣？比起公營事業體，此二產業間的關係在民間較為密切。公營造船公司確實會替同為公營的中國漁業公司，以及部分民營漁業公司修造漁船，惟日後朝向建造大型商船發展，對漁業的影響力減弱。

---

103 1958年在高雄市漁會理事選舉上（每三年改選一次），陳生苞指控蔡文玉當選無效。1965年理事改選時，蔡文賓遭到陳生苞嚴厲批評。陳生苞主張漁船貸款應該貸給「真正需要漁船的漁民」，但蔡文賓「和少數理監事勾結，把四千萬元的造船貸款，私自分享了」。此外，是時忙於生意（據說經營二十多艘漁船）且年事已高的蔡文賓欲支持其弟蔡文玉參選，亦遭到陳生苞抨擊為「一姓把持」漁會。漁會理事雖為無給職，但因為享有統籌管理漁民貸款之權力，成為地方派系爭相奪取的職位。〈陳生苞控告蔡文玉　請求確認當選無效〉，《中國時報》（1958年11月18日），第3版；〈高雄漁會家天下　陳生苞挺身揭發　蔡文賓「劣績」　一姓把持　太不應該　新人出頭　此其時矣〉，《中國時報》（1965年1月20日），第6版；〈蔡文玉其人其事〉，第3版；李文環，〈蚵寮移民與哈瑪星代天宮之關係研究〉，頁38。關於漁會組織與職權之規範，請見〈修正「漁會法」〉，《總統府公報》，192（1948年12月31日），頁1-2。

104 當時蔡文玉的攏絡並未成功，被陳水來婉拒。〈蔡文玉其人其事〉，第3版。

圖 2-9　哈瑪星女船東許快購入的漁船「鼎發號」
圖片來源：打狗文史再興會社、郭晏緹提供。

第四節　孤兒抑或金孫：政府眼中的民營造船業

　　多數資料在討論民營造船業的發展時，往往強調政府漁業政策的作用。這種敘事凸顯了政府的角色，以及兩個產業的緊密關係，卻容易令人遺忘市場需求的重要性以及作為行動主體的從業者。如果要將市場與行動者拉回敘事中，勢必得重新評估政府對待公、民營企業的態度，以及業者的具體行動。讓我們將時光倒流，回到戰後初期，看看民營造船業在政府眼中，究竟是「孤兒」還是「金孫」。

　　是時，甫脫離二戰的臺灣傷痕未癒，便被捲入國共內戰中。糧食

物資被送往中國,通貨迅速膨脹,不僅民生大受影響,市場上也嚴重缺乏資金。為了生活,人們重建船廠、修復被戰火所傷的船隻,然而限於財力,造一艘性能良好的新船,對於供需雙方而言近乎奢求。相較於擁有簡單廠房的造船人,討海人的生活更為困頓。來臺不久且亟須穩固政權基礎的國民政府,很快便察覺漁民的困境與需求。

根據 1952 年國民黨中央改造委員會（以下簡稱中改會）的紀錄,全臺十六萬六千多名漁民多以沿岸漁撈維生。他們的船隻不是在二戰中損毀,便是簡陋的小型木船或竹筏,漁撈收穫極其有限,一個月僅能有新臺幣一百多元的收入。[105] 造成漁民生活困苦的因素繁多,其中一項是「生產資金的缺乏」。為了籌措購買漁撈設備與整修船隻的費用,收入不高的漁民往往得仰賴貸款。偏偏漁民欠缺足夠擔保品,大多向民間的高利貸借款,而非金融機構。高利貸縱使能周轉一時,卻讓漁民陷入被利息綁架的惡性循環中。[106]

政府對於漁民的關注,並非純粹體察到窮苦百姓困頓。蔣中正曾在 1951 年 2 月 8 日的中改會第 82 次會議中表示:「臺灣除農民以外,以漁民和鹽工最苦,尤其是漁民,對我們鞏固臺灣反攻大陸的戰爭,都有極密切的關係。我們應該特別加強他們的組訓,解決他們的生活,提高他們的福利。」[107] 顯而易見的是,改善農漁民及鹽工的生活是具有高度政治意義的行動。國民政府將國共內戰失敗的部分原因,歸咎於共產黨成功動員底層群眾。為防止臺灣社會被共產黨滲

---

105 中央改造委員會第二組編,《漁民礦工鹽工生活的改善——中國國民黨中央改造委員會策動改善的經過及其成效》（出版地不詳:中央改造委員會第二組,1952）,頁 5。

106 同上註,頁 5。15-16。

107 同上註,頁 2。

透，穩固政權，擴大動員基礎，政府積極回應市場需求，以各項福利換取農漁民及鹽工的信賴。

　　縱使動機複雜，政府逐年提供的漁船修建貸款仍為漁民捎來一絲希望，造船業亦雨露均霑。1948 年即有針對漁業生產貸款計畫。貸款項目先由修船開始，再擴及造船。1951 年 12 月，政府挪用部分國防部軍援款共新臺幣 25,000 元，貸與漁民，修理動力漁船；而後提供漁民補助金，建造 150 艘小型動力漁船，每艘漁船可得 1,600 元。[108] 1953 年推行「耕者有其田」之時，政府亦喊出「漁者有其船」的口號，實施漁船放領政策，[109] 共建造 103 艘配備漁具的漁船，貸與漁民。其中 30 艘漁船由省政府撥款製造，其餘 73 艘的經費來自經濟部臺灣漁業增產委員會批准之美援貸款。針對率先放領的 57 艘漁船，當時農林廳漁業管理處並未依照同年 4 月 3 日省政府通過的放領辦法公開招標，直接委由臺機公司建造，而該公司再將其中的 24 艘轉包給位於基隆的造船廠承造。[110] 1952 至 54 年間，總共有 187 艘新漁

---

108 中央委員會第六組編，《黨的社會調查：問題之發現與解決》（出版地不詳：中央委員會第六組編，1954），頁 72。

109 澎湖縣政府早在 1952 年便開始放領 5 噸動力漁船。此外，也有放領動力舢舨的政策。如 1953 年 11 月澎湖縣政府計劃放領 4 匹馬力的舢舨 50 臺，以推動該縣舢舨機械化。〈澎湖放領機動漁船　首批昨舉行下水禮　「漁民之家」昨慶落成〉，《中央日報》（1952 年 6 月 1 日），第 5 版。〈澎縣近將舉辦　動力舢舨放領　整個計劃正擬訂中〉，《聯合報》（1953 年 11 月 14 日），第 5 版。

110 當時放領的漁船不大，以美援漁船為例，5 噸有 27 艘，10 噸有 25 艘，17 噸則有 5 艘。中央委員會第六組編，《黨的社會調查：問題之發現與解決》，頁 72。〈美漁業專家　抵高雄視察　曾參觀漁船建造〉，《聯合報》（1953 年 7 月 1 日），第 5 版。〈放領漁船未經招標　省漁會聯席會促請公佈價格　以免造價高苦了漁民〉，《聯合報》（1953 年 7 月 1 日），

船下水。這些漁船以 5 至 15 噸的小船為主，但亦有 80 噸的遠洋漁船。[111]

1960 年代，漁船繼續朝大型化、遠洋化發展。[112] 除了公營造船公司，民營船廠也紛紛投入遠洋漁船的承造。1962 年，竹茂、永豐及天二造船廠爭取到 145 噸美援漁船的訂單，前二者各建一艘，後者建兩艘。[113] 當時船種多為拖網漁船，1964 年單拖網漁船約有 1,400 艘，兩兩一組的雙拖網漁船則有 400 艘。

1951 至 1964 年政府提供的漁船修建資金，有很大一部分來自美援，而運用在漁業的美援款項，超過半數用來支援漁船建造。美援漁業計畫又有兩個援款核准單位：美援會（1951-1960）與農復會（1951-1964）。美援會所撥款項（包含貸款與贈款）的總額為新臺幣 1 億 7,271 萬 1,000 元及美金 126 萬 6,100 元，其中用於「漁船建造與裝備」的金額是新臺幣 1 億 716 萬 1,000 元及美金 104 萬 9,700 元，分別占總額的 62%、82.9%。至於農復會的撥款，共計新臺幣 2 億 9,493 萬 9,000 元及美金 15 萬 4,000 元，用於「漁船建造及引擎裝置」的經費為新臺幣 1 億 888 萬 1,000 元（農復會美金款項並未用於漁船相關項目），占總額的 36.9%（請見圖 2-10）。無論哪個單位核辦

第 5 版。〈首批放領漁船　五十七艘即可造成　將配各地承領〉，《聯合報》（1953 年 8 月 13 日），第 5 版。「臺灣省建造小型動力漁船放領辦法」全文可參見〈動力漁船　放領辦法　省昨修正通過〉，《聯合報》（1953 年 4 月 4 日），第 6 版；〈動力漁船　放領辦法　續完〉，《聯合報》（1953 年 4 月 6 日），第 6 版。

111　羅傳進，《臺灣漁業史》，頁 42。

112　同上註，頁 43-44。

113　「台灣區機械工業商業公會呈請積極扶植民營造船工業案」，檔號：0051/8-89/30001。

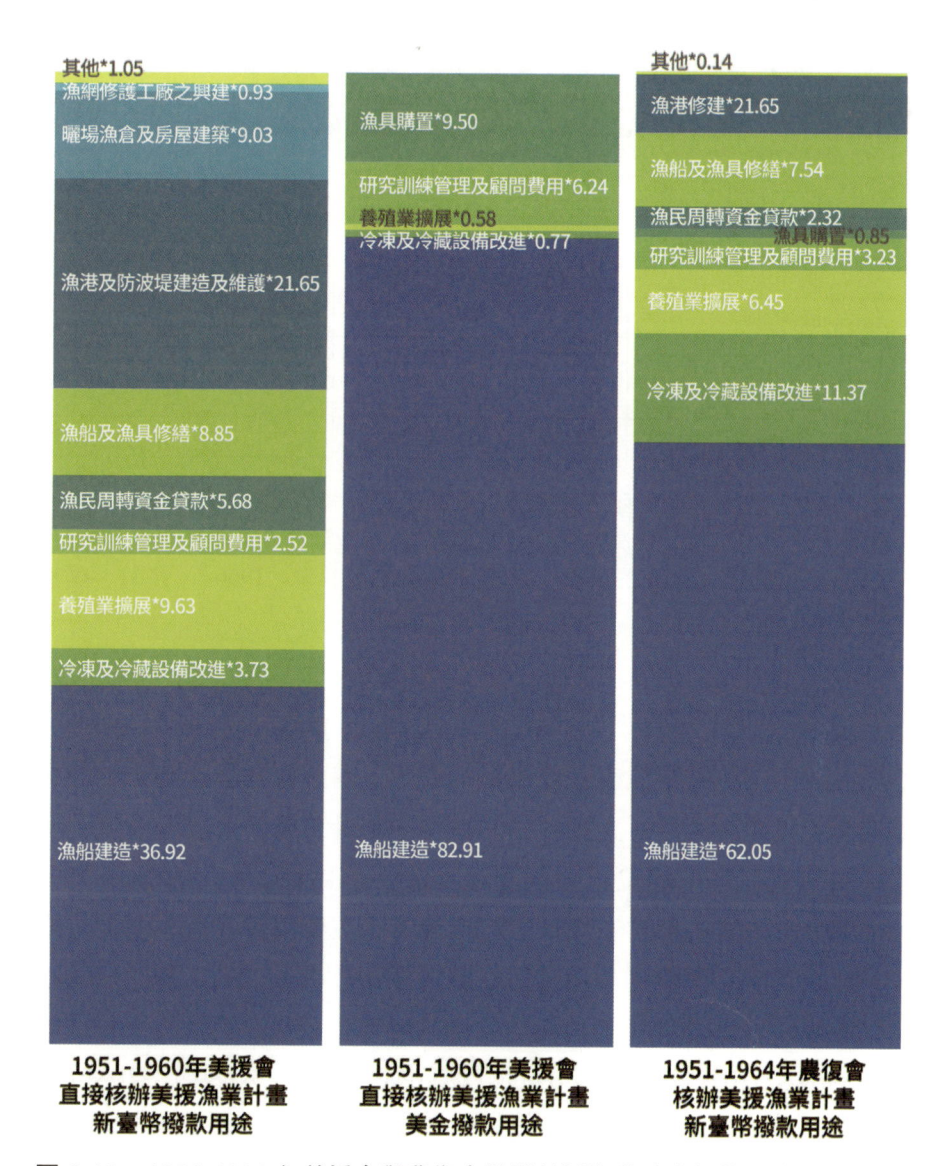

第二章　尋路・破浪：日本時期至1970年前

1951-1960年美援會直接核辦美援漁業計畫新臺幣撥款用途
- 其他*1.05
- 漁網修護工廠之興建*0.93
- 曬場漁倉及房屋建築*9.03
- 漁港及防波堤建造及維護*21.65
- 漁船及漁具修繕*8.85
- 漁民周轉資金貸款*5.68
- 研究訓練管理及顧問費用*2.52
- 養殖業擴展*9.63
- 冷凍及冷藏設備改進*3.73
- 漁船建造*36.92

1951-1960年美援會直接核辦美援漁業計畫美金撥款用途
- 漁具購置*9.50
- 研究訓練管理及顧問費用*6.24
- 養殖業擴展*0.58
- 冷凍及冷藏設備改進*0.77
- 漁船建造*82.91

1951-1964年農復會核辦美援漁業計畫新臺幣撥款用途
- 其他*0.14
- 漁港修建*21.65
- 漁船及漁具修繕*7.54
- 漁民周轉資金貸款*2.32
- 漁具購置*0.85
- 研究訓練管理及顧問費用*3.23
- 養殖業擴展*6.45
- 冷凍及冷藏設備改進*11.37
- 漁船建造*62.05

圖 2-10　1951-1964 年美援會與農復會核辦美援漁業計畫撥款用途占總額百分比

資料來源：行政院國際經濟合作發展委員會編，《臺灣漁業運用美援成果檢討》，頁 36、38。筆者繪製。

93

表2-4　1953-1958年美援會直接核辦貸款所建造之美援漁船

類型	噸位（單位：噸）	數量（單位：艘）
無動力舢舨		86
動力舢舨	2	283
近海漁船	5-30	138
遠洋漁船	40	2
遠洋漁船	80	21
遠洋漁船	100	18
遠洋漁船	150	5
珊瑚船	22	2

備註：無動力與動力舢舨配合大陳義胞安置計畫，贈與大陳漁民使用。
資料來源：行政院國際經濟合作發展委員會編，《臺灣漁業運用美援成果檢討》（臺北：行政院國際；經濟合作發展委員會，1966），頁11。筆者製表。

貸款，造船均是漁業計畫撥款最多的項目。[114]

　　由於不同核款單位有各自側重的目標，進而影響了修造船舶的種類與撥款總額。美援會直接核辦的款項同時針對遠洋及近海漁業，多利用漁業貸款修造噸位較大的遠洋漁船（請見表2-4），撥款總額較大。農復會核辦的貸款主要針對沿岸漁業，主要用於建造小型動力漁船、舢舨或加裝漁機的款項，占當時造船援款的68.2%，其餘則供給遠洋漁船。[115]雖然美援漁船建造工程的發包對象包含公營及民營造船廠，不過受限於資料的記錄方式，我們難以得知公、民營船廠的漁船訂單的具體比例，亦無法計算美援計畫中流入民營造船業的金額。現

---

114 行政院國際經濟合作發展委員會編，《臺灣漁業運用美援成果檢討》（出版地不詳：行政院國際經濟合作發展委員會，1966），頁9-12、36、38。

115 同上註，頁9-13。

階段僅能藉由政府對待公、民營企業的態度，以及業者的反應，來推測政府對漁民營造船業的支持力度。

照理來說，造船業在政府眼中，應是推動航運業、漁業發展的必要產業。孫中山（1866-1925）在《實業計畫》中，提出中國必須自設船廠的構想，以期建造「一航行海外之商船隊」、「多數沿岸及內地之淺水海運船」，以及「無數之漁船」。[116] 戰後，《實業計畫》常在政府說明政策的原則與目標時被引述。這不全然是因忠誠的官員謹遵「國父遺教」，實際的情況更可能是中華民國無論在大陸或臺灣，都面臨相似的產業需求。

不過，戰後國民政府的處境與《實業計畫》被提出時的背景脈絡並不一致。困於國共內戰與冷戰中的國民政府，建構一套「戰時經濟體制」。在這套體制中，經濟發展旨在儲備、提升國家的戰鬥能力。政府劃分出「應予增產」，以及「應予停止或限制生產」的物品。前者包含國防需用及生活必需品、外銷物品、進口貨之代用品等三種類型。[117] 船舶同時具有的運輸及作戰功能，屬第一類。

交通銀行調查研究處在 1975 年出版的《臺灣的造船工業》中，清楚地道出政府對於造船業的定位：

> 造船在近代國家的地位至為重要，平時為推進出口貿易的利器，賺取外匯收入，戰時是軍事運輸補給的利器，亦可

---

[116] 孫中山，《實業計畫》（臺北：臺灣省政府教育廳，1949），頁 96-97。

[117] 尹仲容，〈臺灣生產事業的現在與將來〉，收於行政院美援運用委員會編，《我對臺灣經濟的看法全集》中的《我對臺灣的經濟看法初編》（臺北：行政院美援運用委員會，1963），頁 7-8、14、17。

改裝為戰艦，凡有海岸線的國家，均重視造船業的發展。[118]

在政府眼中，造船業並非要同時回應經濟與軍事上的需求，更重要的是，讓經濟發展服務於軍事目的。簡言之，造船業不僅屬於重工業，更被視為軍事工業的一環。國防研究院在其印行的教材《工業動員之概論》中，明言「重工業不但是整個工業之骨幹，而且是軍事工業之另一名稱，直接影響戰爭負荷能力」，因此臺灣的生產型態「再進一步就應該是機械、鋼鐵、造船、與汽車等重工業之發展」。[119]

在此一觀點下，最佳的策略莫過於扶植公營的大型造船廠，由該船廠承擔起提升全國造船技術及技術轉移的重責大任，帶動其他船廠之進步。事實上，此一策略早在1930年國民黨中全會便已被提出。可惜當時中國政府能力不足以執行，加上中日戰爭爆發無暇顧及而遭受擱置。戰後，政府基於重建帶來的大量航運之需，欲提升修造大型輪船的能力，再次籌劃設廠。1946年3月23日，中央造船公司籌備處於上海成立，其廠房預計以日本的賠償物資——三菱重工株式會社神戶造船所之設備——加以補充。[120]

建設中央造船廠的計畫最終因國民黨撤退來臺而走向終點。然而在此之前，資源委員會早因無法順利取得神戶造船所的船塢，將發展

---

[118] 交通銀行調查研究處編，《臺灣的造船工業》（出版地不詳：交通銀行調查研究處，1975），頁1。

[119] 國防研究院，《工業動員之概論》（出版地不詳：國防研究院，1959），頁19。

[120] 蕭明禮，〈戰後日本對華物資賠償及其經濟復興政策：以中央造船公司為例〉，《國史館館刊》，58（2018），頁171-177。

第二章　尋路・破浪：日本時期至1970年前

重心轉向接收臺灣船渠位於基隆的廠房設備的臺船公司。[121] 爾後以大型造船廠來帶動國家造船產業的方針，繼續在臺灣被實踐。由國家出資經營的臺船公司及臺機公司船舶廠，成了當時臺灣規模數一數二的造船公司。[122]

這影響政府對於臺灣公、民營造船廠的態度。1962年6月，臺灣區機器工業同業公會（以下簡稱機器公會）及造船公會先後向政府遞交了請願書，訴請政府扶植民營造船工廠。這兩份請願書的行文相去不遠，先以「造船機械工業，乃反共復國之第一防線」一語，喚起政府關注，再感慨造船廠業者「苦心孤詣，克盡困難、樽節開支，維持數以萬計之員工生活」，以及「配合反攻動員國策」。[123] 唯一不同的是，機器公會直批政府「偏心」，獨厚公營造船公司，與民爭利：

---

[121] 蕭明禮，〈戰後日本對華物資賠償及其經濟復興政策：以中央造船公司為例〉，頁185-186。

[122] 除了臺船公司、臺機公司，當時還有其他公部門、公營事業及軍方的造船廠，如高雄水產學校造船廠、港務局船舶機械修造工廠（各地港務局均有各自的船廠）、漁會造船廠，以及海軍造船廠等。這些造船廠通常服務特定單位（如海軍造船廠專門維修軍用艦艇，而港務局的造船廠則維修港內工作船隻），或配合政策建造特定船舶（如1962年高雄水產學校造船廠承造145噸美援貸款漁船4艘），但也有部分船廠會在市場上與一般民營造船廠競爭（如臺船公司、臺機公司、高雄水產學校造船廠等）。至於由政府輔導設立的大陳義民船舶修建勞動合作社，則是為了維繫1955年撤退來臺的大陳島民的生計。另外，以公營起家、而後民營化的的臺灣農林股份有限公司水產分公司及臺灣工礦公司也有船廠，是為維修保養公司船隻所設置。

[123] 「台灣區機械工業商業公會呈請積極扶植民營造船工業案」，檔號：0051/8-89/30001。

我政府對此歷盡艱辛之民營造船工業，似乎仍然熟視無睹，未能迅速謀有效辦法，予以拯救、良堪痛惜，反而貸款與公營造船公司，舉凡所有公營事業機構、新造、復舊、船舶、修造工程、大部交由公營公司承建，壟斷民營工廠生機，長此下去，勢必招致民營工廠受此嚴重打擊而陷於停頓或倒閉之危機。尤有進者，公營公司資力雄厚，原不可再予扶助之必要，今既獲充裕資金以運用，非惟成本可以降低，抑且辦理分期付款或代購材料費等，故所有擬建造船舶者，莫不爭先以赴，導致民營工廠乏人問津，此種一反常態之現象，良非扶植民營工業發展民間經濟之所應有情狀。[124]

雖然公營造船公司不像臺灣電力公司、中國石油公司屬於獨占性的公營事業，但在國家的支持下，更容易成為能夠市場上的霸主。再加上，資金充裕的公營船廠樂於讓船東以分期付款的方式購船。此種類似於「兼營授信業務」的「服務」，[125] 給予船東極大的便利，吸引不少客源，衝擊民營造船業者的生意。

　　兩個月後，負責公營事業的行政院經濟部積極澄清，其下所屬的

---

[124] 「台灣區機械工業商業公會呈請積極扶植民營造船工業案」，檔號：0051/8-89/30001。引文中的底線者為筆者強調，此後亦同，不再贅述。

[125] 此種「兼營授信業務」的經營模式常見於公營造船公司，但日後因船舶噸位與造價增加，提升公司財務的風險，始被嚴加檢討。財政部於1979年向行政院經濟建設委員會發函，檢討中船公司的營運方式。其中，「採取分期付款方式售船」的策略被指為「增加其經營風險」。尤其中船公司「并未要求船東提供銀行付款保證，僅持有所造船舶之第一順位抵押權」，倘若船東逾期付款，必嚴重影響公司財務。「造船總卷」，卷二，《行政院經濟建設委員會》，國家發展委員會檔案管理局，檔號：A329000000G/0066/E-18.0.1(A)/01。

臺機公司「有關造船業務，悉由該公司自行經營」，而銀行貸款的取得，「係由公司按一般規定向銀行申請」，一般民營船廠也可以「按規定向來往銀行洽借週轉資金」。經濟部還強調，去年菲律賓欲以分期付款的方式，向民營的華南造船公司及中一造船公司購買 10 艘木殼漁船時，已提供協助。簡言之，經濟部暗示政府毫無偏私，公平地對待公、民營船廠。[126]

經濟部的辯駁看似有理，但民營造船業者的請願也其來有自。因該請願案而奉令調查實情的高雄港務局即回報：

> 經查癥結在於公營造船廠（台灣機械公司船舶廠）本身資力較為雄厚，承造船舶除船東先付一部分現款外，尚可向銀行貸款，以分期付款辦法與船東訂約承造，（包括自行申請外匯購買材料）民營造船廠本身既乏資金，而經濟組織又欠健全，無法向銀行貸款，（因場地均係租用，僅鋼軌船台等設備，銀行不准貸款）不能以分期付款辦法承造船舶，因此漁業者，擬造八十噸以上船舶，均爭先到公營台灣機械公司建造。[127]

公營船廠資力雄厚之因，不外乎政府與美援貸款的支持。公、民營船廠均可按照「一般規定」向銀行申請貸款，實際上僅是「形式平等」，忽略二者「先天條件」的差異，導致民營船廠難與公營競爭，產生國

---

[126]「台灣區機械工業商業公會呈請積極扶植民營造船工業案」，行政院檔案，檔號：0051/8-89/30001。

[127]「台灣區機械工業商業公會呈請積極扶植民營造船工業案」，檔號：0051/8-89/30001。

家與民爭利的質疑。這不僅代表政府沒有特別留意公、民營造船廠在資本上的「先天」差異，更暗示了一種產業發展上的先後順序：作為造船業領頭羊的公營船廠應率先發展，而後才是小型民營船廠。

這種「先公營後民營」（或「重公營輕民營」）的模式可謂戰後國民政府經濟發展原則。根據文馨瑩的研究，1950、60年代直接援助民營事業的美援貸款金額，遠低於公營事業。[128] 另一方面經濟學者瞿宛文指出，雖然戰後初期國民政府扶植許多民營企業，使民營企業的工業產值大幅提升，但其政策基本上延續在中國時期就建立的原則：由公營企業負責營運「國家安全相關的以及民間難以經營的行業」。[129] 或許即是因為戰後初期民營造船業欠缺資本，無法立即配合國家在航運及漁業上的規劃，政府便將造船業視作「民間難以經營的行業」，將大量資源撥給公營造船公司。這亦符合國民政府最初構思的造船業扶植策略：先提升公營船廠的技術條件，再向民營船廠進行技術轉移。然而，目前尚未有公營造船公司向民營造船業技術轉移的具體證據，僅聽聞民營造船廠以高薪「挖角」公營公司的技術人員，藉此提升自身的技術能力。[130]

---

[128] 文馨瑩，《經濟奇蹟的背後——臺灣美援經驗的政經分析（1951-1965）》，頁190、258。他認為公營事業具有「壟斷經營，享有優惠的獨占利益」，以及「可以國庫保證償債」等性質，投資風險較低，再加上「國府基於控制經濟及汲取資源的需要，也樂於為公營事業爭取更多援款」。

[129] 瞿宛文，《台灣戰後經濟發展的源起：後進發展的為何與如何》，頁333。關於國民政府的公民營企業政策，可參見該書第六章。

[130] 公營企業對民營企業的技術轉移是一個有待展開的研究課題。筆者並未否定公營企業在技術傳播、擴散上扮演的角色。以臺灣鋁業公司為例，該公司電解廠前廠長蔣洪根在退休後，轉赴數間民營鋁加工廠擔任顧問，並兼任維新鋁業公司廠長。雖然無法查找到公營企業透過具體的合作計畫將技術轉移至民間的證據，但技術人才的流動極有可能是技術擴散的關鍵。此

第二章　尋路・破浪：日本時期至1970年前

　　在所有的公營造船公司中，民營業者對於臺機公司如此「眼紅」的另一層原因，是二者均修造1,000噸以下的木殼與鐵殼漁船，在市場中處於競爭關係。雖然洪紹洋指出，臺機公司「必須配合政府政策進行調整、生產」，衝擊其獲利能力，不僅難以形成「獨占性資本」，甚至導致其競爭力逐漸不如其他民營機械公司；[131] 然而，在1960年代的造船業界，民廠與臺機公司在資金上的落差導致前者難與後者競爭，令業者深覺不公，指控臺機公司有與民爭利之嫌。

　　公營造船公司具有民營業者相當渴盼的「福利」。1950年代，臺船獲得新臺幣1,200餘萬、美金148萬的美援貸款，用以擴增廠房設

外，臺機公司將部分工程外包的衛星工廠制度，能讓外包廠商在受規範的施作過程中累積經驗，或許也有技術擴散的作用。〈鋁加工業專訪之一：維新鋁業公司〉，《今日鋁業》，31（1978），頁93。臺機公司針對衛星工廠的相關規範可參閱：「本公司衛星工廠處理程序」，《臺灣機械股份有限公司》，國家發展委員會檔案管理局，檔號：A313370000K/0055/013/16、A313370000K/0070/013/16。

[131] 洪紹洋，〈戰後臺灣機械公司的接收與早期發展（1945-1953）〉，頁177。在船舶製造上，臺機公司於1980年代逐漸無法與民營船廠競爭。1985年6月14日行政院院長俞國華巡視臺機公司時，曾向該公司董事長表示：「賺錢固然重要，但是配合國家經濟建設更為重要。」這證明臺機公司作為國營企業，向來以國家政策為依歸，無法同一般私人公司以利潤為優先考量。然而，臺機公司競爭力下滑，甚至於1980年代長期虧損，不全然是配合國家政策的結果，管理缺失所造成的營運效率低落，致使無法準時交貨也是原因之一。〈配合政策最重要　不以賺錢為目標：院長巡視本公司時指示我們發展方向〉，《臺機半月刊》，137（1985），第1版；〈臺灣機械公司近年來經營不善，預算由盈餘轉為虧損，生產量未達原設廠計畫預定目標及外包工程浮濫等均有不當案〉（1984年10月26日），《監察院公報》，第1451期，頁894-896；〈一年造不出一艘漁船？台機當真已病入膏肓！民營小廠供不應求　兩相對照難領教〉，《聯合報》（1988年1月17日），第11版。

備，成立技工訓練班。[132] 臺機公司取得的金額雖然較少，但 1954 及 1957 年也得到大約新臺幣 50 萬及 558 萬的美援貸款，修建遠洋漁船。[133] 此外，1951 至 1962 年間，臺機公司利用另外兩筆美援貸款（金額分別是新臺幣 120 萬及美金 54 萬），擴充機構設備，如車床、電焊機、大型鋼料剪機等。[134] 上述金額尚未加上國家利用美援貸款為這兩間公司創造的訂單，便已遠超過唯二以貸款擴增設備的民營造船廠所獲得的額度。此外，臺機公司還可以獲得一些國內的特殊定單。例如 1969 年規劃疏濬安平港時，因中央政府不同意外購挖泥船，省政府交通處縱使對臺機公司的技術欠缺信心，仍向臺機公司訂購。[135]

只有跟政府或美方關係密切的民營業者，才可能受到「眷顧」。揚子木材公司的登陸艇代造案即是造船業界的特殊案例。1954 年，揚子木材公司取得新臺幣 709 萬 7,000 元的美援貸款，在高雄為美國海軍代造 100 艘木殼登陸艇，首開戰後臺灣民營公司承造軍用船舶之先例。[136] 嚴格上來說，這間公司不是船廠，而是製造木質軍民用品的工

---

132 行政院國際經濟合作發展委員會編，《美援貸款概況》（臺北：行政院國際經濟合作發展委員會，1964），頁 37-38；行政院美援運用委員會編，《十年來接受美援單位的成長》（出版地不詳：行政院美援運用委員會，1961），頁 40-41。

133 行政院國際經濟合作發展委員會編，《美援貸款概況》，頁 86。

134 臺機公司擴增的設備主要係針對機械製造，但由於其機械廠能產製部分船舶零件，因此機械產製能力的提升，也有益於其船舶修造業務。行政院國際經濟合作發展委員會編，《美援貸款概況》，頁 21-22；行政院美援運用委員會編，《十年來接受美援單位的成長》，頁 24-27。

135〈在有限的土地及人口增加量，鐵路⋯〉，（1969 年 7 月 18 日），《臺灣省議會史料總庫・議事錄》，國史館臺灣文獻館（原件：國家發展委員會檔案管理局），典藏號：003-04-03OA-04-6-7-0-00086。

136 行政院美援運用委員會編，《中美合作經濟發展概況》（出版地不詳：行政

廠。[137] 公司創辦人為四川籍的外省企業家胡光麃，他擁有美國麻省理工學院電機工程學位，曾成立多家公司，在軍政商界人脈廣闊，名聲響亮。[138]

據胡光麃的回憶錄，他向同窗的美國將軍沙利文，提及中華民國的局勢危急，促使美方同意贈送 100 艘登陸艇。美方本希望在日本訂造「登陸小艇」，但參謀總長周至柔（1899-1986）認為這批船艇「噸位太小，不適於臺灣海防」，如能換成「鋼殼快艇」較佳，惟擔憂造價過高。[139] 後來，這批贈與的船艇在各方磋商後，改由胡光麃的揚子木材公司承造。

然而，揚子木材公司最終沒能於準時交船，改由臺機公司承接尚未完成的訂單。此事與 1955 年爆發的「揚子木材公司貸款案」不無關係。在當年 3 月的立法院質詢中，立委郭紫峻（1907-1986）質疑揚子木材公司的美援貸款案涉及官商勾結、詐財貪汙，導致時任中信局局長的尹仲容（1903-1963）辭職，胡光麃的事業也大受影響，兩

院美援運用委員會，1957），頁 77。該資料將這 100 艘軍用船舶稱為「登陸艇」，但在揚子木材公司創辦人胡光麃的回憶錄中，多以「快艇」稱之。推測這批軍用船艇的性能有限，所需要的技術條件亦不高。

137 揚子木材公司的成立與戰後日資處理有關。1947 年國民政府標售日資工廠時，胡光麃購入位於上海閘北的「揚子江木材廠」，並更名為「揚子木材廠」。位於高雄的工廠則是 1948 年他買下天龍鋸木廠後，所設立分廠。胡光麃，《波逐六十年》（臺北：聯經出版事業股份有限公司，1992），頁 353-354、370。

138 關於胡光麃的生平，可參見其作品合集《大世紀觀變集》第一、三冊，分別題為《波逐六十年》及《世紀交遇兩千人物紀》（臺北：聯經出版事業股份有限公司，1992）。

139 胡光麃，《世紀交遇兩千人物紀》，頁 198-200。

年後便結束了公司。[140] 從臺機接手代造船艇一事可知，揚子木材公司之所以取得船艇的承造機會，絕非僅因技術能力優於公營造船公司；更可能的原因是，胡光麃與政府及美方有著密切關係。其他民營船廠在1990年代前，均無承造海防艦艇的案例，或許也不僅是礙於技術不夠純熟，還可能是不受政府信賴、缺乏良好政商關係所致。[141]

看似對公、民營企業公平開放的美援貸款，對民營造船業者的幫助遠不如漁業貸款帶來的涓滴效應。根據目前有限的資料，僅有基隆的華南造船公司與高雄的竹茂造船廠獲得臺幣美援貸款。此二間船廠所申請之美援貸款屬於「小型工業貸款」，在1954至1965年間以相對基金貸與「民營企業建築廠房及購置機器設備」。該貸款計畫的總額達兩億多，受貸企業達五百多家，民營船廠在其中根本可謂滄海一粟。[142] 然而，縱使這兩筆微薄的貸款無法給予整體民營造船業實質幫助，仍為兩間船廠的發展帶來重大的影響。

基隆和平島上的華南造船公司設立於1946年。創辦人楊英本來是臺北士林百齡橋的漁民，仰賴基隆河中的魚蝦為生，後來開始學習

---

140 行政院美援運用委員會編，《中美合作經援發展概況》，頁77。根據余慶俊的研究，此次事件實際上是派系鬥爭。胡光麃，《波逐六十年》，頁371；余慶俊，〈台灣財經技術官僚的人脈與派系（1949-1988年）〉（臺北：國立政治大學台灣史研究所碩士論文，2009），頁157-159。

141 民營造船廠多由本省人經營，因此政府對於揚子木材公司與其他民營造船公司的態度，可能也存在著省籍因素。關於民營造船公司開始承造海巡署及海軍船艦的過程，可參閱中信造船集團創辦人韓碧祥的回憶錄。韓碧祥，《韓碧祥回憶錄：從鄉下賣魚郎變成台灣造船王》（高雄：新視界國際文化股份有限公司，2014），頁70-71、112-127。

142 趙既昌，《美援的運用》（臺北：聯經出版事業股份有限公司，1985），頁54。

第二章　尋路‧破浪：日本時期至 1970 年前

修造竹筏、小型木船。生意做大後，跑到基隆發展。[143] 1950 年代初期，他為了建造兩條曳船道及一間廠房，申請新臺幣 855,700 元的美援貸款。這筆貸款本已在 1954 年 6 月 8 日核准發放，後來卻因公司陷入逃漏稅的訴訟中，而被取消。[144] 由於公司的償還能力是放貸的主要考量，欠稅一事固然會令放貸者起疑。直至 1957 年，該公司才成功取得新臺幣 40 萬元的美援貸款，逐漸變成基隆頗具規模的民營船廠。[145]

竹茂造船廠也是當時較具規模者。和楊英一樣，陳生行在終戰後一年設立竹茂造船廠。據吳初雄採集的口述資料，最初其廠址是占用日本時期的光井造船所。[146] 1959 年，陳生行成功申貸新臺幣 65 萬元的美援貸款，隔年完成廠房設備擴充。[147] 美援貸款為船廠帶來何種效果，可由交通部檔案與美援會的紀錄一窺究竟。

這兩份紀錄的內容有若干差異。[148] 在 1961 年美援會的紀錄中，

---

143 陳朝興總編輯，《海洋傳奇──見證打狗的海洋歷史》，頁 133。

144 *Narrative Industrial Program Progress Report*, December 31st, 1954, p. 328. 國立臺灣大學「狄保賽文庫」，檔號：ntul_db01_13_013328。

145 行政院國際經濟合作發展委員會編，《美援貸款概況》，頁 154。目前尚未找到華南造船廠因增資、擴增設備的「變更登記」紀錄，無法得知以貸款添購的具體設備有哪些。

146 吳初雄，〈旗後的造船業 1895-2003〉，頁 6。囿於材料限制，無從證實該項口述訪談的說法。

147 關於竹茂造船廠獲得的貸款金額，目前有兩個版本。美援會的紀錄為新臺幣 65 萬元，但根據《美援貸款概況》，款項為新臺幣 52 萬元整。二者相差不大，本研究以出版年分較接近 1959 年的美援會資料為準。行政院美援運用委員會編，《十年來接受美援單位的成長》，頁 227。行政院國際經濟合作發展委員編，《美援貸款概況》，頁 155。

148 這兩份紀錄均由船廠提供，但仍有一項關鍵差異：是否經過政府派員調查

竹茂造船廠運用美援貸款「增設四線曳船道 2 條、三線曳船道 1 條、木工廠、鋸木工廠、機械工廠 1 棟」，將修造能力提升至 350 噸木、鐵殼船。[149] 不過，根據 1959 年的交通部檔案，陳生行於 6 月分變更船廠修造能力的登記：由 200 噸之木殼船，提升至 350 噸。[150] 當時的資料並未提及鐵殼船的建造，而擴充的設備除了曳船道外，其餘都用於木殼船的修造。[151] 從開始運用援款到完成設備擴充，需要一段時間，因此 1959 年的變更登記，應該僅是美援帶來的部分成果。

如要知道美援貸款的完整結果，1965 年的交通部檔案可以提供線索。當年 5 月 9 日，陳生行將廠房及設備以 39 萬 563.3 元，售予陳生啟。10 日後，陳生啟以變更負責人及增加設備為由，向高雄港務局申請換發執照。其設備調查表羅列動力電引機、空氣壓縮機、車床、剪床、鑽床、電焊機、蒸汽鍛造錘、冷作工具與瓦斯切斷工具等製造鐵殼船的設備，並載明船廠能夠修造 300 噸以下的鐵殼船。[152] 然而，陳生啟並未申請變更造船能力。這代表竹茂造船廠在此之前已能修造鐵殼船，眾多機具設備應非短短三個月內增加的。真實情況更可

核對。交通部所收存的檔案，是船廠變更登記、換發執照時留下的紀錄。為了確保船廠的登記與事實相符，會由高雄港務局會委派調查員至船廠勘驗設備。至於美援會，只請申貸單位和公司填送調查表，並未派員核對。

149 行政院美援運用委員會編，《十年來接受美援單位的成長》，頁 227。

150 交通部檔案，檔號：0046/040208/*018/001/002、0048/040208/*018/001/002。

151 當時擴增的設備包含：四線曳船道由 1 條增至 3 條、船臺由 21 座上升至 31 座（大型 17 臺）、絞盤馬力由 20 匹提升至 30 匹、20 噸的千斤頂由 6 臺變成 8 臺、萬力絞由 34 臺大幅擴增至 80 臺。不過，二線曳船道由 5 條降至 3 條，應是為了擴充四線曳船道而縮減。交通部檔案，檔號：0046/040208/*018/001/002、0048/040208/*018/001/002。

152 交通部檔案，檔號：0054/040208/*018/001/002、0055/040208/*018/001/002。

能是,竹茂造船廠在 1959 至 1960 年間運用美援貸款添置設備。美援會紀錄所提及的「機械工廠」,就可能擺放著這批機具設備。

上述提及的擴增細節看似瑣碎,卻清楚地呈現出美援貸款為造船業帶來的具體效用,以及戰後初期臺灣民營造船廠技術轉變的過程。美援貸款最大的貢獻,不只是增加修造船隻的大小,還促進技術的升級。在此之前,竹茂造船廠亦曾在 1953 及 1955 年擴充設備,但其修造能力僅分別提高至 100 噸及 200 噸以下的木殼船。[153] 顯然這兩次增資、設備擴充的幅度遠不及 1959 年美援貸款的挹注。

如此看來,竹茂造船廠嘗試製造鐵殼船的時間遠早於新高造船廠的 1964 年與豐國造船廠的 1965 年,似乎能穩坐「第一間製造鐵殼漁船的民營造船廠」之歷史地位。然而,必須釐清的是,藉由美援所擴增的設備,不一定讓船廠能在當下馬上製造鐵殼船——更可能的情況是處在一個技術轉換的過渡期,「試圖」或「始能」修造木鐵合構船(Compositing Vessel)。木鐵合構船僅龍骨、肋骨與橫梁採用鋼材,其餘仍由木料所構成。[154] 臺船在 1951 年將業務由修船轉向造船時,也曾先建造 75 噸木鐵合構的鮪釣船。[155]

在歷史詮釋上,爭論「第一」的意義不大。更貼近事實的解釋應當是,1950 年代末至 1960 年代,船廠的經營者不約而同地意識到市場對於遠洋漁船的需求,試圖改善設備,加以回應。再加上,1960 年代中葉木材價格上漲,迫使業者不得不尋求新的船材。1965 年年初,臺機公司刊物《機械通訊》中有一段敘述,呈現是時造船業者共同面

---

153 交通部檔案,檔號:0042/040208/*018/001/001、0044/040208/*018/001/002。
154 徐坤龍等編撰,《船舶構造及穩度概要》,頁 24。
155 洪紹洋,《近代臺灣造船業的技術移轉與學習》,頁 109。

臨的材價上揚問題：

> 以往船用木材除曲材及首尾特殊型材外，檜原木均賴省營大雪山林業公司統籌分配請由本省各大公民營林產機構負責配售，惟自本省屬林產企業產銷辦法變更以後，此一有利之條件迄已不復存在。加之五十三年木材外銷暢旺，市場售價上漲，因此原木之採購，雖搜購地區遍及全省，但時間之配合仍未能達於最理想。[156]

隨著1964至1967年全臺首座遠洋漁港——前鎮漁港——的興建，[157] 漁業界對於遠洋漁船的需求上升，新高、中一、金明發等多間原本修造木殼船的造船廠，亦紛紛添電焊機、鍛造鎚、剪床、車床、鑽床、空氣壓縮機等購新設備，並增建放樣間、冷作工場、翻砂工場等，以修造木鐵合構船與鐵殼船（請見圖2-11）。[158] 在產業競爭的壓力下，相較於其他港口的船廠，高雄的船廠更快嘗試製造不同材質的漁船。根據筆者訪問，澎湖的船廠約至1980年代初期才不再製造木殼船，相形之下，高雄船廠的迅速蛻變，乃是因應作為遠洋漁業基地的高雄港，以及建基於其上的廣大海鮮市場。

---

156 姚廷珍，〈迎新歲談工作〉，頁15。造船業與林業之間的上下游連結尚待進一步研究。

157 羅傳進，《臺灣漁業發展史》，頁44。

158 交通部檔案，檔號：0054/040208/*013/001/003、0050/040208/*092/001/002、0054/040208/*092/001/003、0055/040208/*092/001/002、0055/040208/*014/001/003、0055/040208/*014/001/005。

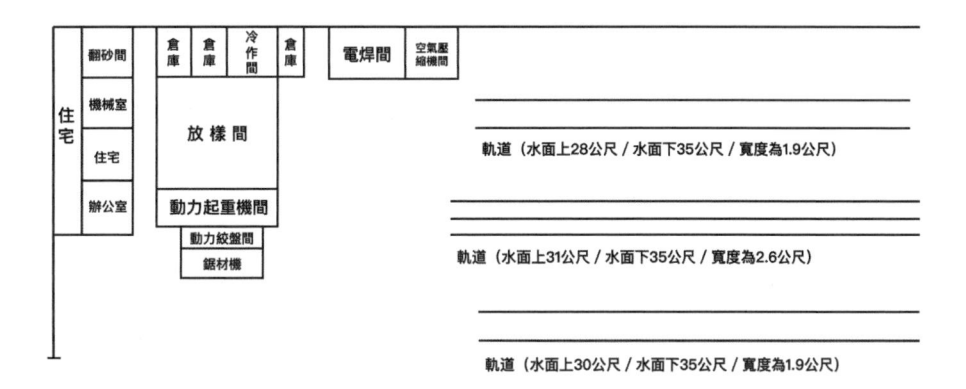

```
┌─────┬──────┬──┬──┬──┬───────┬──────────────────────────────────┐
│     │ 翻砂間│倉│倉│冷│ 倉    │ 電焊間  空氣壓                   │
│     │      │庫│庫│作│ 庫    │         縮機間                   │
│ 住  │機械室│  │  │間│       │                                  │
│     │      │   放 樣 間      │  軌道（水面上28公尺/水面下35公尺/寬度為1.9公尺）│
│ 宅  │ 住宅 │                 │                                  │
│     │      │                 │                                  │
│     │辦公室│ 動力起重機間    │  軌道（水面上31公尺/水面下35公尺/寬度為2.6公尺）│
│     │      │  動力絞盤間     │                                  │
│     │      │   鋸材機        │                                  │
│     │      │                 │  軌道（水面上30公尺/水面下35公尺/寬度為1.9公尺）│
└─────┴──────┴─────────────────┴──────────────────────────────────┘
```

金明發造船廠平面圖（1966年）

圖 2-11　1966 年金明發造船廠平面圖

說明：金明發造船廠於 1966 年向高雄港務局申請增加設備、提高修造能力時，已能修造 200 噸以下的木殼船及鐵殼船。由該船廠提供的平面圖來看，也確實有諸如電焊間、冷作間等修造鐵殼船所需的工具間。由此可見，1960 年代高雄造船廠在修造木殼船之餘，亦嘗試修造木鐵合構船或鐵殼船。

資料來源：交通部檔案，檔號：0055/040208/*014/001/005。筆者重繪。

　　資金是民營船廠穩定經營、技術轉型不可或缺的基礎。戰後初期，讓民營船廠無法快速回應市場需求、起步晚於公營船廠的主要原因即是流動資金不足。這也是同一時期其他中小企業所面臨的困境。是時，銀行因資金有限，在放貸業務上較為保守，民間流行的高利貸雖可取得短期資金，但卻加重營運成本與風險。民間企業合法的融資管道，在臺灣金融體制尚未健全之前，即是美援貸款。美援貸款確實讓華南、竹茂造船廠在缺乏融資管道的年代中，相較於其他民營船廠，更容易優化攸關技術升級的設備。

在政府的盤算中，只要漁業市場擴大，需求增加，就能使造船業獲益。然而，對於造船業而言，製造技術能否滿足市場需求也相當重要。如果船廠的資本設備不足或過於老舊，也難以在這波由漁業牽動的淘金浪潮中搶到訂單。無怪乎 1962 年造船業者在請願書中，要求政府提供低利貸款、免稅等有關資金輔導政策：

> 尤其民營造船機械工業，<u>既缺資金足以運籌，復乏訂定生產輔導辦法</u>，以資切實維護。……應請迅即組織造船工業輔導小組，專責制定造船工業輔導辦法，切實維護民營造船業者。<u>撥貸長期低利貸款充作設備、生產資金，並建議中央對于造船用器材之進口特准免稅</u>，以利減輕成本，及其他各種輔導措施，扶植造船工業發展，以<u>配合反攻復國之重大國策，及貢獻漁業界增產</u>等，穩定經濟。[159]

面對造船業者，政府相關單位並未直接回應其訴求，但亦非完全充耳不聞。由於造船業同時需要其他製造業的支撐，政府在規劃產業輔導政策時，將造船業置於工業與中小企業輔導的架構之下。1962 年 10 月政府與聯合國特別基金會共同創辦財團法人金屬工業發展中心，提供該中心之會員有關工業製造技術之服務。1965 年年初，行政院頒布〈工業輔導準則〉，優先給與「發展之重要工業」與「外銷工廠其計劃或經營健全者」的低利貸款。[160] 1966 年，行政院國際經濟

---

159 「台灣區機械工業商業公會呈請積極扶植民營造船工業案」，檔號：0051/8-89/30001。

160 有關貸款的第 11 條條文為「主管機關對應鼓勵發展之重要工業及應鼓勵之外銷工廠其計劃或經營健全者得洽請優先核給低率貸款及核配其工業原料及機器設備外匯」。〈工業輔導準則〉，《司法專刊》（1965 年 2 月 15

合作發展委員會（簡稱經合會）設置「中小企業輔導工作小組」，並由該小組制定輔導方案，優先輔導「外銷或有外銷潛力之企業」。[161] 兩年後，合稱六行庫的臺灣銀行、土地銀行、合作金庫、第一銀行、華南銀行及彰化銀行配合輔導政策規劃貸款方案。[162]

有關制度論模式的研究，往往將這一系列經濟措施視為其論點之重要佐證。然而，實際上受限於資料，我們難以準確評估這些政策為特定產業帶來的效益。民營造船業的客戶多為國內船東，極少從事外銷，亦無業者成為金屬中心之會員。規模小、修造能力有限的船廠對資金與技術的孔急，極可能無法被此些大尺度的政策所涵蓋。

第五節　小結

高雄船廠自日本時期，先後隨著糖業、漁業生根於港邊，為戰後的造船廠區位劃定基礎。二戰期間，第六與第七船渠之間的船廠雖被炸毀，但這樣的產業區位並未改變，仍延續至戰後。在政權轉移、青黃不接的時期，本地從業者有工廠者重建業產，無工廠者則占用過去日本人的造船工廠，或任意在尚無人使用的土地維修起小船。由於占用情形甚為普遍，政府無從處理，轉而與占用者簽訂租約，以保土地

日），第 167 期，頁 7560。

[161] 趙既昌，〈中小企業輔導及組織〉，《中國時報》（1967 年 7 月 31 日），第 5 版。1968 年「中小企業輔導工作小組」改組為「中小企業輔導處」，1981 年再改為「中小企業處」。「組織沿革」，經濟部中小企業處官方網站。網址：https://www.moeasmea.gov.tw/article-tw-2315-154（最後瀏覽日期：2023 年 6 月 25 日）。

[162]〈六行庫近期將舉辦　中小企業輔導貸款　具體貸款辦法尚待商訂〉，《聯合報》（1968 年 10 月 17 日），第 8 版。

所有權,同時添補空虛的財庫。

　　當 1949 年海軍一腳踏上旗津設置造船廠時,不具土地所有權的業者被迫搬遷,毫無置喙的餘地。縱使如此,他們依舊成功地大打悲情牌,說服港務局提供第七與第八船渠之間的「沙仔地」,作為新廠址。少數造船業者在遷廠過程中退出業界,但多數覓得發展的新空間(見附錄五、六)。

　　遷廠後的二十年中,高雄港的面貌隨著港口擴建工程的展開,大幅改變,而「沙仔地」逐漸成為造船業的產業聚落。1950 年代起,政府運用美援貸款推廣遠洋漁業。起初多由公營造船廠承造遠洋漁船,而後民營造船廠也試圖進入這個深具發展潛力的市場,並向政府表達對於產業輔導政策的渴望。1960 年代,當人們從鄉村流向都市,從一級產業轉往二級產業時,高雄如竹茂、新高、豐國等幾間民營船廠開始增資、擴充設備,嘗試製造噸位較大的鐵殼漁船。雖然船廠多仍修造木殼船,但也逐漸掀起一波技術轉型的浪潮。這波浪潮不僅讓造船界吸納更多從業人口,也令業界的氣勢及自信大幅提升。我們將在下一章看到,當造船業者再次面臨國家的驅趕時,不再低聲下氣、苦苦懇求,而是以堅毅的姿態,高喊自身的價值。

第三章　定位・撒網：1970 至 1990 年

　　延續 1950 年末的高雄港擴建工程，港區中新劃設的區域與基礎設施於 1970、80 年代陸續到位。高雄港在 1969 年開始被裝配為全臺第一個貨櫃港，1980 年底三個貨櫃中心先後設立於中島、前鎮、小港等商港區，一支支昂然挺立的橋式起重機與由貨櫃箱砌成的小丘構成水岸邊的地景。1967 年動工開鑿的第二港口則在 1975 年通航，成為迎接軍艦與大型貨輪的港門。[1] 1960 至 80 年代，在經濟發展與港口擴張的相互作用下，高雄港吞吐量除了在 1973 到 75 年間些許下滑，其餘時間均逐步增加（請見圖 3-1）。除了航運業，漁業也有高度發展。遠洋漁船的數量較除了在第一次石油危機期間下滑，其餘時間均呈現增長的趨勢（請見圖 3-2），[2] 除了在臺灣海峽、印尼與印度海域作業的拖網船，以及在三大洋公海作業的鮪延繩釣船，圍網漁船亦於 1968 年加入捕撈行列。[3] 港區的物換星移及漁業的發展為高雄的民營造船業帶來一連串的變化。業者仿若乘著汪洋上的小船，在變遷的浪潮中載浮載沉。

1　李連墀，《高港回顧》，頁 5-81。

2　羅傳進，《臺灣漁業發展史》，頁 46-47。

3　美式圍網漁船於太平洋中部作業，捕撈鰹魚及鮪魚，而日式圍網漁船多半在臺灣東北部海域及東沙群島周圍捕撈鯖魚、鰺魚及鰮魚。高雄市文獻委員會編，《重修高雄市志・卷八》，頁 7。

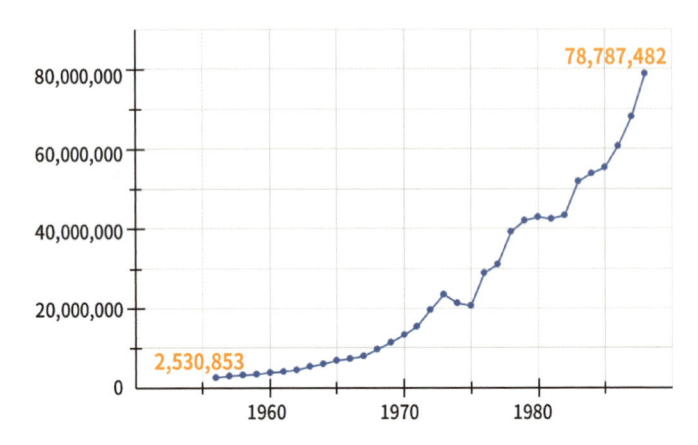

津漁遠颺──戰後旗津民營造船業的空間協商

圖 3-1　1956-1988 年高雄港吞吐量（單位：公噸）
資料來源：高雄港務局編印，《高雄港統計年報》（高雄：高雄港務局，1973），頁 31。高雄港務局編印，《高雄港統計年報》（高雄：高雄港務局，1988），頁 62。筆者繪製。

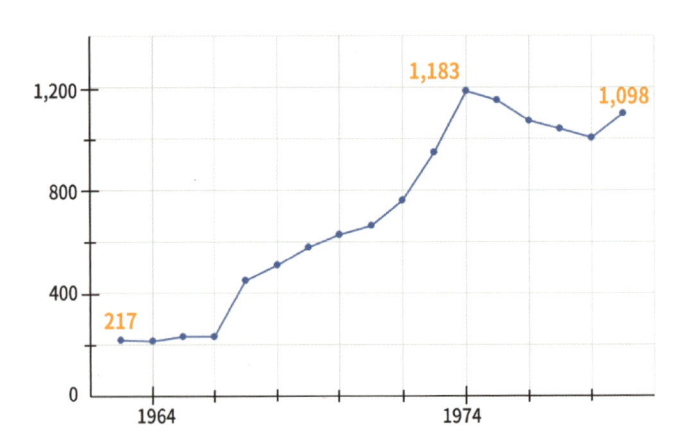

圖 3-2　1963-1979 年高雄市遠洋漁船數量（單位：艘）
說明：遠洋漁船包含單拖網、雙拖網、鮪延繩釣、追逐網、刺網、魷釣、大型圍網、一支釣等使用不同漁法的漁船。
資料來源：高雄市文獻委員會編，《重修高雄市志・卷八》（高雄：高雄市文獻委員會，1986），頁 9-10。筆者繪製。

114

第一節　往南找尋新天地：第二次遷廠

　　第一次遷廠將近二十年後，船廠再次被迫南遷。這次搬遷涉及的船廠更多，移動的距離更遠，但政府仍堅持執行，彷彿遷廠只是港口地圖上的微小變化。第二次遷廠的直接原因與前次相仿，均源自海軍的決議。海軍先後於 1968 年與 1972 年執行擴建海軍第四造船廠（以下簡稱海四廠）的「勝利一號計畫」與「勝利二號計畫」，要求民營船廠及一旁的民房搬遷。海四廠即是由 1950 年初在旗津復廠的海一廠更名而來。[4] 雖然海四廠的擴廠是促成民營船廠搬遷的主因，但我們亦不能忽略當時漁業發展與港區空間的劇烈變化對造船業原有區位條件的影響。1960 年代末，漁業逐漸向遠洋化、漁船大型化，空間狹小的「沙仔地」逐漸不利於造船業的發展。欲建造大型船隻的業者終究勢必得在被高度商港化的港區空間中，爭取更適切的區位。若是少數幾間船廠搬遷，向政府爭取土地並不容易，但海四廠的擴建計畫正好給了業者取得永久廠區的時機。

　　海軍當初落腳在旗津時，已占去包含土地與水域的偌大空間，何以要再次「侵吞」人民工作與居住的場所呢？海軍的擴廠計畫是國民政府尋求國防自主的一種方式。韓戰爆發後，國民政府獲得美國的政治支持與經濟援助，對內穩固統治地位，對外維繫「正統中國」的國際身分。然而，國民政府對美國的高度依賴必然損及自身能動性。美國的對外政策是以維護美國利益為最高目標，因此國民政府的反共復國大夢只要牴觸美國利益，不是被冷漠以對，就是遭到掣肘。自

4　1956 年海一廠更名為海軍第四造船廠，與左營的海一廠、馬公的海二廠及基隆的海三廠同屬專責修造軍用艦艇的海軍造船工廠。王崇林發行，《滄海變桑田——旗津江業》，頁 24。

1955 年深陷越戰泥淖的美國在 1960 年代逐漸改變對華政策，嘗試與中共保持穩定的關係，卻加劇與中華民國的摩擦。例如：1962 年美國減少原先應允提供的運輸機數量；1965 年國民政府提出的「大火炬五號」空降計畫，不受美國支持；1966 年，美國決議終止與國民政府共同偵查中國的計畫。此類問題不勝枚舉。[5]

既然盟友不可靠，國民政府勢必得自立自強，在有限的資源下維繫原有的軍備，「邁向造艦建軍之目標」。當時海軍有大量艦艇待維修，還有一項延長「中字型」老艦艇壽命的「新中計畫」。具備高雄港空間優勢的海四廠，被海軍相中成為整修軍用艦艇的船廠。由於海四廠的設備及空間有限，海軍於 1967 年規劃了以「勝利」為名的擴建計畫，預計增建升降船臺、船體工廠，並增加所需的機具設備。1971 年勝利一號計畫完工後，整修多艘艦艇，成效甚好，軍方於是決定再次擴增船臺大小，以便維修更大型的「陽字型」驅逐艦。[6]

眼見海軍野心勃勃的擴建計畫，民營造船業者絲毫感受不到「勝利」的興奮感，反而陷入愁雲慘霧中。這個計畫自 1968 年起，迫使超過 20 間中、小型民營造船廠拆除設備撤離。[7]事實上，相較於第一

5　林孝庭，《蔣經國的台灣時代：中華民國與冷戰下的台灣》（新北：遠足文化事業有限公司，2021），頁 96-102、107-108、112-117。

6　王崇林發行，《滄海變桑田——旗津江業》，頁 76-80。關於海四廠擴建的原因，還有一說是為了保養、修理在越戰中服役的美國軍艦，然而，目前公開的海軍資料中並未有相關紀錄，推測為訛傳。

7　拆遷的造船廠有協進、信東、信興、福泰、順源、得盛、得益、祥益、金明發、勝得、中一、豐國、新光、新高、天二、三陽、海發、海進、竹茂、高雄、高雄市漁會、復興船舶工程有限公司。目前並沒有完整的拆遷船廠名單，造船公會僅列會員，共 20 間船廠。至於沒有加入工會的造船廠，則是從其他檔案中發掘。交通部檔案，檔號：0065/040208/*147/001/007。

次遷廠,第二次拆遷並非毫無預警。早在 1953 年,中一造船廠差一點因「海軍軍港工程」與「高雄北碼頭第二期挖泥工程」,被迫退租搬離。所幸最終中一船廠的軌道與工程不會相互干擾,才免於被趕走的命運。隔年海軍就要求港務局,將第七、八船渠的土地與新生地列入管制,不再放租,而與中一船廠簽訂的租約限制租約的期限在兩到三年內,並加上「在軍事需要或擴建高港碼頭時得隨時無條件收回」之但書。[8]

更進一步來看,相較於 1950 年代初期的定型化契約,當時港務局租賃公有土地的契約,對於承租者的保障更少。這份契約載明四項出租機關可以無條件收回土地的情形:一、政府因舉行公共事業需要或依法變更使用者;二、政府實施國家政策或港灣建設計畫必須收回者;三、承租人使用基地違反法令者;四、其他合於民法及土地法之規定得終止契約者。如遇其中一項,承租者應「恢復土地原狀交還出租機關,不得要求任何補償」。[9] 過去港務局臨時收回土地時,還可以

---

8 「請收回中一船台承租土地由」(1963 年 3 月 8 日),臺灣港務股份有限公司高雄分公司藏,收文字號:高港總庶字第 04620 號,發文字號:(52)廣戶(1)1112;「聲請狀」(1963 年 3 月 25 日),臺灣港務股份有限公司高雄分公司藏,收文字號:高港總收字第 05437 號;「為代理高雄港務局終止承租公有土地並應恢復土地原狀請查照見復由」(1963 年 3 月 18 日),臺灣港務股份有限公司高雄分公司藏,收文字號:高港總收字第 05077 號;「陳情書」(1963 年 5 月 7 日),臺灣港務股份有限公司高雄分公司藏,收文字號:高港總收字第 0836 號;「關於第七船渠浚深工程奉已完工對中一造船廠並無妨礙肯准予該廠繼續租用謹請核備由」(1964 年 5 月 30 日),臺灣港務股份有限公司高雄分公司藏,收文字號:高港總庶字第 10051 號;「為中一造船廠申請繼續承租高港第七船渠岸邊土地案」(1964 年 6 月 20 日),臺灣港務股份有限公司高雄分公司藏,收文字號:高港總收字第 11440 號,發文字號:(53)洪潤字第 2883 號。
9 「為呈送中一造船廠續租本局管理高雄市鳥松段十二之二號土地租賃契約

酌量補償,如今卻連一點補償都沒有。

　　船廠業者在簽訂租約時,或許都心知肚明,當下所承租的不是規劃給造船業長期使用的土地。唯 1970 年之前,僅第七、八船渠沿岸已整建,較適合作為船廠用地,業者礙於現實,仍舊簽下對自身相對不利的租約。正因如此,業者曾透過公會,向政府爭取在高雄港規劃專門的造船用地。業者的心聲順利傳達,1967 年臺灣省南部工業區開發籌劃小組委員會(以下簡稱開發小組)在第十四次會議中,決議將第二港口西側的土地(位於旗津南部)作為未來的造船用地。[10]

　　開發小組回應民間造船業界的需求,但其他單位可不盡然。港務局和海軍皆自認無須承擔任何責任,而業者本應當自行撤離,歸還土地,不做任何要求。為了避免業者如過去中一船廠般不願撤離,海軍以法院作為後盾,主動「訴請法院拆屋還地」。業者極力抵抗,激戰三回合後,依舊敗下陣來。[11] 海軍彷彿揮舞著法院勝訴判決,趾高氣昂地宣稱:「既已訴請法院拆屋還地並已勝訴,自無覓地以供遷建之

由」(1964 年 9 月 7 日),臺灣港務股份有限公司高雄分公司藏,收文字號:高港總庶字第 16956 號。

10 「請將高雄第二港口西側土地,撥側供民營造船廠遷建案」,行政院檔案,檔號:0058/9-8-1-11/29/P998/998,頁 1-2。

11 部分民營造船廠在接獲法院「拆屋還地」的一審判決後,繼續上訴,與海軍營產管理所纏鬥到第三審,為時兩至三年,而期間業者也試圖與海軍、港務局協商。船廠主張,其廠地是向高雄港務局租賃,海軍無權要求其拆屋還地。唯法院認定,1969 年 1 月起,民營造船廠與高雄港務局的租約期滿,因此租約「已消滅」。雖然雙方簽訂的租約明定「租約期滿每兩年換約一次」,但法院認為租約內容並非繼續簽約的保證,無法拘束港務局將土地借與海軍使用。因此,借用港務局土地的海軍有權要求民營船廠還地。「拆屋還地事件」,裁判字號:廢最高法院 60 年度台上字第 2401 號判例原判例(1971 年 7 月 15 日)。

責任。」[12]

　　遷廠影響船廠經營與收益甚巨，絕非小事一件。1960年代恰逢民營造船業的產業轉型期，部分船廠為製造鐵殼船，剛投入不少資金提升設備，尚未「賺回本」就被迫拆遷設備。[13] 讓業者更心寒的是，1967年底，長年服務於漁業界的省議員蔡文玉（1917-2021）在省議會中呼籲政府「擴大民間造船廠及修護設備」，剛獲省主席黃杰允諾「政府當就技術上及週轉資金方面儘量予以協助」。怎料他們迎來的不是政府的協助，反而是遷廠與自行承擔相關費用的困境。[14]

　　於是，業者站出來呼籲有關單位，重視民營造船廠對經濟發展與提振軍力的貢獻。他們不僅多次個別寄送陳情書給有關單位，還集結眾力，透過造船公會，與行政院經合會、省政府建設廳、交通處、高雄港務局、漁業局及高雄市政府等有關單位，多次召開協調會議。在協調會議上，公會提出由經濟部劃撥永久廠地、延長租約讓廠房先建後拆、完整補償，以及給予拆遷緩衝時間等四項訴求。[15]

12　「高雄港民營造船廠因海軍勝利計畫影響受損案」，行政院檔案，檔號：0060/8-8-9/16/1，頁10-11。

13　「為檢呈中一造船廠遷廠調查資料，敬懇賜予派遣專家鑑定其損失情形，並懇予適當救濟由」（1968年7月6日），臺灣港務股份有限公司高雄分公司藏，收文字號：高港總庶字第16936號。

14　〈一、請在高雄籌辦省立綜合大學一…〉，（1967年11月6日），《臺灣省議會史料總庫・議事錄》，國史館臺灣文獻館（原件：國家發展委員會檔案管理局），典藏號：003-03-10OA-04-6-8-0-00151。

15　交通部檔案，檔號：0060/040208/*051/001/001、0065/040208/*147/001/007；「為中一造船廠租用高雄港務局代管土地請准予延至協調遷移後再予終止租賃關係由」（1968年7月3日），臺灣港務股份有限公司高雄分公司藏，收文字號：高港總庶字第16704號；「為請高雄港務局在各民營造船廠遷建未完成前准予繼續租賃土地由」（1969年3月5日），臺灣港務股份有限

為獲取政府支持，造船業者提出與第一次遷廠截然不同的「論述」。第一次遷廠時，廠主的姿態甚低，以拆除工廠後生活將無以為繼、「影響漁業之生產及工商業發展」等理由，苦苦哀求港務局提供適合遷建的廠址。然而，第二次遷廠時，業者的自信及據理力爭的決心表露無遺：

> 十餘年來，國家經濟繁榮，一日千里，尤以政府積極發展漁航業，不遺餘力，造船業負擔漁航船隻建造與修護，無異漁航業之母工業，故亦隨之而突飛猛進，十餘年來，在設備方面言，已由簡陋之設備進而按照國家所訂定標準設備在修造能力方面言，亦由修造數噸內海漁航船，進而修造數百噸以上鋼殼遠洋漁航船，當今我國漁船隊佈滿全球，造船業無不微勞，由數量言之，十餘年來修造船舶達數千餘艘之多，足見高雄各造船廠，<u>對國家經濟之拓展，其貢獻極為顯著</u>，而因設備之日臻加強，修造能力日行提高，<u>將來我反攻聖戰開始，按照國家總動員法之規定，亦可負擔中小型作戰艦艇之修造，其對海軍作戰潛力之增長，尤堪重視</u>。[16]

這段文字來自造船公會為協議會準備的「意見具申」。許多陳情內容在策略上與之相仿，強調民營造船業的發展及其在經濟、國防上的重要地位。業者之所以如此「中氣十足」，是因自身的造船能力已

公司高雄分公司藏，收文字號：高港總庶字第 05216 號。

16　交通部檔案，檔號：0065/040208/*147/001/007。該檔案產生年分雖為 1976 年，但造船公會提出的意見具申書是以附件的方式附在給予監察院的函中，該意見具申書產生的年代為 1970 年初。

大幅提升。當時政府積極推展遠洋漁業，鼓勵增建漁船，也推升造船業的經濟地位。[17] 然而，就實際情況而言，並非所有的民營船廠都能修造鐵殼船。1960 年末的民營船廠大多修造漁船，在航運界扮演的角色十分有限，[18] 遑論獨立承造軍用船艇。業者刻意強調民營造船業在國防上的價值，無非是一種交涉手段，暗示政府造船業是國家總動員重要的一環，如要讓民營工廠支援軍方在軍備上的需求，應提供業者相應的支持。[19]

《國家總動員法》的概念源自戰爭時期動員全國人力、物力的需求，1942 年國民政府頒布《國家總動員法》，為國家大規模動員人民與徵用私產，建立法理依據。[20] 二戰結束後，《國家總動員法》隨即用於應付國共內戰，以便「動員全國力量，一面加緊戡亂，一面積極

---

17 〈建造漁船擴建基地　發展遠洋漁業　今年漁業工作重心決定〉，《中央日報》（1968 年 3 月 15 日），第 7 版。

18 1965 年，省議會議員黃堯在會議中質詢航運的問題時，稱「目前高雄港只有一個修船廠，實不敷應用。談到造船，我國目前大都向外國打造」。事實上高雄當時不僅有一間船廠，他之所以忽視其他船廠，乃因這些船廠無法承造用於航運的大型輪船。在航運問題的討論上排除高雄的民營造船廠，意味著這些業者對航運發展而言無足輕重。〈議員鄭大洽、黃堯、白世維、徐輝…〉，（1965 年 5 月 10 日），《臺灣省議會史料總庫・議事錄》，國史館臺灣文獻館（原件：國家發展委員會檔案管理局），典藏號：003-03-05OA-04-6-7-0-00057。

19 〈工業動員辦法〉的內容可見經濟部工業局編，《軍公民營工業配合業務資料彙編》（臺北：經濟部工業局，1973），頁 1-8。1970 年政府頒布「推動軍公民營機械工業合作方案」，希望被選定的公民營工業可以「一、參加軍品生產體系編組；二、接受軍品實驗訂貨；三、承製軍品及零配件；四、發展軍方未具生產能量之品項」。經濟部工業局編，《軍公民營工業配合業務資料彙編》，頁 54-55。

20 行政院新聞局編，《國家總動員》（臺北：行政院新聞局，1948），16-28。

建設」，達成反共復國的「偉業」。[21] 在這套由法律與政策建構出來的國家動員體系中，「人」變成「人力」，「物」變成「物力」，而重工業被視為軍事工業。[22] 因此，當民營造船業的修造能力提升，必然拉升其在動員體系中的地位。

造船業者將自己包裝成「國防潛力股」的策略相當成功，頓時間彷彿變成政府部門「恭迎護送」的貴客，其訴求基本上都為有關單位所接受。海軍的態度180度大轉變，不僅願意協助業者分配新廠址，還同意提供補償費，一一與船廠協商補償金額；而港務局則負責尋覓、整飭船廠的遷建空間，以及挖濬新航道。此一轉變可能源於1960年代國民政府面對國際局勢的焦慮：往西看，中共不斷提升軍力，甚至於1964年成功進行核試爆；往東看，美國為了改善與中共的關係，對各項反共軍事計畫興趣缺缺。[23] 不久後，政府的擔憂確實具體化為1971年的「退出聯合國」，中華民國在聯合國的代表權被中華人民共和國取代。在這敏感的時機點，造船業者的呼籲在國民政府（尤其是軍方）眼中不僅合情合理，還深具因擔憂而形成的吸引力。

至此，業者看似大獲全勝，一切問題圓滿解決。實際上，遷廠的執行過程卻不盡如意。廠地的選定、先建後拆原則的落實，以及補償金的協商，都曾讓官民雙方陷入膠著。首先，永久廠地的選定過程，因牽涉到十二年港口擴建計畫內國有新生地的使用規劃，盡是波折。1968年海四廠開始擴建時，業者透過省議員蔡建生，敦促省政府

21　行政院新聞局編，《國家總動員》，頁2。

22　楊繼曾，《工業動員之概論》（臺北：國防研究院，1959），頁19。

23　林孝庭，《蔣經國的台灣時代：中華民國與冷戰下的台灣》，頁72-80、110-114。

第三章　定位・撒網：1970至1990年

「在高雄港區劃定小型造船廠區域」，並依循前一年臺灣省南部工業區開發籌劃小組委員會的決議，向港務局申請租用第二港口西側的土地。[24] 然而，港務局卻有其他規劃，否決業者的申請。[25]

忽然間無地可遷的業者急忙向行政院求助，盼能維持原決議。[26] 港務局後來承諾，將提供業者新七船渠（原稱第九船渠）與新八船渠（原稱第十船渠）作為遷建地，允諾協助整建。[27] 前者供小型船廠設廠，後者則供中型船廠使用。[28] 然而，新七船渠鄰近海四廠與儲木池，不僅航道窄仄，有礙大型船隻進出，也不利海四廠及民廠日後擴廠，令部分被安排到新七船渠的業者，不甚中意。[29]

這些業者不願放棄一絲希望，改請海軍代為向經濟部申請「前鎮漁港兩側或其對面港區」之第二港區新生地。[30] 民營造船業的客戶多來自漁業界，照理來說，船廠設在漁港附近，再適合不過。然而，業

---

24 〈一、海專畢業生無法上船實習，且…〉（1968年11月18日），《臺灣省議會史料總庫・議事錄》，國史館臺灣文獻館（原件：國家發展委員會檔案管理局），典藏號：003-04-02OA-03-6-5-0-00282。

25 「請將高雄第二港口西側土地，撥側供民營造船廠遷建案」，檔號：0058/9-8-1-11/29/P998/998，頁1-2。

26 同上註。

27 新七船渠與新八船渠僅為當時整建時的代稱，而後新七船渠更名為第七船渠，新八船渠更名為第八船渠（可參見圖1-3）。「港區總圖」，臺灣港務股份有限公司高雄港務分公司網站。網址：https://kh.twport.com.tw/chinese/cp.aspx?n=117813148B91AD20（最後瀏覽日期：2024年11月21日）。

28 小型船廠為協進、信東、信興、福泰、順源、得盛、得益、祥益、金明發、勝得等，中型船廠則有中一、豐國、新光、新高、天二、三陽、海發、竹茂、高雄、高雄市漁會等。吳初雄，〈旗後的造船業1895-2003〉，頁12。

29 交通部檔案，檔號：0065/040208/*147/001/007。

30 同上註。

123

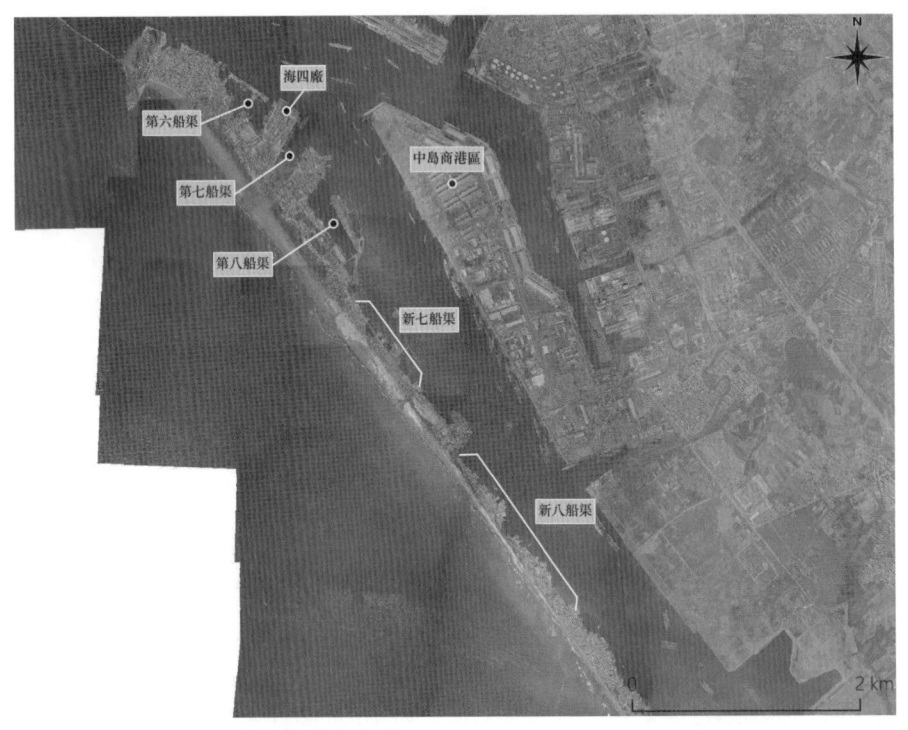

圖 3-3　1969 年高雄市舊航照影像
圖片來源：中央研究院人社中心 GIS 專題中心，「臺灣百年歷史地圖」。網址：https://gissrv4.sinica.edu.tw/gis/kaohsiung.aspx。地點標示為筆者增補，比例尺及座標為呂鴻瑋增補。

者企盼的土地早已分別被港務局規劃成第二、三、四貨櫃中心，碼頭工程不是準備開工，就是正在進行或已完工。[31] 原決議無法更改，造船業者透過海軍，請求港務局暫緩建造貯木池，並召集木材商與貯木池籌建會，召開協調會，盼能微幅加寬航道。[32] 1969 年 6 月 21 日，

31　李連墀，《高港回顧》，頁 72-87。
32　「本軍第四造船廠擴建計劃民營造船廠遷建九船渠用地案」（1969 年 2 月 12 日），臺灣港務股份有限公司高雄分公司藏，收文字號：高港總收字

第三章　定位・撒網：1970 至 1990 年

圖 3-4　1970 年代高雄市舊航照影像
圖片來源：中央研究院人社中心 GIS 專題中心，「臺灣百年歷史地圖」。網址：https://gissrv4.sinica.edu.tw/gis/kaohsiung.aspx。地點標示為筆者增補，比例尺及座標為呂鴻瑋增補。

行政院經合會、省政府建設廳等有關單位正式確立，以新七與新八船渠作為新廠用地後，小型、中型船廠展開艱難的遷廠作業，並先後於1971、1973 年間搬遷（請見圖 3-3、圖 3-4）。[33]

　　第 03721 號。「第七船渠水域過窄仍請支援放寬復請查照（1969 年 2 月 24 日）」，臺灣港務股份有限公司高雄分公司藏，收文字號：高港總收字第 04106 號。

33 「海軍勝利計劃案」，行政院檔案，檔號：0063/5-5-2-2/4，頁 3-4。吳初雄，〈旗後的造船業 1895-2003〉，頁 12。「為請對現已遷移新七渠個廠土

125

1971、1973這兩個搬遷年分，乃根據吳初雄的研究。然而，我們須留意，搬遷作業並非一蹴可幾。除了搬遷工作，還有多項行政手續（如設廠登記、租約簽訂、鋪設軌道時申請港工證等），都十分耗時。遷廠工程與行政程序的先後順序，也並非一成不變的。1970年夏季，第一批搬遷的小型船廠業者透過造船公會，請求港務局在剛築的新生地完成省有地之產權登記前，與其簽訂臨時租約，以便安裝設備。這項請求順利獲得港務局同意。由此可知，實際上的設備安裝的時間早於文字紀錄的遷廠年分1971年。

　　除了遷建地點，政府所允諾的「先建後拆」原則，也未能如期實現。這項原則是讓業者在新廠建設完成前，持續營業，以縮減停業時間、降低損失，但實際執行時，需要不同政府單位的高度配合，以及明確的執行步驟，可謂承諾容易落實難。在1969年與1971年，中一船廠與海進船廠分別遭遇相似的困境：在新廠址尚未分配或整建完成，補償金額未定或尚未撥付之前，挖掘或填土工程便已開工，影響船廠外的水道，迫其停業。工程一展開便無法任意停工，業者只能要求海軍及港務局盡快「填築遷建基地」、「撥給遷建補償金」，以減輕遷建對自身造成的衝擊。[34]

地問題准予呈報省府先行准予使用以便各該廠之登記及安裝由」（1970年7月10日），臺灣港務股份有限公司高雄分公司藏，收文字號：高港總產字第17124號。「為懇請對中一造船廠遷建等用地變通辦理以救懸急由」（1970年7月20日），臺灣港務股份有限公司高雄分公司藏，收文字號：高港總產字第18120號。

34　交通部檔案，檔號：0060/040208/*051/001/001；「為對中一造船廠遷建困難，請予迅行解決，以濟危困由」（1969年9月11日），臺灣港務股份有限公司高雄分公司藏，收文字號：高港總收字第22044號；「為請轉行（飭）承辦單位依撥給中一造船廠之補償金及遷建用地以利遷移由」（1969年10月27日），臺灣港務股份有限公司高雄分公司藏，收文字號：高港

更令業者受挫的是，1972 年恰逢都市計畫規劃期，遷廠地點被列入禁建區域。業者透過海軍向高市府證明船廠的遷建為「國防重大計劃工程」，以便依照〈台灣地區擬定擴大變更都市計畫禁建期間特許興建辦法〉申請廠房的建築執照，結果卻因瑣碎又僵化的行政程序問題，建照始終無著落，申請案延宕兩年。1974 年，因禁建政策取消，市政府忽然要求業者重新遵循普通案件的辦法來申請建照。這不僅導致業者無法向省政府建設廳與工業局申請開工證明，也讓迫於遷廠時限而在建照核發前就先完工的廠房，變成違章建築，面臨拆除的命運。[35] 此外，更令業者匪夷所思的是，當年 10 月甫修訂完成的「高雄市旗津區中洲一帶都市計劃」，劃設一條硬生生穿過遷廠用地的道路，嚴重影響廠房原先的規劃。[36]

更加不幸的是，1973 年下半年爆發的第一次石油危機仿若突如其來的空投炸彈，轟擊早已因搬遷而背負沉重經濟負擔的業者。暴漲的油價不僅讓原有的漁船難以出海，也衝擊漁業對於漁船的需求。無船可修造的民營造船廠，因此喪失收入來源，債臺高築。飛漲的油價以

總收字第 25836 號。

[35] 「海軍勝利計劃案」，檔號：0063/5-5-2-2/4，頁 3、8、13-15；〈一、關於公共設施保留地徵收問題⋯〉（1975 年 4 月 23 日），《臺灣省議會史料總庫・公報》，國史館臺灣文獻館（原件：國家發展委員會檔案管理局），典藏號：003-05-05OA-32-6-4-01-00934。

[36] 「海軍勝利計劃案」，檔號：0063/5-5-2-2/4，頁 4-5、9-10。該條道路為「（三）-1 號計畫道路」，根據〈高雄市旗津區中洲一帶都市計劃說明書〉，該道路全長 5,040 公尺，寬 10 公尺，總面積為 5.04 公頃。〈高雄市旗津區中洲一帶都市計劃說明書〉（1974 年 11 月 25 日），公告字號：高市府工都字第 107211 號，編號：01070，PDF 檔頁 10。資料來源：高雄市歷年公告書圖建檔資料，網址：https://urban-web.kcg.gov.tw/KDA/web_page/test.jsp（最後瀏覽日期：2021 年 3 月 4 日）。

及蔣經國試圖抑制物價卻終歸失敗的措施，讓物價波動如同一波波可怕的大浪，席捲趕著在期限內興建廠房的業者，迫使他們不斷增加建設預算。[37]

業者眼見 1974 年底的遷廠期限進逼，新舊廠房面臨拆除危機，「先建後拆」亦將淪為「先拆後建」，急如熱鍋上的螞蟻。他們除了透過省議員歐石秀向省政府建設廳廳長林洋港反應，[38] 還積極撰寫陳情函，寄給國防部、行政院院長蔣經國（1910-1988）與總統府秘書長鄭彥棻（1902-1990）[39]，盡其所能抓住任一條救命繩索。

公會不僅在陳情函中請求政府給與救濟金，還大力批評承辦單位對於業者「漠不關心」、「故意刁難」，懷疑「有人從中操縱」，意圖「削弱國防經建力量」、「引起社會重大問題」，並「製造政府與民間糾紛」，甚至嚴詞質問：「如不徹底追究延誤及破壞本案之責任予以嚴

---

37 「海軍勝利計劃案」，檔號：0063/5-5-2-2/4，頁 3、15。有關蔣經國平抑物價的討論，請參見林孝庭，《蔣經國的台灣時代：中華民國與冷戰下的台灣》，頁 402-404。

38 〈一、關於公共設施保留地徵收問題…〉，典藏號：003-05-05OA-32-6-4-01-00934。

39 鄭彥棻 1902 年生於中國廣東省順德縣，1922 年國立廣東高等師範學校數理化部肄業，1927 年赴法國於格蘭諾布城大學與巴黎大學等校求學。1935 年歸國擔任中山大學法學院院長兼經濟系教授，兩年後中日戰爭爆發，被聘為全國經濟委員會專門委員，在政治上展露頭角。來到臺灣後，先後擔任行政院政務委員兼僑務委員會委員長、司法行政部部長、總統府副秘書長（1968-1972）、總統府秘書長（1972-1978）與國策顧問等要職。他擔任總統府秘書長期間，恰逢高雄船廠搬遷之時。蘇錫文主編，《鄭彥棻先生年譜初稿》（臺北：財團法人彥棻文教基金會，1991），頁 1、22-24、27-35、42-43、47-48、114、128、145、154、166。

遲，將何以固國防而速反攻？」[40]如同前述的「意見具申」，公會試圖強化造船業與國防之間的連結，藉以達成訴求。

業者的訴求很快獲得軍方的正面回應。1974年底，國防部大手一揮，核發10萬元救濟金予每間遷建船廠，還要求海軍總部延長拆遷時限至1975年3月底。[41]事實上，打動軍方的不盡然是業者所運用「國防論述」，還包含軍方本身的考量。從軍方的角度來看，船廠如能盡快搬遷，有助於擴廠計畫的執行。海四廠若能順利擴廠，必然有助於「建設現代化國防」，而這正是當時剛就任國防部部長不久的高魁元（1907-2012）積極強調的政策方向。[42]再加上，業者怪罪的對象是高市府與省政府，其訴求不僅不影響軍方政策，反而在拆遷進度上與軍方站在同一陣線。

反觀被抨擊的行政單位，就顯得相當為難。他們在意的是行政規定與程序，但看在業者眼中，這即是不管效率，不知變通，不顧現實情況，忽略不同單位間的協調，嚴重阻礙遷廠。1975年1月8日，省政府建設廳與海軍第一軍區司令部共同召開的協調會，處理業者的陳情。在都市計畫上，高雄市都市計畫委員會不願修改道路位置，業者依舊不得不調整廠房。不過，建照申請標準稍微放寬，符合規定者可在十天內取得建照，而「違憲罰款問題，應將實際特殊情形專案層報行政院核示」。[43]同年4月，建設廳廳長林洋港在答覆議員質詢時曾表示，針對船廠建照問題，政府單位的「處理基本態度，要以同情態

---

40 「海軍勝利計劃案」，檔號：0063/5-5-2-2/4，頁2-10、12-16。
41 同上註，頁19-20。
42 〈貫徹精兵政策　建現代化國防　高魁元昨在立院報告〉，《中央日報》（1974年10月17日），第1版。
43 「海軍勝利計劃案」，檔號：0063/5-5-2-2/4，頁21。

度來辦」。⁴⁴ 行政單位在各方壓力下，終於嘗試理解業者的困境，提供可行的解套方案。

在業者看來，這或許不是最糟的情況。相較於前述兩項困境，補償金的協商更加耗時費力。1969 年海軍第一軍區司令部召集國防部總政戰部、海軍總部政戰部、海軍營產管理所、海四廠政戰處、高雄市警備區指揮部、高雄市議會、高雄市政府、高雄港務局等多個有關單位，一一前往各民營船廠，召開「補償協議會」。透過多次協議會，官民雙方逐漸凝聚共識。據信興造船廠經營者蔡阿胆的說法，第一批遷廠的船廠（小型船廠為主），取得地上物與遷廠的補償金，但所能承租的新廠面積與原廠相同；而第二批船廠（中型船廠為主），以不領取補金，換取比原廠大三、四倍的廠地面積。⁴⁵

起初海軍以為補償對象僅限於「直接」受海四廠擴廠計畫影響的船廠，結果在 1970 年，聯合、林盛、竹興與海進等四家船廠突然蹦出來，要求海軍與港務局補償其停業損失。這四間船廠位於新八船渠，本不在遷移船廠之列。然而，港務局為提供遷建船廠用地，修建新七船渠及新八船渠，導致廠外的水道阻塞，船廠被迫停業，嚴重影響船廠生意與工人生計。後來甚至發現，聯合、林盛、竹興三間船廠需要遷建（海進不在新八船渠範圍內，無須遷建），若無遷建補償，

---

44 「海軍勝利計劃案」，檔號：0063/5-5-2-2/4，頁 2-10；〈一、關於公共設施保留地徵收問題⋯〉，典藏號：003-05-05OA-32-6-4-01-00934。

45 蔡佳菁，《戰爭與遷徙：蔡姓聚落與旗津近代發展》，頁 91。目前尚未找到當年協調會的檔案，無從得知官民協商的細節與過程。不過，1971 年的行政院檔案顯示，軍方同意補償 6 間遷移至新七船渠的船廠，這與蔡阿胆的口述恰可相互印證。「高雄港民營造船廠因海軍勝利計畫影響受損案」，檔號：0060/8-8-9/16/1，頁 4。

第三章　定位・撒網：1970 至 1990 年

損失可觀，令其不得不展開近六年的漫長等待與陳情。[46]

　　三間船廠的業者心知肚明，自己不具土地所有權。林盛、竹興船廠占用未登記的土地，而聯合船廠的廠地一部分為其私有地，一部分則是占用高市府代管的省有地。因此，他們僅申請停業與拆遷的補償，未要求用地補償。[47]然而，在第一時間，他們的請求被海軍與港務局一口回絕。海軍將責任撇除地一乾二淨，宣稱無須負擔「因該等民廠遷建所引起另三家民廠之營業損失之連環補償責任」。[48]高雄港務局先無辜地表示自己只是為了解決勝利計畫導致的問題，再掏出1971 年 7 月 26 日協調會上的決議文——「各造船廠遷建損失補償問題，請海軍迅速設法解決」，將責任丟回給海軍。[49]

　　為處理這個燙手山芋，海軍總部、港務局、省政府、交通部、經濟部等有關單位，多次會商。各單位均同意應提供補償費，但要由哪個單位負擔，卻無法達成共識。[50]行政單位大多認為海軍應「協調辦

46　林盛、竹興兩間造船廠遷往被劃設給小型造船廠使用的新七船渠，而聯合造船廠因屬中型船廠，遷建位置在原址附近。「新八船渠沿岸民地問題勘查小組第一次會勘紀錄」（1970 年 2 月 16 日），臺灣港務股份有限公司高雄分公司藏，收文字號：高港港灣字第 003715 號；「為呈報新第七船渠分配位置圖請核辦示復由」（1970 年 7 月 7 日），臺灣港務股份有限公司高雄分公司藏，收文字號：高港港灣字第 17105 號；「為呈復鈞局 59.4.3 高港港灣字第 07122 號通知對新八船渠場地分配一案」（1970 年 7 月 15 日），臺灣港務股份有限公司高雄分公司藏，收文字號：高港總收字第 17501 號；「高雄港民營造船廠因海軍勝利計畫影響受損案」，檔號：0060/8-8-9/16/1，頁 1-4；交通部檔案，檔號：0060/040208/*051/001/001。

47　同上註，頁 34。
48　同上註，頁 11。
49　同上註，頁 4。
50　同上註，頁 44。

理」，而相信責任不在自身的軍方，堅持「無預算可支應，請高港局設法解決」。[51] 令人匪夷所思的是，1972年後，不知何故，有關補償費的討論忽然毫無下文，延宕快四年，才又再次商議。

1976年，這個拖延已久的舊案在業者沉痛的呼喊中，重回檯面。當政府部門上演「踢皮球大賽」時，業者不願坐以待斃。他們透過造船公會，不斷向海軍、港務局、交通部、行政院陳情，最後找上監察院。在1976年3月寫給監察院的陳情書中，業者厲聲批評海軍與港務局「推諉數年」，使其「告訴無門，沉冤莫白，瀕臨破產」。[52] 不知政府有關部門是真心理解民間疾苦，抑或迫於監察院的壓力，1977年底，業者困難重重的陳情之路終於有了結果。

同年8月底的會議上，各單位在「守信於民」的共識上，決議補償費應由海軍負擔三分之二，港務局負擔三分之一。事後國防部質疑決議的公平性，堅稱這起案件乃港務局所引起，但為「儘速解決多年糾紛」，同意負擔一半的費用。[53] 僵持三個月後，港務局退讓，與海軍各支付一半的補償費。[54] 三間船廠均等到了盼望已久的補償費，只是聯合船廠的廠主黃聯生，已於1976年將船廠轉售給戴進興。

在整個遷廠的過程中，造船業者展現極大的能動性。縱使在土地的取用上並非完全合法，拒絕退租遷廠的理由也得不到法官認可，他

---

51 「高雄港民營造船廠因海軍勝利計畫影響受損案」，檔號：0060/8-8-9/16/1，頁51。

52 交通部檔案，檔號：0065/040208/*147/001/007。

53 「高雄港民營造船廠因海軍勝利計畫影響受損案」，檔號：0060/8-8-9/16/1，頁56-57、59。

54 同上註，頁76。

第三章　定位・撒網：1970至1990年

們依舊找出一套至少能維護部分利益的「官民溝通模式」。由於了解自身的限制與優勢，懂得借公會、議會之力，向不同的政府單位與官員，以靈活的手段持續不懈地陳情。這群在國家面前看起來沒什麼勝算的人們，換來了訴求被重視、被實現的可能性。在那些不能上街陳抗，不能任意訴諸媒體的日子裡，這種只在體制內表達民意、爭取權益的方法，固然比不上1980年代激烈衝撞政府的社會運動，卻能產生一定效果，同時也證明業者不全然是戒嚴時期自我噤聲的「順民」。

業者藉由公會凸顯群體力量，與政府協商。可能由於第二次遷廠時，他們成功透過造船公會，向多個有關機關陳情，改變海軍與港務局的部分決策，日後他們與政府再次產生齟齬時，也採取相同的途徑。例如1978年，港務局忽然大幅調整船廠廠地租金，將新的金額往回追溯一個月時，造船公會趕忙發函給港務局、省政府、省議會、高市府、交通部、經濟部、國民黨中央黨部與高雄市黨部等相關黨政單位，要求召開協調會，設定合理的租金，並撤銷追繳金額。[55]

這種在體制內同時向多方陳情的方式，可以迅速攫取眾人目光，將各方拉至協調會中商談，提升訴求被實現的機會；然而，此法亦非萬能。1979年，第二次石油危機橫掃全球時，港務局便嚴厲駁回造船公會提出的一件遷廠補償案。該案源於1973年港務局為建造第二與第三貯木池，要求占用附近土地的四間船廠（信益、德利、明益、中和）搬遷。當年雙方協商，港務局同意出租中州渡輪碼頭南側的新生地，讓船廠經營合法化，而業者則不索取補償金。不過，在林盛、竹

---

55 「請高雄港務局停止高雄港那個造船廠廠址地租之增漲並請按本會所擬辦法予以辦理以昭公允而免引起市場風波」（1978年11月20日），交通部檔案，收文字號：交通部總收文字第22040號。

133

興與聯合三間船廠經長期陳情並成功獲得補償後，這四間船廠忽然來個回馬槍，轉頭籲請港務局比照該案例，也提供補償。[56] 在港務局眼中，業者彷彿吵著要糖吃的孩子，但對業者而言，這是當年應當爭取卻白白放棄的權益。更進一步思考，業者違背過去協議、要求補償的行為貌似貪婪，卻可能是遭逢石油危機、景氣低迷時，一種「不試白不試」的求生手段。公會的群體力量雖然無法讓業者事事如願，卻賦予他們與政府「拉扯」的能力與機會。

相對來看，未加入公會的造船業者，欠缺同業的支持與協助，在體制內「爭權」的能力較弱。非法經營船舶修造業務的合慶工業社，在 1976 年被勒令停業，向議會陳情卻得不到同情的聲援。同年年初，私自填地興建船廠、與港務局工程有所牴觸的高林公司，原本獲得港務局承諾提供高雄港或安平港的廠地，但不久後，雙方就因港務局的堤岸修築工程，陷入僵局。結果，認定港務局欲斷其生計的公司負責人陳虎罩，為阻止工程進行，竟跳入港內，「企圖為吊船吊起之石塊砸死」。他激烈的反抗行為震驚港務局，被以妨害公務的罪名，一狀告上法院。[57] 我們無從得知當年 43 歲的陳虎罩何以選擇「死諫」，但倘若他有公會之助，或許能得到更多與政府溝通的管道。

---

56 「貴公會對海進、信益、德利、明益、中和等五家民營造船廠函請比照聯合、竹興、林盛的三造船廠遷廠補償案例予以補償一節，除海進造船廠因與海軍勝利計畫遷廠案有關另案核復外，對於信益等四家造船廠，其當時遷建情形及原協議經過，詳如說明二復請查照」（1979 年 2 月 13 日），交通部檔案，收文字號：航收字第 01680 號。由於海進造船廠在本案中與海軍勝利計畫遷廠案有關，高雄港務局回函給造船公會時，表示將另案處理。

57〈高雄市民陳〇〇請願為高雄港務局強制歇業請願人之造船廠案〉（1976 年 6 月 23 日），《臺灣省議會史料總庫・檔案》，典藏號：0034450365003。

第三章　定位・撒網：1970 至 1990 年

第二節　遷廠後的改變

　　1960 至 1980 年代，是高雄港蛻變、茁壯的關鍵時期。面對空間上的「大風吹」，業者試圖在自身熟悉的經營模式中，找尋一種能夠應付變遷的生存辦法。

　　如本章開頭所述，構思、動工於 1960 年代的各項港區開發工程，於往後的二十年間逐步落實。港區東側被區分成中島新商港區、前鎮漁港、第二與第三貨櫃中心等區域，西側的砂灘則因興建貯木池、小型漁港、主要供船廠使用的兩座新船渠，以及第四貨櫃中心，消失在怪手與挖泥船之下。基於軍事與航運需求而規劃的第二港口闢建工程，讓原本在潮起潮落間與大林蒲時而相連、時而分離的旗津，在 1975 年成了一座真正的島嶼。[58] 九年後，隱於海底的過港隧道串起港口東西兩岸。[59]

　　造船業在這個由海陸交織而成的搖籃中，快速成長。面積龐大的貨櫃中心提升高雄港的吞吐量，帶動高度仰賴進出口的臺灣工商業。前鎮漁港於 1972 年啟用後，成為停泊大型遠洋漁船的基地，奠定遠洋漁業發展的空間基礎，造船業也因而雨露均霑。1978 年港區東岸的中國鋼鐵股份有限公司（以下簡稱中鋼）正式開工後，旗津的造船廠坐享地利之便，以較低廉的運費，取得價格不高於進口製品的鋼板；[60] 過港隧道開通後，鋼板與其他零件材料的運送較以往更加輕而

58　李連墀，《高港回顧》，頁 34-35。

59　同上註，頁 96-102。

60　中鋼成立後，政府為扶植這間公司，鼓勵國內業者購買中鋼製造的鋼板及其他鋼鐵製品，並要求中鋼產品的價格「以不高於進口成本為原則」，以增加市場競爭力。中國鋼鐵股份有限公司編，《中國鋼鐵股份有限公司成

易舉。在區位優勢的加持下，高雄的造船業搖身一變，成為臺灣其他地區都追不上的業界龍頭。

以下將分別從區位、資金與技術三個面向來探討 1970 年後民營造船業逐步顯現的變化趨勢，以及應付產業環境變遷的生存辦法。

一、產業區位對造船廠的影響

　　港區空間中各式基礎設施的興建為業者創造的良好產業條件，但最直接嘉惠造船業者的，仍是穩定的產業區位。這兩座船渠等同高雄造船業的產業聚落，不僅讓聚集於此的業者免於搬遷的恐懼與耗損，能放心地大力投資設備，也令 1970 年後成立新造船公司的老闆，傾向購買座落在這兩處的船廠或其他工廠作為廠房，如天送工業有限公司、昇航造船股份有限公司、中信造船股份有限公司等。

　　這兩座環境特性迥異的船渠，領著各自的船廠，走上截然不同的發展路線。新七船渠的船廠大多修造體積較小的鐵殼船與玻璃纖維船，而新八船渠的船廠主要建造大型鐵殼船。造成此一差異的原因，可追溯至過去選定新廠址時，造船公會對於新七船渠的各種擔憂與質疑：船廠對面的儲木池使航道太窄，還帶來頻繁拖運木材的船隻，不免「妨礙修造船舶進出」。[61] 除了新七船渠先天環境條件不佳，影響該地船廠發展更鉅的是，搬遷時劃設的新廠面積與原廠相同。由於船廠的修造能力與廠房、船臺大小密切相關，自然不利於原先修造木殼船的小型船廠，轉型成建造中、大型鐵殼船的船舶工廠。蝸居在新七

立四十週年特刊》（高雄：中國鋼鐵股份有限公司，2011），頁 28-29。特刊可由中鋼官網下載，網址：https://www.csc.com.tw/csc/ch/csc_40year/40year.pdf。

61　交通部檔案，檔號：0065/040208/*147/001/007。

第三章　定位・撒網：1970 至 1990 年

船渠的船廠，除非併購鄰廠，否則很難擴大廠區規模。

今日中信造船集團負責人韓碧祥於 1986 年購買的第一間船廠，即位在新七船渠。他在回憶錄中如此描述這間船廠：

> 中信造船廠是個緊鄰著港邊的老廠，位處於小艇大隊隔壁，面積不是很大，只有一、兩千坪左右而已，在交通位置上出入也不太方便，大門的出口是一條小巷子。這裡原本是做 FRP 玻璃纖維船，船廠內有兩個舊船台，現有的設備若要用來建造鐵殼船根本就不適合；但是，在非常不得已的情況之下，我也只有先買下來再來想辦法。[62]

中信造船廠最初由陳家和經營，後經黃正雄，才輾轉來到韓碧祥手中。[63] 眼見廠房的設備與大小不合期待，韓碧祥重新建置新設施，不久後又買下隔壁的祥輝造船廠，擴大廠房面積，同時也解決原先出入不便的問題。[64]

62　韓碧祥，《韓碧祥回憶錄：從鄉下賣魚郎變成台灣造船王》，頁 85。

63　中信造船廠在新七船渠的廠址，本分配給中一造船廠。由於廠地空間太小，1969 年中一造船的老闆陳其祥以日後勢必得再次搬遷為由，向海軍提出異議。最終廠址變更至新八船渠，與三陽、聯合兩間船廠為鄰。吳初雄，〈旗後的造船業 1895-2003〉，頁 13、16；「為中一造船廠由遷建發生困難各點，請特知逕向海軍四廠提出」（1969 年 9 月 5 日），臺灣港務股份有限公司高雄分公司藏，收文字號：高港港灣字第 20847 號；「檢呈勝利一號計劃遷移中一造船廠（房屋部分）補償協議紀錄一份」（1969 年 3 月 17 日），臺灣港務股份有限公司高雄分公司藏，收文字號：高雄總收字第 06059 號。

64　在韓碧祥買下新高造船廠後，考量到祥輝造船廠面積較小，便將之轉售給大瑞遊艇股份公司。韓碧祥，《韓碧祥回憶錄：從鄉下賣魚郎變成台灣造

如同韓碧祥,其他業者面對眼前的侷限,紛紛尋覓各自的生存之道。在鐵殼遠洋漁船逐漸盛行的 1970、80 年代,新七船渠的船廠一部分轉而製造玻璃纖維漁船如新興(原名「信興」)船廠;另一部分同時兼具修造鐵殼船與玻璃纖維船的執照,如信東、勝得、得盛等。雖然有限的廠區限制了船舶修造的大小與數量,但部分業者藉由區隔市場與產品精緻化等策略,讓事業得以蓬勃發展。新昇發造船股份有限公司的老闆黃明正,1970 年一入行就落腳在新七船渠。這間由魚肉加工廠改建成的船廠,專門修造玻璃纖維船。隨著時間的推移,新昇發逐漸蛻變成臺灣著名的玻璃纖維漁船修造廠。近年來更進一步朝遊艇業拓展,成為高雄遊艇展的參展廠商之一。[65]

　　第二次遷廠後高雄的造船廠多半位於新七船渠及新八船渠,但亦有極少數例外。1974 年登記設立的順榮造船機械股份有限公司(以下簡稱順榮造船公司)成功向高雄港務局租用第六船渠上的省有新生地,建置廠房與浮船塢「威華島號」,並於 1977 年 9 月 30 日建造完畢後正式營運。該公司之所以獲得此一「特殊待遇」,可能與創辦人的身分有關。該公司的創辦人周恩臣是香港香島航運公司的大老闆,擁有二十多艘「萬噸級遠洋輪船」,政商關係良好。當時他察覺到高雄港擴建後商船、輪船數量增加,卻欠缺中型浮船塢作為維修保養之場地,因此以華僑的身分來臺投資設廠。周恩臣與臺灣股東的總投入資金高達新臺幣 4,500 餘萬元,為當時全臺規模最大、唯一具有大型

船王》,頁 85-86。

[65] 陳朝興總編輯,《海洋傳奇——見證打狗的海洋歷史》,頁 137-139;「公司介紹」,新昇發造船股份有限公司官方網站。網址:https://www.ssf.com.tw/zh-TW/page/company-profile.html(最後瀏覽日期:2024 年 11 月 20 日)。

浮船塢的民營船廠。[66] 由於順榮造船公司專營 6,000 至 30,000 噸級的國內外商船上架保養工程，能「替國家爭取不少外匯收入」，被高雄港務局視為「值得獎勵與扶抜」的企業。[67]

在地與僑資造船公司之間的差異相當明顯。第一、在地業者以漁船修造為主要業務，外地業者則複製香港造船廠之經營模式，專營商船維修；第二、在地業者被遷移到新七、新八船渠，而外地業者則可與海軍造船廠比鄰，使用第六船渠；第三、在地業者須向政府強調自身對於經濟與軍事的貢獻，但外地業者因經營項目符合國家需求，無須刻意爭取政府支持。然而，在國家完全掌控港口的情況下，他們唯有向政府尋求符合其需求的空間作為廠房，才能順利經營事業。政府透過對於區位的安排控制造船業，而業者為求生存，不是培養政商關係，就是在不牽動大局的前提下，透過體制內的管道與政府斡旋。

二、第二次遷廠後的資本與經營型態

或許是因二次遷廠後消除了再次搬遷的可能性，高雄的造船業在 1970 年代出現一種成立公司行號的風潮。在 1970 年之前，僅少數業

66　交通部檔案，檔號：0065/020209/*457/001/005、0065/040210/*105/001/002、0070/020209/*457/001/001；「順榮造船股份有限公司」，經濟部商業司商工登記公示資料查詢網。網址：https://findbiz.nat.gov.tw/fts/query/QueryBar/queryInit.do（最後瀏覽日期：2023 年 6 月 20 日）。

67　雖然順榮造船公司登記的營業項目包含「各種船舶及船舶機械之製造與修理」及「拆船業」兩項，但從 1977 年開始營運至 2002 年倒閉期間，從未承造過任何船隻。陳麗麗口述，2020 年 9 月 26 日於高雄訪問；交通部檔案，檔號：0068/020209/*457/001/001、0068/020209/*457/001/002；吳平介，〈順榮造船廠　爆發財務危機　估計舉債數千萬元　名下財產遭債權人聲請假扣押〉，《經濟日報》（2002 年 1 月 11 日），第 36 版；交通部檔案，檔號：0070/020209/*457/001/001。

者將自己的造船事業登記為股份有限公司或工程行，如中一造船股份有限公司與豐國造船股份有限公司。在政府檔案中，多數「造船業實體」僅有工廠登記，另外還有一些是幾乎不存在於紀錄中、自外於政府規範的小船廠。然而，從筆者整理的「高雄旗津地區民營造船廠基本資料表」中可發現，在1970年代，業者們紛紛先後將自己的事業登記為公司（請參附錄三、附錄四）。

箇中原因，目前尚未有定論。是時，相關法規並無明顯的改變，檔案中亦無政府明確的行政指示。而今日，我們依舊可以在部分港區——如澎湖，見到僅有工廠登記的船廠。由此可見，法規並非造成此一現象的原因。唯一相對合理的解釋是，「安定」下來的業者較過去更勇於擴大投資，再加上修造鋼構遠洋漁船的成本較高，為了向銀行申請貸款，需要以具有清楚財務報表的公司型態來申請較具優勢。

為提升市場競爭力，少數規模較大的造船公司逐漸採行部門化（departmentalization）的組織管理模式。豐國造船公司在劉啟介廠長的帶領下，成立由16名高階船舶工程師組成的設計部，負責船殼設計。1973年成立的中信造船公司，隨事業與廠房的擴大，陸續設立工務部、財務部、業務部、採購部、研發設計部、人力資源部等部門。[68] 而1974年設立的順榮造船公司則延攬退休的港務局人員擔任一級主管，由其為公司規劃管理室、工務組、塢務組、廠務組、業務組、財務部、物料組、安全衛生室與政風處等部門，組織結構近似公營企業（請見表3-1）。[69]

---

68 「公司組織」，中信造船集團官網。網址：https://www.jongshyn.com/about6.asp（最後瀏覽日期：2023年6月20日）。

69 陳麗麗於1976年離開電信局，至順榮造船股份有限公司管理室任職，負責撰寫中文報告（由於順榮造船公司的客戶多為外籍人士，因此另有專責

表 3-1　順榮造船股份有限公司組織架構

部門名稱	負責事務	人事架構
管理室	行政、人事	原分成管理室與人事室，而後合併。 員工多為女性。 包含中文行政、英文行政、外包廠商管理人員等。
工務組	依船圖修繕船舶	設廠長、副廠長、工程師、檢驗工等職位。 其中工程師約有 7、8 名，均為造船、輪機相關科系之畢業生。1979 年前的工程師多為位於基隆的臺灣省立海洋學院（今國立臺灣海洋大學）之畢業生。而後則多招聘高雄海專（今國立高雄科技大學）之畢業生。
塢務組	船隻上架 依照船圖在浮塢中排放塢墩	設塢長、水手長各 1 名。 塢長均由海軍官校航海系畢業生擔任。
廠務組	工程施作 俗稱「綜合工廠」	設一組長，下有操作天車、車床、推高機、瓦斯、噴砂、乙炔、電焊之工人。
業務組	接洽修船訂單 排船期 聯繫船東	員工多為男性。
財務部	會計	
物料組	添購材料	設一組長，由退休船長擔任。
安全衛生室	監管船隻維修、保養期間的工作安全	2-3 名員工。
政風處	防止偷渡情事	僅有 1 名員工。 該部門於 1987 年戒嚴後即廢止。

資料來源：陳麗麗口述，2020 年 9 月 26 日於高雄訪談，筆者記錄整理。

撰寫英文報告的人員）、管理文件檔案、計算臨時工時數等行政工作。陳麗麗口述，2020 年 9 月 26 日於高雄訪談（未刊稿）。

由於民營造船業的經營規模普遍擴大，經營者漸由獨資轉為合夥，股東身分也日益多元。前述提及的木材業、漁業公司經營者，以及具僑資身分的航運業者，冷凍業業者也加入股東的行列。漁業的獲利極度仰賴冷凍技術的發展，船隻上冷凍設備的良窳，攸關漁獲的品質及價格。裝設冷凍設備的業者與造船業者自然在造船的過程中產生聯繫，進一步建構合夥基礎。對前者而言，投資造船產業不只攸關眼下的利益，還能加強與下游產業之間的聯繫，為更長遠的訂單鋪路。以 1978 年成立的川永造船公司為例，其股東除了造船業的經營者和從業者，如林朝春、劉啟介與蕭昆龍，亦包含裝修漁船冷凍櫃的承包商王永哲（請見表 3-2）。[70]

此一案例有一特殊之處，即檔案紀錄與口述內容有相當程度的落差。根據劉啟介、林蔡春枝與陳正成口述，經營「安全冷凍工程行」的葉秀雄，以及原任職於豐國造船公司的工程師陳正成也有入股，前者為最大股東，後者則投資半股一共 20 萬。然而，這兩人均未見於股東名簿。此外，檔案中記載的資本總額為 500 萬，但陳正成指出當時資本實為 200 多萬，營運上左支右絀。[71]

據聞，當初合夥時，並未召開股東會，股東基於對林朝春的信任，將公司登記的各項事務交由他負責，均不清楚政府文件上所登記的內容。[72] 如今來看，這份向高雄市政府提交的資料並未如實呈報。與事實不符的登記文件，該如何理解？此一情形類似俗稱的「暗

---

70 「核准商業登記」（1978 年 4 月 11 日），高雄市政府經濟發展局檔案，檔號：0067/482.8/1/290/004，來文字號：第 0670225 號，收文字號：0670033711，發文字號：高市府建工字第 0670033711 號。

71 感謝陳正成提供撰寫於 2022 年 3 月 26 日的〈生平記要〉（未出版）。

72 陳正成口述，2022 年 8 月 5 日於高雄訪談（未刊稿）。

股」，意即借他人之名入股投資。但通常以「暗股」投資之當事人應知悉此情，並與名義上的股東簽下協議書。要了解箇中緣由，或許可由其入股的過程略微推敲。

表 3-2　川永船舶工業股份有限公司

姓名	身分	股份	股款（新臺幣）
林朝春	曾任高雄造船廠廠長	100 股	100 萬元
王永哲	從事漁船冷櫃製造，以玻璃纖維填灌船艙冷凍庫。	100 股	100 萬元
劉啟介	曾任豐國造船公司廠長	100 股	100 萬元
王陳寶春	王永哲之妻	25 股	25 萬元
林蔡春枝	林朝春之妻	25 股	25 萬元
劉何麗枝	劉啟介之妻	25 股	25 萬元
蕭昆龍	其他民營船廠聘僱之放樣工，因投資時尚為單身，股份較多。後至靜海造船廠任職。	125 股	125 萬元

說明：根據劉啟介、陳正成口述，葉秀雄、陳正成亦入股，但未見於檔案中。
資料來源：「核准商業登記」（1978 年 4 月 11 日），高雄市政府經濟發展局檔案，檔號：0067/482.8/1/290/004，來文字號：第 0670225 號，收文字號：0670033711，發文字號：高市府建工字第 0670033711 號。

　　1979 年 1 月陳正成離開豐國造船公司，改赴川永造船公司擔任船舶設計師。是時一名股東退股，留下半股的空缺，於是其他股東向其邀約入股。陳正成當時的月薪僅幾千元，無力獨自投資 20 萬，故向其母與學弟借款，籌措資金；其中，陳正成之母的資金是透過民間互助會而來，即俗稱的「標會」。根據商業登記法規，如股權結構變更，應向有關機關申請變更登記。這份於 1978 年提交的文件如果從未「更新」，則可能是業者欲避開修改時的「麻煩」。此外，陳正成亦表明，當時公司資本甚少，在建廠後更是所剩無幾，幾乎是拿船東訂

船時預先給付的訂金周轉。檔案上所登載的資本額，可能有部分源自這筆訂金。

資本額之所以不足，除了與股東背景、人際網絡有關，也可能涉及當時的金融體系是否完善、對於民營造船業者是否友善等問題。綜觀臺灣金融發展史，可見到許多民營業者的掙扎。戰後初期至1950年代，臺灣的金融機構——中信局、第一銀行、彰化銀行、華南銀行——多半扶植公營企業或大型私人企業。是時的銀行多為公營，利率被國家嚴格控制，故營運保守，較不願提供短期融資；此外，由於民營企業的財務情況不透明，欠缺符合會計規範財務報表，銀行傾向以抵押貸款的模式放貸。[73] 在此一背景下，民營造船業者借貸相當不易。相較於其他自有廠房土地的產業，造船業因船廠多半座落在港區，土地由國家所控管，無法取得土地所有權以進行融資。雖然日後在政府「進口替代」的大旗下，加上美援之助，民營企業的融資門檻降低，甚至能享有利息低、還款期限長的優惠，[74] 不過，如前一章所述，真正受益的造船業者僅有基隆的華南造船廠、高雄的竹茂造船廠。畢竟要能透過受政府嚴格監管的正規管道融資，除了在營運、納稅上合乎法規，某方面也要能夠呼應政策。當國家將關注力放在具備穩定經濟作用的民生工業，以及有助於提升國防實力的國營企業時，民營造船業自然被放在相對次要的位置。[75]

整體而言，這種融資困難的情況不僅出現於民營造船業。根據陳

---

73 張紹台，《臺灣金融發展史話》（臺北：臺灣金融研訓院，2005），頁57-58、61-62。

74 同上註，頁62。

75 戰後政府對於造船產業的態度請見第二章第四節。

介玄針對民間貨幣網絡的研究,1970 年代之前,中小企業因向銀行借貸的門檻較高,習慣仰賴信合會、民間合會(即俗稱的標會)進行融資。[76] 陳介玄的研究主要針對臺灣中部的中小型代工工廠(包含家庭代工),這些工廠所從事的產業通常被歸類於輕工業或民生工業,性質與造船業不同,但二者卻有若干相似性:多屬家庭企業、仰賴由社會網絡形成的貨幣網絡。臺灣的民營造船業事實上只是產品規模較大的代工廠,多半由家族成員經營,並在很大的程度上憑藉由包商、客戶構成的協力網絡來運作。這些特性加上早期的金融背景,讓許多造船業者在資金上相當依賴私人借貸、標會等由社會網絡所支撐的融資管道。除了家族親友,員工、包商甚至是上游廠商,都可能是合夥投資、借款或組會的對象。借方與貸方彼此基於人際關係中的信任,建立起貨幣網絡。這種網絡往往欠缺明確的文字紀錄,或僅有數量不足、內容不齊的文件(如資產負債表),使得更細緻的研究幾乎無法進行。[77]

　　民營造船業的融資問題要到 1970 年代才逐漸改善。1970 年,政府確立以中小企業拉動經濟成長的發展模式,「工業輔導準則」擴大輔導對象,納入「中小型工業為改善品質減低成本,提高生產力而合力更新設備合併經營,其計劃健全者」,准許業者透過主管機關向金融機構貸款。[78] 1981 年經濟部設立今日仍在業界扮演重要角色的「中

76　陳介玄,《貨幣網絡與生活結構:地方金融、中小企業與台灣世俗社會之轉化》(臺北:聯經出版事業股份有限公司,1995),頁 200-206。

77　筆者在收集檔案的過程中,取得少數造船公司(如金明發造船廠、順榮造船公司)單年度的資產負債表。資產負債表是分析公司財務狀況重要的材料,但由於資料年分不完整,數量過少,難以進行有效研究。

78　〈修訂「工業輔導準則」〉,《經濟部公報》(1970 年 9 月 30 日),2:9,頁 17-18。

小企業處」，隔年開放受理「中美基金中小企業輔導貸款」，協助業者購買機械設備、擴充廠房。[79] 於是，中小企業銀行與六行庫等金融機構成為造船公司重要的融資管道。雖然造船公司依舊無法以土地進行抵押貸款，卻可基於本身良好的信用，抵押包含鋼板、零件的各式船材，取得相當短期融資。這不僅反映臺灣金融體系與產業政策的轉變，更凸顯金融機構的貨幣網絡隨著產業發展而擴展。陳介玄指出，金融機構是否具備買賣抵押品的網絡，會影響其借貸意願。[80] 以豐國造船公司為例，其所抵押的船材屬於機械產業專用之物料，種類多，單價高；如臺灣欠缺發達的機械產業製造市場，金融機構不可能輕易接受這些物料作為抵押品。也就是說，民營造船業融資困難度的下降不單是政策促成的，亦與產業環境結構的變遷密切相關。

三、第二次遷廠後的技術發展

鐵殼漁船自 1960 年代初期開始發展，至 1970 年已有不少船廠具備修造鐵殼船的能力。根據《中華民國六十年臺閩地區工商業普查專題研究報告》，1971 年高雄市地區 35 間民營造船廠除了承造木殼船，有 24 間亦能修造鐵殼船；這些船廠能修造的鐵殼船多半不超過 500 噸，但其中 4 間（三陽、竹茂、新天二、聯合）的廠房可容納 1,000 噸的鐵殼船。相形之下，玻璃纖維船仍不普遍，僅聯合、新昇發兩間

---

79 「組織沿革」，經濟部中小企業處官方網站。網址：https://www.moeasmea.gov.tw/article-tw-2315-154（最後瀏覽日期：2023 年 6 月 25 日）；〈中美基金中小企業輔導貸款　企銀即起受理申請〉，《經濟日報》（1982 年 7 月 22 日），第 2 版。

80 陳介玄，《貨幣網絡與生活結構：地方金融、中小企業與台灣世俗社會之轉化》，頁 216-217。

造船廠能修造，而船隻最大規模也只有 100 噸。[81]

　　1970 至 80 年代，臺灣船舶修造技術進入飛躍期。政府意識到技術輔導對於產業發展的重要性，在造船工程學社的建議下，於 1974 年 7 月 1 日正式成立「財團法人聯合船舶設計發展中心」（今船舶暨海洋產業研發中心，以下簡稱船舶中心），替造船業進行投資成本較高的船舶設計、工程規劃，並從事相關技術研發。[82] 然而，船舶中心主要針對的是大型商船、巡防艦等船種，不完全契合民營業者的需求。[83] 與之相較，1979 年由行政院農業委員會漁業署推動成立的國立成功大學漁船及船舶機械研究中心，對民營造船業的助益更為直接。該中心聘請曾任職於中國漁業公司、豐國造船公司的黃正清擔任主任，研究各式船材（鋼、玻璃纖維、鋁合金）的船殼，並設計多項取得專利的漁撈設備，促進臺灣漁撈技術之進步。[84]

　　同一時期，部分民營造船公司為因應漁業經營的變化，擴增客

---

[81] 當時能承造玻璃纖維船者多半為北部的遊艇廠。南部地區除了正文中提及的兩間船廠，尚有位於高雄縣林園鄉的遊艇廠（振興造船工業股份有限公司、大洋遊艇企業股份有限公司）、茄萣鄉的海和造船廠，以及仁武鄉的大立高分子工業股份有限公司能修造玻璃纖維船。行政院臺閩地區工商業普查委員會編，《中華民國六十年臺閩地區工商業普查專題研究報告》，頁 402-405。

[82] 財團法人船舶暨海洋產業研發中心編，《45 風華　續航未來：船舶暨海洋產業研發中心 45 週年紀念專刊》（新北：財團法人船舶暨海洋產業研發中心，2021），頁 24。

[83] 根據陳正成口述，民營造船業者仍會與船舶中心合作，但合作的項目並非針對漁船，而是巡防艦等特殊船舶。陳正成口述，2023 年 6 月 16 日於高雄訪談（未刊稿）。

[84] 莊育鳳，〈培育人才，傳承船業研究；樂在分享，不知老之將至——成功大學漁船及船機研究中心教授黃正清〉，頁 23。

源，在設計與建造技術上亦不落人後。以規模較大的豐國造船公司為例，該公司成功在 1975 年為政府打造充滿傳奇的漁業試驗船海功號，並在 1984 年為其關係企業——豐國水產公司——製造全臺第一艘單船式美式圍網漁船「豐國 707 號」。[85] 率領團隊打造兩艘船隻的靈魂人物即是當時的廠長劉啟介。

海功號是我國第一艘自行興建的大型漁業試驗船，由行政院農業委員會水產試驗所（以下簡稱水試所）委託豐國造船公司承造。[86] 在此之前，臺灣的試驗船多來自國外，僅少數小型試驗船由在地造船廠

圖 3-5　劉啟介說明其船舶設計理念與經過
圖片來源：陳詩翰 2024 年 5 月 6 日攝於高雄。

---

85 「海功號」，文化部臺灣大百科全書。網址：https://nrch.culture.tw/twpedia.aspx?id=3381（最後瀏覽日期：2023 年 6 月 21 日）；羅傳進，《臺灣漁業發展史》，頁 101。

86 「海功號」，網址：https://nrch.culture.tw/twpedia.aspx?id=3381。

製造。[87] 戰後臺灣自 1953 年起即從日本、美國取得試驗船調查漁場，並進行海洋研究，例如：水試所 1954 年正式展開調查的珊瑚試驗船海豹號、漁業試驗船海慶號，以及 1972 年由中華民國海軍移交給國立臺灣大學海洋研究所的研究船九連號。[88] 試驗船不單乘載著科學家的採集、調查工作，也肩負協助漁民找尋魚群、漁場的任務。[89] 因此，隨著漁業規模擴大，試驗船的大小也需增加。早在 1966 年，水試所便規劃建造 500 噸大型試驗船，來取代逐漸老舊、僅 140 噸左右的海慶號。但這個建造計畫，直至 1970 年前期臺灣對海洋資源的需求上升，漁場卻因國際情勢影響而受限，漁業界急於尋求新漁場，才

---

[87] 極少數小型試驗船是由臺灣在地的造船廠製造，例如：1961 年臺南安平區漁會獲得農復會的補助及貸款，委託安平的航裕造船廠建造 18 噸蝦拖網試驗船。〈蝦拖網試驗船　預計年底造成　用做探測近海蝦魚〉，《聯合報》（1961 年 10 月 11 日），第 5 版。

[88] 〈發展本省珊瑚漁業　美援撥款十二萬　購買採珊試驗船〉，《中國時報》（1953 年 3 月 22 日），第 1 版；〈我向日定造漁業試驗船　下月可駛台　造價共百餘萬元〉，《聯合報》（1953 年 12 月 11 日），第 3 版；〈第一艘漁業試驗船　海慶號已試航　裝有魚群探測器　可隨時顯示海底情況〉，《聯合報》（1954 年 3 月 26 日），第 5 版；〈「海豹號」珊瑚試驗船　首次出海獲成功　省產珊瑚業復興有望〉，《中國時報》（1954 年 6 月 9 日），第 4 版；詹森、江偉全，《黑潮震盪：從臺灣東岸啟航的北太平洋時空之旅》（新北：野人文化股份有限公司，2023），頁 168-173。九連號原為美國海軍拖船 Geronimo，1969 年移交中華民國海軍作為研究船艦。1972 年底除役、移撥國家科學委員會（以下簡稱國科會）前，九連號曾由臺船公司加裝導航系統與探測設備。國科會取得該船後，隨即將船指派給國立臺灣大學海洋研究所使用。

[89] 漁民會透過漁會，請求水試所調查魚群、漁場。1965 年澎湖漁汛延遲後，當地漁會請水試所派出試驗船海陽號前往探測魚群。〈澎湖漁汛遲來　海陽號近海試驗船　明再出海探測〉，《聯合報》（1965 年 8 月 8 日），第 2 版。

付諸實行。[90]

豐國造船公司之所以能與公營造船公司競爭，取得海功號的標案，不外乎是開價較低；但更為重要的是，豐國造船公司是唯一符合政府單位招標規格的民營廠商。根據當時的規定，僅有與外國公司簽有技術合作協議的造船公司，才能參與公家機關的招標。彼時的民營造船業者多半沒有管道與資金來進行技術合作，因此難以在政府的標案中與公營造船公司競爭。不同於其他業者，劉啟介透過在日本長崎造船大學就讀時所建立的人脈——一名家中在神戶經營造船廠的學長，成功為豐國造船公司取得技術合作合約。事實上，雙方並未針對特定項目進行技術合作。這份合約僅是一張參與投標的「通行證」。這張「通行證」早在1970年代初十大建設臺中港興建計畫中，便讓豐國造船公司順利取得臺中港務局絕大部分的拖船建造標案，累積在標案中相當重要的「建造實績」。[91]

雖然豐國造船公司並未實質上與日本造船廠進行技術合作，但設計船隻所需的資料依舊源自日本。建造海功號所需的基準船（type ship）參考圖面及船隻設備廠商名單，是劉啟介透過大學時期的老同學私下從日本山西造船鐵工所取得的。基準船是設計新船時參照對象，工程師會以基準船的圖面為底稿，再根據客戶需求修改設計。海功號即是以日本的底拖式單拖網漁船作為基準船，再根據水試所的需

---

90 〈水產試驗所計劃　建造五百噸試驗船　農廳原則表示同意　將洽請聯合國補助〉，《聯合報》（1966年8月31日），第6版；〈加強向海洋發展　農廳建議籌建巨型水產試驗船〉，《中國時報》（1971年9月21日），第2版；〈水試所長建議　添置大型試驗船〉，《經濟日報》（1972年1月25日），第2版。

91 劉啟介口述並提供資料，2022年3月12日於高雄訪談（未刊稿）。

第三章　定位・撒網：1970 至 1990 年

圖 3-6　退役後的海功號目前停泊在基隆碧砂漁港
圖片來源：筆者 2023 年 12 月 3 日攝於基隆。

求設計而成的。[92] 水試所希望藉由海功號開發新漁場，發展技術難度較高的中層拖網漁業，因此海功號被規劃成具有各式測量設備漁船，並安裝在當時相當新穎的可變螺距螺旋槳，讓船隻可輕易調整航行速度，改變拖網網板的開合。[93] 除此之外，海功號更被賦予對外宣示的重大任務：向世界展示臺灣也有自行製造試驗船、進行海洋研究的能力。因此，水試所特別講究船隻的穩定度。劉啟介經過精細計算後，決定增加船寬，使船隻可承受 10 級風浪。這個決定無意間讓海功號

92　劉啟介口述並提供資料，2022 年 3 月 12 日、2024 年 5 月 6 日於高雄訪談（未刊稿）。

93　可變螺距螺旋槳是一種以液壓設備來調整葉片角度的螺旋槳。螺旋槳葉片的角度能夠改變船隻行進的速度。劉啟介口述並提供資料，2024 年 5 月 6 日於高雄訪談（未刊稿）。

151

得以抵禦南極的兇猛巨浪。[94]

與海功號的承造過程相仿，臺灣第一艘單船式美式圍網漁船也受惠於來自日本的船舶設計。在美式圍網漁船出現之前，豐國水產公司主要經營夜間作業日式圍網船隊（如1978、1979年下水的新豐301、302、303與311），於南方澳捕捉鯖魚。日式圍網船隊是由5艘船——主網船1艘、燈船2艘、運搬船2艘——組合而成的船隊，雖然漁獲量佳，但作業人員高達100多人，經營成本相當高。為了降低營運成本，老闆陳水來聽從日籍朋友、航海儀器銷售員片山的建議，決定先製造以1艘主船、1艘運搬船構成的半美式圍網船隊（如豐國601號、益群301號），遠赴帛琉南太平洋海域，於白天作業。[95]

據說，當時日本水產廳及漁連協會業者深恐圍網漁船之製造技術外流至臺灣，在豐國造船公司製造出半美式圍網漁船後，派遣大丸商行社的律師田利來臺調查。由於田利原為劉啟介在日求學時的教師，故主動找上過去的學生詢問。恰好在豐國造船公司領導半美式圍網漁船製造的劉啟介，便以自身的留學經驗，說服田利律師，臺灣民營船廠能夠自行設計、建造圍網漁船並非竊取技術，而是日本造船教育之成功。[96]

---

[94] 由於水試所起初並未安排海功號前往南極調查，船隻的設計與設備均非比照破冰船的規格。海功號之所以能航行至南極，是因為任務團隊在接到前往南極的命令後，為船上的管路系統增補防凍裝置，調整馬達，並且只挑夏季融冰前往。劉啟介口述並提供資料，2022年3月12日、2024年5月6日於高雄訪談（未刊稿）。〈排除萬難遠航南極　海功號正整補裝備　南非熱心支援允供冰圖及氣象資料　破冰設施裝置不易正設法謀求解決〉，《聯合報》（1976年12月31日），第3版。

[95] 劉啟介口述並提供資料，2022年11月19日於高雄訪談（未刊稿）。

[96] 同上註。

圖 3-7　半美式圍網漁船「豐國 601 號」
說明：「豐國 601 號」為一艘半美式圍網漁船，是豐國水產公司採用美式圍網漁船前的試驗品。
圖片來源：1985 年豐國造船股份有限公司型錄（劉啟介提供）。

　　由於半美式圍網漁船的營運成本較日式圍網船隊低，獲利更豐，1982 年末豐國水產公司決定籌建一艘船即可作業的美式圍網漁船。[97] 豐國造船公司派遣玻璃纖維部的廠長許財、總經理許燕江、鐵殼部的廠長劉啟介三人赴日本考察，參觀新潟造船所、三保造船所與金指船所。之所以挑選這三座造船所，與公司經營者的人際網絡有關。金指造船所是透過日新冷凍代理商坂倉居中聯繫，且該造船所設計部部

---

[97] 為建造美式圍網漁船，豐國水產公司以旗下漁船豐國 601、豐國 503 與豐國 501 為抵押，向合作金庫高雄支庫申請中期擔保放款 7,500 萬元，最後合作金庫同意貸予 6,250 萬。「大型圍網漁船貸款」，《合作金庫銀行股份有限公司》，國家發展委員會檔案管理局，檔號：A307230000N/0071/254.8/1。

長恰巧為劉啟介在日本長崎造船大學求學時的學長前川。透過人脈，豐國造船的一行人不僅得以參觀不對外開放的造船所，還得知製造美式圍網漁船時須留心的重點：漁獲滿載、40噸的漁網收回，且水灌入船艙進行冷凍作業時，要能夠挺過六級風浪，不能翻覆。[98]

後來，豐國造船公司向新潟造船所購買船用主機，後者主動提供船隻的參考圖面。有了設計上的提點與圖面，照理來說可以直接仿製。然而，日本的漁船設計不完全符合臺灣船東的需求。由於臺灣船隊下網次數較多，以及船上載運的舾裝品較重，再加上陳水來希望自製的圍網漁船載重量應達 800 至 900 噸，豐國造船公司無法直接複製載重量 550 噸的日製美式圍網漁船。劉啟介根據參考圖面，將船寬由 11.8 公尺擴增為 12.2 公尺，以便讓船舶的船舶穩定度維持在 GM 值 0.6 以上，[99] 避免載重與風浪大時翻覆。雖然豐國造船公司從未真正與任何日本造船公司進行實質的技術合作，但因劉啟介與金指造船所設計部部長前川熟識，得以請這位日本工程師來確認船圖的細節。[100]

由豐國造船公司發展圍網漁船的案例可知，不同船種的船殼設計技術受惠於日本相關業界。此一聯繫包含船廠經營者、工程師求學時所建立的人脈，以及透過商業關係所培養的網絡。而日本業者主動向臺灣釋出部分技術，不只是基於維繫買賣關係的商業考量。當時日

---

98 劉啟介口述並提供資料，2022 年 11 月 19 日於高雄訪談（未刊稿）。根據劉啟介口述，豐國造船公司早期也製造玻璃纖維船，然而其名氣始終不及鐵殼船。

99 GM 值是用來衡量船體穩定度的標準，GM 值越大，船隻傾斜角度較小。G 是重力中心（Center of Gravity），M 是力矩（Moment）。徐坤龍等編撰，《船舶構造及穩度概要》，頁 66。

100 劉啟介口述並提供資料，2022 年 11 月 19 日於高雄訪談。

本經濟高度發展，工資上漲，製造成本大幅提升。為降低成本，日本業者僅保留技術密集產業，釋出基礎技術，讓臺灣成為其代工廠／加工廠，以及販售技術主副機、冷凍機的市場。相對於白紙黑字寫成的技術合作合約，這種商業模式更加彈性、人性化。或許是出於成本考量，民營造船業較不盛行透過需要支付權利金的技術合作模式，來取得先進國家特定技術。這確實導致民營造船業發展上的侷限，但也不能忽略，業者仍可藉由這套機制取得所需的技術，提升自我競爭力。

第三節　經營上的「堅持」

　　船廠的遷徙與廠地的擴張並未大範圍地影響高雄民營造船廠的家族經營模式。根據造船公會於 1988 年完成的調查報告，在全臺民營造船廠中，來自同一家族之員工占船廠員工總數的 50% 以上者，將近四成（請見表 3-3）。這個比例在 1970 年之前，尤其是 1950 年代，可能更高。這份調查雖然僅取得加入造船公會的部分船廠資料，但依舊可由此看出船廠規模與經營性質之間的關係：在規模較大的船廠中，來自同一家族的員工的比例較低，反之則較高。此一現象無非是因規模較大的船廠有聘僱較多固定員工的能力及需求，自然會在家族外尋求專業人員。

　　由於這種家族經營的性質，船廠往往被視為家業、家產，廠主傾向將所有權與經營權傳承給子女或兄弟的案例時有所聞。例如：陳還造船廠的老闆陳還於 1950 年初過世後，其子陳自修便繼承父業，並將船廠更名為「南光」。然而，綜觀戰後民營造船廠的遞嬗，成功傳承家業者不多，經營超過三代的船廠更是寥寥無幾。

表 3-3　1988 年臺灣民營造船業員工來自同一家族比例

來自同一家族之員工占船廠員工總數之比例	甲、乙級船廠數量 單位：間	甲、乙級船廠數量占比 單位：%	丙、丁級船廠數量 單位：間	丙、丁級船廠數量占比 單位：%	合計（單位：間） 單位：間	單位：%
10% 以下	9	69.23	5	15.63	14	31.11
10-30%	3	23.08	9	28.13	12	26.67
30-50%	0	0.00	2	6.25	2	4.44
50-70%	0	0.00	6	18.75	6	13.33
70-90%	1	7.69	3	9.38	4	8.89
90-100%	0	0.00	7	21.88	7	15.56
樣本數	13	100	32	100	45	100

說明：1. 研究報告未明確寫出調查時間，故該表名稱所列之年分係根據報告出版年分。2. 該表中的樣本數非實際船廠總數。當時加入造船公會的船廠共有 101 間，扣除公營造船廠，民廠共 93 間。在民廠中，甲級 1 間，乙級 19 間，丙級 14 間，丁級 59 間。林彩梅，《我國民營造船廠產業結構之調查及其發展策略之研究》，頁 43。3. 造船公會根據繳交會費之多寡，將船廠區分為特級、甲級、乙級、丙級、丁級五個級別。雖然會費繳交之多寡不一定直接反映自船廠資本額及營收，但船廠通常依照自身能力繳納會費。因此船廠的等級依舊可以作為評估其規模的參考指標。4. 該表原本僅列出船廠數量占比，並將此占比以四捨五入法刪去小數點後第二位。筆者根據該報告第 62 頁的資料得知，來自同一家族員工占船廠員工總數 70-90% 的甲、乙級船廠數量為 1 間，並藉此推測出船廠數量，以及船廠數量占比小數點後的確切數字。研究報告未明確寫出調查時間，故該表名稱所列之年分係根據報告出版年分。

資料來源：林彩梅，《我國民營造船廠產業結構之調查及其發展策略之研究》，頁 61-62。筆者製表。

　　影響船廠傳承的主要因素不外乎經營者的能力。由興臺造船廠變更為新三吉造船廠的案例，可窺端倪。1951 年，興臺造船廠 28 歲的廠主廖永富不幸病故，其子廖啓峯年僅 6 歲，法律上雖能繼承父業

卻無力經營。約莫四年後,廖永富之妻廖楊碧玉決定與前三吉造船廠的老闆許丁鼐合作。許丁鼐造船經歷豐富,早在日本時期,就曾擔任日本富重造船所及高雄造船株式會社的組長。他出資入股,與廖啓峯共同登記為負責人。而船廠大概依其之意,以「新三吉」為名重新營業。[101]

從這個案例中,也可窺見傳承家業的那份執著。廖楊碧玉不將船廠直接出售給許丁鼐或其他造船業者,刻意讓幼小持有船廠的部分股份,極可能是為了替自己的獨子留下家產。不過,許丁鼐何以出售原本獨資經營的三吉造船廠給同業吳錦彩,與一名小孩共分股份,大概只有當事人知道了。新三吉造船廠在經營四、五年後,不知何故轉售給陳其祥。這間船廠成了日後在業界相當著名的中型船廠「中一」。由此可見,雖然廖楊碧玉悉心為孩子的將來打算,將船廠當作家業來傳承依舊相當不易。

這些由家族成員支撐的民營船廠,多半欠缺分工明確的組織結構。在這樣的情況下,經營者常一人分飾多角。筆者問及祖父過去經營船廠聘請多少員工時,他如是回答:「我幾乎都自己來啊!」除了作為廠長的他,當時船廠聘請固定員工為工程師1名、會計小姐1名、倉管1名、監工1名,以及負責船隻上、下架工作的員工1名。[102] 多數人聽到這般出乎意料的答案,或許會以為老人家為了凸顯

---

101 「為送三吉造船廠變更登記申請案准予備查」,典藏號:0044720023102011;「為三吉造船廠業主變更重新申請註冊并請換發執照案呈請鑒核由」,典藏號:0040142020292015。交通部檔案,檔號:0043/040208/*020/001/001、0044/040208/*020/001/002、0044/040/208/*006/001/001、0044/040208/*006/001/002。

102 關於筆者祖父林朝春過去服務的昇航船廠股份有限公司的聘僱情形,可參

自己的豐功偉業，刻意誇大其詞，將正式員工的數量縮水。誠然，筆者祖父忘了計入時常被抓去「幫忙」的兒子們，但其餘所言不假。

造船公會在1988年的報告中提及：「我國民營造船廠除少數大規模廠商有詳細劃分外，餘僅具生產、會計及總務三部門而已；對事物的處理亦無詳細的劃分，規模小是其主因。」[103] 事實上，除了規模小、家族企業這兩項特性，外包體系也是讓船廠不需要聘僱大量正式員工的一大因素。

外包體系在臺灣工業界相當常見。在1990年代，謝國雄、陳介玄等社會學者為平衡以往對於臺灣社會與經濟發展的研究中，過於強調國家角色的論述，曾深入探討臺灣的外包體系的結構與運作基礎。透過深度訪談臺灣中部中小型企業之經營者、從業者，他們認為作為臺灣中小企業得以發展的「結構性因素」的外包制度，是由一套立基於社會信任關係、非正式亦非制度性的協力網絡所支撐。[104] 此外，約莫同一時間，經營管理學界也從經營實務的觀點，對外包制度的成效進行研究分析。2000年後，分別擁有社會學、管理學背景的學者柯志哲、張榮利，改以大型企業——中鋼的外包體系作為研究對象，試圖整合兩種學門各自強調社會機制與經濟機制研究取徑。他們主張，中鋼的外包體系係基於「彈性企業模式」（flexible firm model）來運作——具備核心與外圍（又可再區分為邊陲與外部）二種不同性質的人力運用。在該模式中，經濟機制、正式制度與私人網絡分別建立起的

閱陳奕銓，〈高雄中小型造船廠的勞動分析〉（高雄：國立中山大學社會學研究所碩士論文，2019），頁31。
103 林彩梅，《我國民營造船廠產業結構之調查及其發展策略之研究》，頁62。
104 謝國雄，〈外包制度：比較歷史的回顧〉，《臺灣社會研究季刊》，2（1）（1989），頁30。

圖 3-8　興建中的漁船
圖片來源：筆者家族提供。

社會信任相輔相成。[105]

　　針對前述研究，民營造船業可作為相當有意義的參照案例。重工業多半由大型企業主導，但民營造船業卻一反「常態」。在工業分類中，造船業屬於「重工業」；在企業分類中，民營造船公司的性質近似於中、小企業。這種特殊現象之所以能夠成立，有賴於產業的特性，以及其中獨特的外包體系。

　　陳奕銓在其碩士論文〈高雄中小型造船廠的勞動分析〉中，以口訪為主要材料，藉由社會學的視角來討論造船業的產業特性對於勞

---

[105] 柯志哲、張榮利，〈協力外包制度新探：以一個鋼鐵業協力外包體系為例〉，《臺灣社會學刊》，37（2006），頁 33-78。

動、聘僱模式與再生產的影響。而其所觀察到的產業特性即是，船廠僅聘僱工程師來負責船舶設計與監工，其餘工程施作均外包給承包商，藉此降低成本與風險，因應市場景氣的起伏與業務的變化。[106] 筆者與陳奕銓抱持相同的觀點，但仍試著更細緻地討論造船業者、包商與客戶之間可能存在的多元關係，探尋那些擁有自身脈絡、難以被歸入通則或範式中的獨特個案。

臺灣的民營造船業在整個 20 世紀，均以修理與製造「船殼」為主要生產活動。從船殼製造，乃至船上所有的裝配工程全部均可外包。到各船廠承攬部分工程的承包商或包工頭，早在日本時期即有。戰後初期一些經驗老道的造船師傅，曾是承包日資造船廠工程的包商。像前一章所提及的竹茂造船廠第二任經營者陳生啟，過去即承包臺灣鐵工所造船廠、臺灣船塢、加藤部隊的船舶修造工程。[107]

外包的出現與民營造船業深受漁業界影響有關。當漁業界因油價、魚價（即市場需求）及漁業政策而有所變動時，會連帶影響造船廠的景氣。漁業界波動如同股市漲跌，相當頻繁。[108] 此外，戰後政府

---

106 陳奕銓，〈高雄中小型造船廠的勞動分析〉，頁 60-61。

107 交通部檔案，檔號：0055/040208/*018/001/002。

108 林彩梅，《我國民營造船廠產業結構之調查及其發展策略之研究》，頁 14-15。對民營造船業有著直接影響的漁業政策係漁船限建政策，該政策是政府規範、引導漁業發展走向的重要措施。關於 1972-2006 年間的七次限建政策，請見林美朱，〈高雄市漁業發展之研析〉（高雄：高雄市政府海洋局研究報告，2007），頁 12-13。網址：https://orgws.kcg.gov.tw/001/KcgOrgUploadFiles/336/RelFile/69734/139142/%E9%AB%98%E9%9B%84%E5%B8%82%E6%BC%81%E6%A5%AD%E7%99%BC%E5%B1%95%E4%B9%8B%E7%A0%94%E6%9E%90%E3%80%82(2007.9).pdf（最後瀏覽日期：2022 年 2 月 11 日）。

先後在1967、1975、1980、1983與1988年祭出寬嚴不等的漁船限建政策，多少影響造船業的業績。為了因應不穩定的業務量，造船業必須藉由外包工程，來降低營運成本及風險。[109] 由於船廠支付給承包商的工程款是固定的，不隨施工天數而增加，因此承包商多半樂於趕工。對船廠而言，將工程委於包商無非是提升修造效率的好方法。[110]

在造船界，包工不僅沒有隨著造船技術的升級、船廠規模的擴大而消失，船廠反而更加仰賴趨向專業化、精細化的外包體系。戰後初期的小船廠製造十幾、二十噸的木殼船，由幾名長期聘僱的造船師傅，以及工忙時，臨時僱用的工人，即可應付。而後，隨著市場對於大型鐵殼船產生需求，工程規模與施工項目大增，施作方法也日趨專業化。若要由船廠從頭到尾「獨自」生產一條船，就得養一整批分工精細的熟練工。站在經營者的角度，長期養一批專業的技術工，固然能培養人才，然而，這筆固定人事開銷在景氣不佳時，會對經營者帶來龐大的負擔。因此，越大型的船隻與越複雜的造船工程，越有外包體系發揮的空間。

造船工程所有項目均可外包，外包的比例由船廠與船東決定。主要的項目可以簡單區分為主、副機安裝（以下均簡稱主機安裝）與船殼施工。船殼施工依照船身的區段又可以再細分成船頭、船舯、船艉。此外，也可依據工程種類，分為鐵工、木工、油漆、電焊、管路、配電等。相對於實際負責施工的包工，船廠的角色主要在於設計、監工（品管），以及與船東接洽（業務）。

在外包體系中，承包工程者可依照是否有商業登記來區分，法

---

109 陳奕銓，〈高雄中小型造船廠的勞動分析〉，頁30、36。
110 同上註，頁34。

理學上分別稱為「法人承攬」與「自然人承攬」。臺灣從過去至今，從未有法律嚴格規範所有造船工程應以法人承攬，因此在民營造船界，承攬人的型態並非船廠選擇承包商的主要考量，許多包工也無商業登記。船廠與承包商之間的關係，是建立在私人人際網絡的信賴基礎上。憑著這份信賴感，雙方的關係可由口頭約定或簡單的憑證來形塑，正式合約不一定存在。通常，船廠會有一本聯繫承包商的電話簿，以便聯繫，並談好承包價格。這筆工程款的數額是固定的，根據工程進度，承包商會分階段向船廠請款。請款時，若有商業登記，會開立發票，若無，則以工資紀錄作為憑據。[111] 至於工人領取薪資的頻率為一個月兩次，日期通常是初五與二十號。

這種建立於個人社會關係的協力網絡，在國營造船企業中扮演相對次要的角色。國營造船企業是以柯志哲、張榮利所觀察到的「正式制度」，來建立協力網絡不可或缺的信賴關係。除了品管、驗收等機制，這套正式制度最主要反映在承包或投標的資格上。唯有登記為公司行號的承包商，才能進入國營造船企業的協力體系中。[112] 此一民營與國營造船產業的差異，讓兩者形成截然不同的外包體系。

國營造船產業的外包體系較符合「彈性企業模式」，企業本身與外包廠商之間的關係也較為清晰。而在民營造船業中，船廠、承包商與船東三者之間的特殊關係，讓整個外包體系充滿多樣的協力型態。最常見的情況是，船廠自行接到修造船舶的業務後，再將工程發包出去，並提供承包商設備與船用材料，或是船東主動找熟識的包商／工

---

111 筆者祖母林蔡春枝口述，2023 年 6 月 17 日於高雄訪談（未刊稿）。

112 在目前的產業界，一些大型的私營公司也會有一套挑選承包商的嚴格制度，藉以控管承包品質，如台塑企業。

第三章　定位・撒網：1970 至 1990 年

班修造船隻。[113]

　　不同於其他產業，客戶在民營造船業中具有極高的自主性。除了參與船隻客製化的討論，還可涉入船舶修造的過程。船隻與車輛不同，當船廠與船東在洽談時，沒有成品與型號目錄，只有幾張船圖供參。臺灣過去因欠缺船舶設計人才，船舶設計圖多來自日本，再由工程師或懂得修改圖面設計的放樣師傅（筆者祖父便屬於後者），依照船東需求進行修改。[114] 在設計上，船東通常會希望擴增漁艙，或增加船隻馬力，以提升捕撈作業的成效。然而，船東的需求不一定合乎船舶安全規範，甚至因此跟船廠起衝突。曾有船東要求船廠在船隻通過驗船協會的檢驗後，將船身截成兩半，中間增補鋼板，增加船長與噸位。這種做法會危害船體的強度，但對船東而言卻是提高漁獲運載量的好方法。[115]

　　在談妥需求後，有些船東會自行揀選、購買材料，再交由船廠加

---

[113] 陳奕銓，〈高雄中小型造船廠的勞動分析〉，頁 37。

[114] 不僅是民營船廠，早年公營船廠之船圖與技術也來自日本。1951 年政府以美援貸款為國營之中國漁業公司建造 4 艘 350 噸的漁船時，船圖即來自日本新潟鐵工所株式會社，再委由同為國營之臺灣造船公司改良、建造。〈建大型漁船 獲美援補助〉，《聯合報》（1955 年 7 月 10 日）第 5 版。至於民營造船廠與船東取得日本船舶設計圖的主要方法有三種：1. 購買；2. 訂購主、副機、漁機與冷凍機等設備時取得；3. 購入後，拷貝流傳。有關臺灣取得日本設計圖的案例請見第三章第二節。

[115] 莊清旺口述，2024 年 1 月 29 日於宜蘭蘇澳訪談（未刊稿）。莊清旺先生為筆者祖父在宜蘭蘇澳的老客戶，與親友共同經營數艘拖網漁船，現為宜蘭縣蘇澳區漁會理事。莊清旺先生經歷豐富，可參見陳財發、李阿梅、黃麗惠記錄，〈多角經營的討海人——莊清旺〉，《蘭博電子報》，144（2022）。網　　址：https://www.lym.gov.tw/ch/collection/epaper/epaper-detail/c212b50a-0e58-11ed-81ee-2760f1289ae7/（最後瀏覽日期：2024 年 6 月 25 日）。

圖 3-9　興建中的漁船「特宏興 161 號」
說明：「特宏興 161 號」為蘇澳船東莊信雄先生（受訪者莊清旺先生兄長）向昇航造船廠訂造的漁船。北部漁船多漆上海軍藍，南部漁船則多為白色。
圖片來源：筆者家族提供。

工成漁船；有些則自行聘僱信賴的工班，來處理特定的工程作業。根據造船公會的調查，在安裝船舶主機的工程項目上，船東傾向自行尋找技工，而非交由船廠處理（請見表 3-4）。雖然船東「自行僱工」與船廠「外包工程」的行為主體與關係模式不同，但兩者的情況均是將船廠原應負責之工程委託他人處理。此外，一些與船東長期合作的工班也會獨自承包船廠的工程，也就是說被聘僱的工班與承包商之間的界線並不明顯。因此廣義來看，船東「自行僱工」也可被視為外包體系中的一種型態。過往研究在探討外包體系時，多半僅針對企業本身與協力廠商所形成的二元關係。民營造船業外包體系涵括船東的角色，可修正既有的研究視角，重新將客戶放在新的分析架構中思考。

表 3-4　1988 年臺灣民營造船廠施工狀態表

船廠等級	受訪船廠數		主機安裝			船殼施工		
	主機施工	船殼施工	廠內施工	船廠外包	船東施工	廠內施工	船廠外包	皆有
甲、乙級	13	13	3	3	8*	4	1	8
丙、丁級	32	28	5	2	26*	21	2	5

說明：1. 研究報告未明確寫出調查時間，故該表名稱所列之年分係根據報告出版年分。2. 根據該調查，有一家船廠在主機施工的項目上，兼採「廠內施工」與「船東施工」。3. 本研究所探討之外包體系，包含該表中所呈現的「船廠外包」與「船東施工」。4. 筆者為配合本書正文內容，略微更動原表格中的項目名稱。「主機安裝」原為「主機施工」,「外包」原為「船廠外包」。

資料來源：林彩梅，《我國民營造船廠產業結構之調查及其發展策略之研究》，頁 74。筆者製表。

　　從鮪釣漁船「滿慶十六號」的建造案例，可一窺船廠與船東之間的關係。這艘 160 噸的鐵殼船由豐國造船公司於 1967 年承造，以當時的造船能量與市場需求來看，「滿慶十六號」是相當有競爭力的遠洋漁船。這艘漁船的所有者是蔡文賓所經營的滿慶漁業股份有限公司（原名滿慶漁業行，以下簡稱滿慶漁業公司）。蔡文賓是高雄漁業界大佬，在日本時期透過經營漁業買賣發跡，並與人合資開設高雄造船鐵工株式會社。[116] 1965 年他與陳水來、莊格發、柯新坤等漁業界商賈合資設立豐國造船公司，並擔任該公司的董事長。換句話說，船廠與船東可謂同一人。由於漁業與造船業有著深厚的連結，這種現象在民營造船界並不罕見，前一章提及的信興造船廠亦屬此例。而往後，也有一些造船公司的經營者投資漁業公司，讓兩種事業相輔相成。

---

116 吳初雄，〈旗後的造船業 1895-2003〉，頁 3；〈蔡文玉其人其事〉，第 3 版；李文環，〈蚵寮移民與哈瑪星代天宮之關係研究〉，頁 33。

表 3-5　1967 年滿慶十六號漁船建造材料與費用明細表

商號名稱	材料	金額（單位：新臺幣）
省林務局等	木材料	369,061
採購 *	鐵板	726,887
唐榮鐵工廠等	鐵板	113,009
豐國造船公司	工資什料	550,000
寶豐工業公司	防熱用油毯	68,780
永記油漆公司	油漆代（工）	75,650
久豐五金廠	電焊條	67,524
三榮企業行	法蘭等	16,800
日本富士內燃機株式會社 **	主機（六缸笛式耳柴油機）	1,013,658
日本洋馬株式會社	副機	315,494
日本朝日電器公司	船用交流發電機	173,469
日本前川製作所	冷凍設備	506,209

註：* 鋼板應是向日本購買。** 富士引擎公司（Fuji Diesel Co., Ltd.）於 1990 年 3 月被 JFE 工程公司（JFE Engineering Corporation）併購（JFE Engineering Corporation 官方網站。網址：https://www.pc-engine.jp/fujidiesel.html〔最後瀏覽日期：2023 年 6 月 20 日〕）。
資料來源：「滿慶十六號」，國立成功大學系統與船舶機電工程學系所藏之船舶檔案，識別碼：35，流水編號：20100708-004。筆者整理製表。

　　在「滿慶十六號」的承造合約中，造船公司負責的是設計、建造、工程管理，而造船用料從木材、鋼板，到主副機、機艙機器、冷凍機器、電焊條與各種小型零件，均由滿慶漁業公司自行向國內外廠商購買，再交由船廠「組裝」（所購材料請見表 3-5）。在施工過程中，漁業公司可派一名人員至船廠監工。[117] 雖然船廠與船東基本上是

---

[117]「滿慶十六號」，國立成功大學系統與船舶機電工程學系所藏之船舶檔案，識別碼：35，流水編號：20100708-004。

第三章 定位・撒網：1970 至 1990 年

同一人，但這種船東高度參與製造過程的情形絕非特例。

製造過程中的參與程度是相當「個人化」的，端看船東的意願。「滿慶十六號」在建造的同時，登記於臺北市的大順漁業股份有限公司（以下簡稱大順漁業公司）向竹茂造船公司訂購一艘 200 噸的鋼質遠洋鮪釣漁船。在合約中，不見船東自行購買船材、設備，也無監工之約定。有趣的是，合約特別寫明，船廠未經船東同意「不得將本工程全部或一部分轉包他廠承辦」，否則因轉包而起的一切問題將由船廠承擔。[118] 由此可見，雖然船東未積極參與建造過程，卻能夠在一定程度上主導船廠建造的模式。此外，該案例也間接證明當時船廠外包工程的模式相當普遍，如船東為確保品質，不欲船廠如此為之，還需特別約定。

由於船東能積極參與外包體系，亦可能與承包商發展出緊密的信賴關係，改變船廠與包商之間協力網絡的建構模式。當船東與承包商關係良好時，船東會主動找上承包商，有時使得承包商較船廠更有可能接到承造訂單。在互信程度高的情況下，船東甚至與承包商合夥，開設船廠。昇航造船股份有限公司的負責人陳專燦，本從事紡織業，而後與船長鄭萬居合夥投資漁業。在訂製漁船時，與承包造船工程的林朝春相識，成為好友。他相當器重林朝春的能力，於 1984 年出資，與鄭、林二人合夥湊得 3,000 萬成立造船公司，並將所有造船業務交由擔任廠長的林朝春。[119]

---

[118]「大順壹號」，國立成功大學系統與船舶機電工程學系所藏之船舶檔案，識別碼：236，流水編號：20100817-236。

[119] 筆者祖父母林朝春、林蔡春枝口述，2017 年於高雄訪談（未刊稿）。除了陳專燦、林朝春與鄭萬居，後二者之妻林蔡春枝、鄭陳雪亦有入股，但股份較少。以林蔡春枝為例，她僅占 1 股，共 300 萬。

林朝春原先屬於欠缺廠房設施的造船承包商，必須拿著與船東商談好的訂單，向船廠商談合作條件；事成後，再以船廠的名義向政府申請建造執照。在此種合作關係中，船廠所賺取的利潤類似廠租、設備租金，而承包商領取的是一筆雙方洽定的工程款，並以這筆工程款再將各項工程下包給其他包商（或包工頭），自己做起本應由船廠承擔的業務、監造工作。林朝春成為承包商的契機與船東有關。過去於高雄造船廠擔任廠長時，他為自己培養了一群基隆、蘇澳一帶的客戶，建造許多拖網漁船。[120] 1978 年在這群船東的支持下，他離開高雄造船廠，與友人合資設立川永船舶工業股份有限公司（以下簡稱川永造船公司），租用新高造船廠約莫五至四分之一的廠地，於該地建廠、添購設備。該公司後來在四至六年期間，又先後向中一造船廠與億昌造船廠「租地造船」。

　　曾任職於川永與昇航造船公司的工程師陳正成證實，向新高造船廠租地建廠的情況實屬罕例。[121] 筆者推測可能因當時沒有船廠欲出讓土地使用權，且高雄港務局亦無多餘土地可供承租，川永造船公司只好在相對不利的條件下，向船廠租空地，自行建廠。通常造船承包商因缺乏資金，或為降低成本，往往直接向船廠承租整個廠房與設備，不會自行建廠或添購設備。林朝春日後與中一、億昌兩間船廠的合作模式即是向船廠租用廠房與設備。針對這段工作經歷，林朝春曾表示他當時是「自己接工程」，而其妻林蔡春枝當時則以油漆包商的身分，承包丈夫工程中的船殼油漆項目。[122] 他們的案例凸顯承包商不一

---

120 高雄造船廠為位於基隆的華南造船廠經營者楊英之子楊財壽所經營，因此許多客戶來自基隆與蘇澳。

121 陳正成口述，2022 年 8 月 5 日於高雄訪談（未刊稿）。

122 林朝春口述，2017 年於高雄訪談（未刊稿）。

第三章　定位・撒網：1970至1990年

圖 3-10　中一造船廠
圖片來源：筆者家族提供。

定只能被動地等待船廠發包工程，也可以自行培養客源，開發生意。

　　川永造船公司這種「寄人籬下」的經營型態在民營造船界並非孤例。1960年聯合造船廠廠主黃聯進向省政府交通處舉報福泰、信興、信東、竹興與高雄海專第一實習造船廠「未按照規定營業而將設備出租與一般造船工人，向外承包建造參拾噸級以上之漁船」。他認為船廠不自行造船，而是出租廠房設備，不外乎是為了逃漏稅；然而，省政府交通處及高雄港務局均認為，只要造船廠領有執照，並在承造船舶時依規定申請建造執照，即無不法，等同默認業界中船廠與造船承包商的互利共生模式。[123]

---

[123]「據報福泰造船廠等變項營業一案函請」（1960年），交通部檔案，發文字

169

就法律層面而言，只要申請建造執照時所呈報的承造船廠與實際施工地點相符，即符合1972年之前管理造船產業的〈造船廠管理規則〉：

> 造船廠承攬之修造船舶，應以所領執照造船能力欄內規定之噸位為限，不得超越。造船廠應在其廠址以內修造船舶，如在廠址以外任何地區修造船舶，主管航政官署不予檢丈，但為便利無造船廠之偏僻地區漁民修造漁船計，准許造船廠在上述地區修造貳拾總噸以上之木殼魚船。[124]

在政府主管機關眼中，造船承包商向船廠租地造船也可被視船廠方將整個工程發包出去。由於法規上的監管只企及船廠，船廠與造船承包商私下如何合作不被政府所留意。在政府放任下，欠缺廠房的造船公司只要以其他造船公司的名義申請建造執照，並請該公司開發票，就能以包商身分規避法規的束縛。不過，由於船廠方與造船承包商唯一的差異只在於船廠的有無，雙方在市場中，亦存在著競爭關係。

除了承包商，也有船廠經營者會向其他船廠「租地造船」。1972年，三陽造船廠股份有限公司（以下簡稱三陽造船公司）向金明發造船廠租地，建造250噸的鐵殼船。此事在業界遭致批評，有同業根據〈造船廠管理規則〉，匿名向高雄港務局檢舉。[125] 通常，有自己廠房設備的船廠不需要向其他船廠「租地造船」，但每間船廠的船臺有限，

號：49353。
124 〈臺灣省交通處公告為奉交通部令修正「造船廠管理規則」第3條條文，希週知〉，《臺灣省政府公報》（1956年11月7日），45：冬：31，頁456。
125 交通部檔案，檔號：061/040215/*252/0001/010。

如果生意正好,工程「滿檔」,無多餘的船臺可用,卻又不願放棄上門的客戶,便只好向外尋求空間。

三陽造船公司的老闆麥清港在 1965 年,也曾涉入相似的案件。當時麥清港尚未成立三陽造船公司,與陳其祥、陳其昌共同投資中一造船廠。該廠的登記主體人陳其祥向造船公會舉報,麥清港未經其他股東同意,私下利用該廠名義,與德豐漁業公司簽訂遠洋拖網漁船的建造合約,並向海發造船廠租地造船。[126] 此案爆發不久,陳其祥、陳其昌便與麥清港拆夥了,改由莊萬發入股。[127] 兩年後,麥清港買下原由洪敏雄經營的海發造船廠,成立了三陽造船公司。

負責核准漁船建造申請案的省政府農林廳漁業局事後查出,登記承造漁船的船廠確實是「海發」,而非陳其祥聲稱的「中一」,因此麥清港並未遭受任何處分。[128] 然而,政府的檔案並不一定能還原事情的真實樣貌,僅能證明該船隻是以海發造船廠的名義申請漁船建造執照。這起事件反映出另一種可能性:麥清港利用中一造船廠長期配合的包商/工班來,招攬客戶上門。[129]

從這些租地造船的案例來看,會發現船廠本身的修造能力、設備條件與客戶間的關係並非船東唯一的考量。包商的能力,以及與船東彼此培養的關係,也會影響船東的選擇。此一現象不只反映民營造船產業的獨特性,也洩漏產業本身的弱點:當船東在訂船時尚須考量包

---

126 交通部檔案,檔號:0054/040208/*092/001/002。
127 交通部檔案,檔號:0054/040208/*092/001/003。
128 交通部檔案,檔號:0054/040215/*048/001/009。
129 韓碧祥、許源與陳國信三人曾於 1970 年代承包三陽造船廠的造船工程數年。韓碧祥,《韓碧祥回憶錄:從鄉下賣魚郎變成台灣造船王》,頁 66-67。

商時,某種程度上暗示造船公司技術與品質管理上的不足。

　　民營造船業者長期仰賴的外包體系,無助於造船公司本身提升產業技術、培育內部人才。公會曾在報告中憂心地表示:

> 國內造船廠大多僅造船殼,其他的主機、儀器及管路等多由船東自行雇工安裝,甚至有些船廠根本不雇用固定員工,連船殼都包給下游之包工。這種體制,不僅無法培養技術人員,累積技術,倘若發生事故,責任也無法明確認定,嚴重傷害了我國造船技術之發展與提升。[130]

造船公會的擔憂反映出,民營造船業多半僅從事「拼裝」、「代工」（代船東加工材料）等產值較低的生產行為。船廠與外包體系的長期合作固然降低製造成本、壓低船價,卻會導致業者缺乏技術研發的動力。民營造船界在遠洋漁業市場的推動與木材短缺的逼使下,改變原有的製造技術,以建造鐵殼船或玻璃纖維船,誠然在轉型的過程中,有技術升級（如焊接技術的提升）,但仍高度仰賴他國的船舶設計圖與船舶機械裝置（尤其是日本製造的主、副機）,欠缺自行設計、研發與生產的能力。

　　在外包體制之下,如何維繫品質管理上的分工也相當不易。如造船公會所言,當事故發生時,委外施工的修造模式在缺乏彈性的法律規範下,不免產生責任歸屬釐清的爭議。1980年初,一艘由祥益造船廠修理的漁船「昇合成號」慘遭祝融。漁船被推下水後成功阻止火勢,但船廠拒絕修復被燒壞的部分,船東洪李翠幸只得自行僱工修

---

[130] 林彩梅,《我國民營造船廠產業結構之調查及其發展策略之研究》,頁74。

第三章 定位・撒網：1970 至 1990 年

理。船東自認權益受損，氣憤地告上法院，要求船廠賠償災後的維修費用。廠主魏春達則主張，廠方僅承攬刨鐵鏽、油漆，以及船隻上下架的工作，火災是船東所僱之焊接工人引起的，自無損害賠償之責任。[131]

在這起案例中，地方法院與高等法院均判船東敗訴。然而，官司打到最高法院時，原判決被推翻了。地院與高院認定，由於漁船上架維修的工程並非由廠方全部承攬，船東無法證明火災是由廠方施工所引起的，因此賠償責任的歸屬不在廠方。對此，最高法院卻質疑，原審無法清楚說明，判決是基於「侵權行為」的概念，還是根據「債務不履行」。這起案件的判決後來被最高法院法律叢書編輯委員會選入《最高法院民刑事裁判選輯》，成為法學界探討上述兩種概念時的重要案例。[132] 可證對於法學界而言，現實中業者與客戶採取的便利做法反而可能衍生出法律難以處理的複雜性。

業者深知將工程委外的風險，但外包體系帶來的益處遠大於此。長年服務於民營造船界的劉啟介與陳正成不約而同表示，在面對變化多端的市場，國內外任何一間造船廠都無法耗費龐大的成本，長期聘僱船隻修造所有環節所需要的工程師與技術工。再加上，由於每項工

---

[131] 「損害賠償」，裁判字號：最高法院 70 年度台上字第 2550 號民事（1981 年 7 月 22 日），收於最高法院法律叢書編輯委員會，《最高法院民刑事裁判選輯》，2（3）（1982），頁 482-485。

[132] 該案自 1981 年 7 至 9 月分民、刑事庭 2,000 多件裁判中被最高法院法律叢書編輯委員會選入《最高法院民刑事裁判選輯》。在侵權行為的案例中，「被害人應就行為人因故意或過失，不法侵害其權利之事實負舉證責任」，而債務不履行案件中則是由債務人負舉證責任。如該案屬於前者，船東應證明是船廠侵害其權利；若為後者，廠方則應證明自己已履行合約內容。「損害賠償」，裁判字號：最高法院 70 年度台上字第 2550 號民事，頁 482。

程的外包費用固定，為了提升獲益，包商勢必不敢怠慢，對施工效率有正面效益。如造船廠欲提升承造能力，通常將資本投注在負責船隻設計與監造的工程師身上。陳正成認為，推動臺灣造船業發展的技術進展，主要反映在船殼設計與施工製造兩方面。針對前者，民營船廠以高薪聘請海內外大學畢業或曾於其他公營企業服務的工程師，擴展船廠內設計室的規模，並購買國外造船廠的船圖。

　　針對後者，少數較具規模的船廠會特別花時間訓練承包廠商的工人。劉啟介主張，承包商的良窳取決於船廠監工是否嚴格敦促。當時許多造船廠在聘僱電焊技工時，不要求出具電焊執照。具有日本電焊執照的他在豐國造船公司任職期間，眼見許多電焊工技術不精，特別撰寫了教學手冊《電焊實習》，利用上午時間講解電焊原理與步驟，下午再讓技工實際操作，最終要求技工考取證照。[133] 焊接技巧的優劣直接影響船殼品質與製造效率，電焊過程一有失誤，便會導致鋼板上產生不必要的殘餘應力，影響尺寸的精確度，令船廠不得不更換新鋼板，徒增成本。[134] 縱使造船公司沒有義務培訓承包商的電焊工，依舊樂意養成一批日後可以長期協力的工人。此外，當這群流動於數個船廠的勞工有所成長，對整個產業的發展亦有莫大的助益。

　　豐國的案例相當罕見，通常承擔監造任務的造船公司不會主動訓練外包體系中的技術工。此外，承包商技術的提升，也不能算在造船公司頭上。不過，外包體系確實給予造船界的後起之秀累積經驗、技術與資金的機會。中信、昇航等造船公司的經營者韓碧祥、林朝春均

---

[133] 劉啟介口述並提供資料，2022 年 3 月 12 日於高雄訪談（未刊稿）。

[134] 臺灣區造船工業同業公會編，〈造船廠檢驗人員培訓講習會講義〉（臺北：臺灣區造船工業同業公會，1992），頁 2-4。

第三章　定位・撒網：1970 至 1990 年

是從承包船廠的工程起家的。1971 年，本在豐國造船公司工作的兩人，與許源、陳國信二位同事一起離開原東家，共同合作，承包三陽造船廠的工程，而後各自嶄露頭角。[135]

　　如果以較為宏觀的角度觀察造船產業的勞動力市場，會發現外包體系的良性競爭，能推升造船業者的製造品質。尤其當造船公司為回應消費市場需求（如修造公部門的工作船、試驗船），而對承包商的挑選與管理更為嚴格時，承包商也不得不提供客戶更好的服務。換言之，如劉啟介所言，只要造船公司態度嚴謹，積極管理承包商，監督技術工的施作過程，不僅可以維繫船隻品質，造船業中非由經驗累積而無法習得的工程技術亦能所有進步。

　　造船界與外包體系有著唇齒相依的關係。不可否認，與外包體系構成的產業生態，讓部分業者囿於眼前的獲利，而非長遠的規劃；但如果沒有協力機制的參與，造船公司的規模難以在競爭激烈的資本市場中擴大，也無法在經濟環境變動時（如兩次石油危機），以彈性的人力運用模式，渡過危機。從承包商與技術工的角度來看，外包體系雖然增加工作的不穩定性，但能獲得更大的能動性，在不景氣時規避被裁員的風險，在景氣熱絡時趁勢累積財富。至於在船東眼中，造船業界的外包體系讓自身有更大的機會參與船隻的修造，無需完全仰賴造船公司。這種民營造船業界由企業、承包商與客戶三者共同構成的協力關係，不同於其他產業採行的彈性企業模式，以更複雜的互動型態，展現與政府期待相扞格的「民力」。或許，這正是民營造船廠方能避開國營造船公司所遭遇「營運成本過高」境況的關鍵因素。

---

135 韓碧祥，《韓碧祥回憶錄：從鄉下賣魚郎變成台灣造船王》，頁 66-68。

第四節　小結

　　1970 年代是民營造船業眼中最具挑戰性的時代。國共內戰與冷戰下國家對於軍備的需求迫使業者第二次遷廠，而此次遷廠亦加快了高雄港工業化的速度。為了讓船廠有安身之地，旗津東側海岸線上的漁塭被拔除，淤泥被掏出，水陸之間的界線變得清楚分明。高雄港內一項接著一項的大工程，給了造船業在產業區位上的優勢。可是，優異的空間條件仍無法保護業者免於全球經濟變遷的衝擊。兩次的石油危機，讓一些資本不足的小船廠，被時代的巨浪捲走。幸運的是，緊接 70 年代經濟震盪而來的，是 80 年代的產業榮景。當臺灣在政治、經濟與社會飛速變遷時，遠洋漁業如同其他加工出口產業，年年為國家賺進大筆外匯。漁業公司一家又一家地成立，造船廠也一間又一間落腳於旗津，讓這座橫亙在港域西側的「島」，變成經濟長河中的一艘船，載一大群人航向「臺灣錢淹腳目」的時代。

　　高雄港的空間變化雖然對造船業造成極大的衝擊，卻也提供其發展的優勢。在不同的環境條件下，新七與新八船渠的業者分別找出各自適合的經營道路。前者專注於船體較小的玻璃纖維船，後者則不斷追逐大型鐵殼船的製造技術。產業區位的穩定為造船業者帶來變化的動力。1970 年之後，高雄的造船廠除了在資金的來源上更加多元，亦紛紛登記為公司行號，以便融資。在充裕資金的挹注下，有的船廠藉由與日本企業間的人際網絡，提升設計技術，來回應漁業界的需求。民營造船業技術的提升給臺機公司帶來相當大的壓力。臺機公司的會計處處長國正峯在 1971 年 9 月的會議上表明，公司應設法製造中型

船舶與特種船舶（即拖船、挖泥船等），以區隔市場。[136]

1970、80年代的造船業界可謂風起雲湧、變化莫測。民營造船廠雖然積極以資金與技術上的轉變來回應產業環境的變遷，卻依舊沒有放棄由家族事業的型態與外包體系構成的經營模式。這反映出民營造船業實際上屬於中小企業，習慣採取能夠減少開支、降低風險，且充滿彈性營運方針。在造船業的外包體系中，行動者包含船廠經營者、承包商與客戶。在每件修造案中，三者的意向均可能影響施工模式。雖然外包往往被視為不利於產業發展的因素，但卻能夠讓中、小型船廠快速回應市場的變化。

除了回應市場，造船業者還需要與政府協商。從業者與政府單位的一來一往「交手」過程中，可見民營造船業相對於公營單位，保有一定程度的自主性。目前記錄或討論高雄民營造船業的文章，總將政府的產業政策視為產業發展的主要推手。這番「母雞帶小雞」的敘事，容易讓人誤以為，民營造船業在1980年代達成的發展巔峰，源自一步步跟隨政府悉心規劃的政策，或主動的推展。事實上，不少有益於民營造船業的決策，是業者爭取而來的。

業者爭取權益的方式不同於1980年代激烈衝撞體制的的社會運動。在求生意志的驅動下，業者不願貿然挑戰政府，但也不願放棄話語權。兩種本質上看似衝突的「不願意」，共同形塑其行動方式。在政治空間有限的戒嚴時期，他們大多採取體制內「民對官」、「下對上」的傳統陳情模式。為了獲得認同或良好的協議結果，業者不僅洞悉當時的體制與規則，透過產業公會的群體之力，找尋任何發聲的途徑，

---

[136]〈動態報導：九月份動員月會業務處工作報告〉，《臺機雙月刊》，8（5）（1971），頁17。

還懂得精準地拆解國家的政治語言，將自己嵌入其中，藉此提升訴求的合理性及說服力。

在法理上，業者不一定站得住腳，但在情理上，沒有理由不去捍衛自身利益。從「占用」到兩次遷廠時的陳情，業者在政府面前，均顯露高度的能動性，迫使政府的決策在雙方拉扯中成形。這般能動性證明戒嚴時期臺灣的產業界絕非是靜默或順從的，一反當前社會普遍對該時期的既定印象。有趣的是，業者的性格與行動通常也不是極度激烈、反叛的。現有研究顯示，戒嚴時期有一群積極配合政府、政商關係良好的業界人士，也有暗中支援黨外勢力的中小企業老闆。相對於此二類型，高雄民營造船業者走的顯然是「中間路線」，而這種路線在政治上備受壓抑的時代裡，或許才是業界乃至多數人最習以為常的選擇。

第四章　返航・歸港：總結與展望

第一節　20世紀高雄旗津地區的民營造船產業

　　了解一個人的出生與成長，往往無法忽略社會網絡與生活空間，探究一個產業也是如此。20世紀高雄旗津地區民營造船產業的形成與發展，與其他相關產業及港口空間變遷息息相關。日本時期高雄地區的糖業及漁業的發展，為當地帶來修造船舶的需求，催生出一間間的船廠。多數船廠以日資為主，少部分由臺灣人集資而設，培養一批在地造船從業者。這群人在戰後成為造船業重建與日後發展的主力。

　　二戰末期盟軍對高雄港的轟炸，為戰後初期造船業者帶來大量的修船生意。廠主復廠，無工廠者有的受僱於人，有的占用戰前的日人船廠或尚無人使用的空地，維修因戰爭而破損的船隻。「占用」被政府視為非法之舉，卻有著合理的時代與社會脈絡。是時，政務龐雜、財力有限的高雄港務局可謂「識時務者」，主張土地所有權，再將使用權租予業者，換取彼此共存的機會。對業者而言，高雄港務局的權宜之計只能為自身帶來暫時的穩定。海軍造船廠在1949年搬遷以及在1970年擴廠，均迫使業者搬遷廠房，但也催生出產業聚落。第一次遷廠讓旗津的「沙仔地」成為造船業者的聚集地。這個暫時的落腳處雖然持續的時間不長，卻已有部分業者在社會工業化及漁業遠洋化的浪潮中，尋覓機會擴充設備，嘗試製造木鐵合構船及鐵殼船，回應漁業界對於遠洋漁船的需求。船隻修造能力的提升不僅為業者帶來更多商機，也強化他們與政府協商、談判的能力。第二次遷廠時，業者成功為自己爭取到遷廠的補助金，以及可作為造船業永久用地的新七、新八船渠。

業者在 1970 年初遷廠不久，隨即遭遇石油危機的重挫，但穩定的廠房用地，加上遠洋漁業的蓬勃發展，仍讓整個產業得以生根茁壯。許多業者紛紛將自身事業登記為公司，擴充資金，購置新設備，聘請由大專院校培育出的專業人才，獲取新技術，製造更堅固、耐久的鐵殼船及玻璃纖維船（FRP 船）。有趣的是，在一連串的變遷之中，業者從未放棄經營上固有的外包文化。將複雜的工程項目外包，能讓業者在面對瞬息萬變的市場時，加強自身的韌性。長遠來看，外包文化確實有可能削弱關鍵技術的養成，不過對業者而言，唯有「先活下去」，才可能進一步發展關鍵技術。

這段高雄旗津地區民營造船業獨特的變遷歷程能作為一重要案例，幫助我們思考經濟產業史研究者長期關注的核心問題：**臺灣戰後的經濟與產業究竟是如何發展的？**

第二節　空間變遷中的能動性

經濟學者翁嘉禧所歸納的制度論模式與依賴論模式，至今依舊是探究臺灣經濟與產業發展的主要論述。這兩種論述往往與不同的歷史記憶相連，在政治場域中成為評價威權時期國民黨政府的標準。無論是哪一種論述，僅強調國家、政府或跨國企業的角色，從而忽略了產業從業者作為行動者的主體性。若使用新區域地理學所強調的尺度（scale）概念來說明，制度論與依賴論縱然觀點互異，依舊是共享一套具有上下階序關係的尺度概念，並以此為前提來詮釋經濟與產業的發展。在這套尺度概念中，國家、政府與跨國企業屬於較大的尺度，具有彷若無孔不入的影響力，而作為小尺度產業從業者，不僅受政策、地緣政治或全球資本主義牽引，也因其能動性有限，無法在經濟

與產業變遷中起到關鍵作用。在制度論與依賴論中被忽略的產業從業者，並非無人聞問。陳介玄、謝國興與高承恕等社會學者與歷史學者透過深入訪談，觀察業者的協力網絡、企業組織、擬似家族團體，甚至是個人角色在經濟活動中的影響力。[1]他們的研究讓人得以窺見產業從業者的能動性，卻無法打破國家／政府／跨國企業與在地業者之間的二元對立關係。

　　針對此一課題，本書企圖提出一些不同的看法。首先，經濟與產業的發展源自業者與政府的協商。此一觀點類似於中國學者巫永平的主張：「政府行為和政府與私人部門之間的互動」，塑造出臺灣獨特的產業結構，進而促成中小企業在經濟上的成就。[2]本書指出，民營造船業者透過公會遞交陳情書，向政府提出具體的需求與產業政策建議。政府雖未全然採納，或提高民營造船業在輔導中的順位，但在第二次遷廠時，規劃特定空間予業者，並在工業與中小企業輔導措施中，回應了業者對於資金的需求。穩定的產業區位及資金是民營業者得以提升產量與技術的重要基礎，而在港區空間與融資管道被政府高度掌控的社會中，業者不可能單憑一己之力維繫事業或等待資訊有限的政府給予制度上的協助。因此，唯有雙向的有效溝通才可能促成能

1　請見陳介玄，《協力網絡與生活結構——臺灣中小企業的社會經濟分析》（臺北：聯經出版事業股份有限公司，1994）；陳介玄，《班底與老闆——台灣企業組織能力之發展》（臺北：聯經出版事業股份有限公司，2001）；謝國興，《企業發展與台灣經驗：台南幫的個案研究》（臺北：中央研究院近代史研究所，1994）；謝國興，《台南幫：一個臺灣本土企業的興起》（臺北：遠流出版事業股份有限公司，1999）；高承恕，《頭家娘——台灣中小企業「頭家娘」的經濟活動與社會意義》（臺北：聯經出版事業股份有限公司，1999）。

2　巫永平，《誰創造的經濟奇蹟？》（北京：生活‧讀書‧新知三聯書店，2017）。

夠推動產業發展的政策。

　　第二，在地業者的能動力也是推動產業發展的重要因素。過去對於重工業的研究往往以公營企業為例，過度偏重國家的主導性地位。本書以高雄民營造船業的區位變遷為例，說明造船業雖然為需要大量勞力、資本投入的重工業，但民營造船業在國共內戰與冷戰的時代脈絡中，並未受到國家優先重視。業者在兩度被迫將港區空間讓與軍方，同時也見到政府對於公營造船公司的偏心。在困境中，業者發展出一套與政府協商的應對模式。由於這套模式是在威權體制的架構中形成的，業者善於利用愛國論述作為協商時的基礎，並透過公會或民意代表的群體力量，增加自身在政治場域中的能見度。

　　第三，在地業者的能動性不僅反映在抗爭之上，表面上的順服亦是行動主體的主動選擇。[3] 討論能動性的研究很少觸及這種「不抵抗」的行為，遑論將之視為能動性的展現。本書顯示，在兩次遷廠的過程中，業者從未有過抗爭之舉，而這不僅是因威權時代人民表示意見的管道有限，更可能是業者在忖度深思後所作出的決定。他們選擇順從政府之意，很可能是為了換取有利於己的協商結果。相對於政治場域中挑戰威權政府的行動者，民營造船業者不是透過體制內的管道與政府互動，就是試圖維繫良好的政商關係。若尋覓不得政府的幫助，他們就自尋出路，以私人網絡的支持來處理資金、技術與人才上的匱乏。但從本書討論的案例來看，業者不激烈抵抗，甚至高度配合的舉動，也是一種主動出擊的策略。換言之，順服不應該在去脈絡化的情況下，被直接視為行動者的主體性喪失，而能動性的展現應是多元多變的。

3　感謝美國布朗大學歷史學系博士施昱丞於讀書會中提供此一想法。

第四章　返航・歸港：總結與展望

　　業者之所以能轉化危機，與其具備的技術能力不無關係。業者在與政府談判的過程中，刻意將其船舶修造能力作為籌碼。從生產要素的角度來看，業者即是以技術換取土地。黃宗智在其著名的作品《華北的小農經濟與社會變遷》中指出清代農業也有相似的情況。一些擁有資金與技術的佃農相對於不事耕種的地主，能累積大量財富，提升自身在經濟活動中的地位。[4] 造船業者的身分近似佃農，而高雄港務局則是地主，當前者能運用技術提升土地的產值時，後者便無法輕忽前者的價值。尤其當地主是政府機關時，能否獲取地租並非其盤算，業者對於整體經濟，甚至國家軍事實力的影響，才是主要的考量。

　　這種獨特的能動性主要源自業者不具土地所有權。這不僅讓業者不易向合法的金融機構融資，更在國共內戰與冷戰的時代脈絡下，被迫讓出土地。高成本的遷廠對於產業而言往往是莫大的衝擊，導致部分業者退出業界，然而從高雄民營造船業的兩次搬遷來看，遷廠並非壞事。業者藉由遷廠的機會，換得中意的區位。尤其是第二次遷廠，提供擴大發展、提升製造量能的契機。如前所述，由於漁業界對於大型遠洋漁船的需求提升，原本狹小的廠房逐漸不敷使用，希望爭取訂單的船廠終究只有搬遷一途。當多數船廠被迫遷離時，他們可以集結眾人之力，向政府爭取更具優勢的產業區位。雖然史學研究較少提出假設性問題，但我們可以想見，假若當初海四廠沒有擴廠，船廠便得在不同時期獨自搬遷，可能難以請高雄港務局闢建專為造船業打造的新七、新八船渠。遷廠過程中行動者的受迫與順應、產業的衝擊與擴張，看似彼此扞格，卻能映照出社會最真實的樣貌。

4　黃宗智，《華北的小農經濟與社會變遷》（北京：中華書局，1986），頁85-108。

圖 4-1　昇航造船所造之遠洋漁船「佑新壹號」
說明：船身上的 CT7 是漁船的等級，數字越大，船的噸位越大（CT7 為 500 到 1,000 噸漁船）。當大型遠洋漁船的噸位越大，承攬製作的廠房各類需求與成本也相對增加。
圖片來源：筆者家族提供。

第三節　未來展望

　　由於材料上的限制，本書僅以特定個案描繪出高雄民營造船業的部分面貌，在課題的深度與廣度上仍有許多不足之處。這些個案雖然無法代表整個高雄的民營造船業，但仍反映出一些時代趨勢與產業特性，或許也有助於未來進一步的研究。

　　臺灣的造船史依舊是史學研究中的藍海，在這片學術汪洋中，我們可以朝六個方向持續探究。第一，推動技術發展的因素具有相當

多層次，除了產業環境變遷，還包含船舶法規的轉變。本書僅簡單從漁業及原料供應的角度，來解釋技術演變的原因，尚未以更微觀的視角來檢視政府對造船過程的監管措施與船舶規格標準化，對技術的影響。這些不同面向的因素究竟如何作用在造船技術上，又如何反映出社會的面貌，是亟須深入分析的課題。第二，在業界中，船體設計能力究竟如何提升？不同世代與求學背景的工程師在其中扮演什麼樣的角色？公營造船公司與美日廠家技術合作後，是否透過特定方式將技術擴散至民廠？這些與技術人員、技術擴散有關的課題能夠豐富我們對於後進國家工業進展的詮釋，並拼湊出由技術網絡串起的國際關係。

第三，產業史的研究若僅針對單一產業，則難以看到整個社會經濟的全貌，因此需要透過縱向與橫向的連結，以更宏觀的視野來考察。在縱向連結上，可探究漁業、木材業、鋼鐵業與冷凍業等上下游產業與造船業的互動體系；至於橫向連結，能追索修造漁船及遊艇的廠家在人員、技術與資金上如何產生關聯，以及這些關聯所反映出的產業特色。第四，基隆、新北（淡水、五股及八里一帶）、臺南安平、屏東東港、宜蘭蘇澳、澎湖等地的造船產業，以及各港口造船業之間的關係亦值得深入研究。例如：不同港口間的船廠是否有各自的角色？彼此間是否有技術擴散的情形？此外，在高雄之外的造船重鎮當屬基隆，然而縱使目前已有不少針對基隆港的研究，如陳凱雯的《日治時期基隆築港之政策、推行與展開（1895-1945）》，[5] 對於產業的梳理卻相當少見。

第五，除了經濟產業史、海洋史與科技與社會研究（Science,

5　陳凱雯，《日治時期基隆築港之政策、推行與展開（1895-1945）》（臺北：秀威資訊科技股份有限公司，2018）。

technology and society, STS）,造船產業也可以被納入政治、外交史的框架下討論。例如：當政府透過造船業者捐贈島國政府或政要船隻,以爭取外交支持及海上漁權時,業者如何在外交場域中扮演兩國間的中介角色,並從中獲益？第六,造船業對於海洋、海岸環境與「非人」的影響,是環境議題備受重視的今日所無法迴避的課題。筆者期能藉由此一粗淺的研究拋磚引玉,令造船產業的研究像身為「產業火車頭」一般的造船業,拉動更多相關研究,並如同航向海洋的船舶,探索更大、更廣的問題。

圖 4-2 「志盛 61 號」試車

說明：「志盛 61 號」是由昇航造船廠建造的 CT5 遠洋漁船。新船甫建造完成後,會進行海上測試,俗稱「試車」。是船廠的成果展現,也是船東、漁民的新起點。

圖片來源：筆者家族提供。

徵引書目

一、史料文獻

（一）檔案

1. 交通部藏（無案名之檔案僅列檔號，無檔號之檔案詳列主旨、收文字號）

0042/040208/*016/001/001、

0042/040208/*018/001/001

0042/040208/*019/001/001

0043/040208/*020/001/001

0044/040208/*006/001/001、002

0044/040208/*012/001/002

0044/040208/*018/001/002

0044/040208/*020/001/002

0044/040208/*051/001/002

0046/040208/*012/001/003、004

0046/040208/*018/001/002

0047/040208/*046/001/004

0048/040208/*018/001/002

0048/040208/*092/001/001、002

0054/040208/*013/001/003

0054/040208/*018/001/002

0054/040208/*092/001/002、003

0054/040215/*048/001/009

0055/040208/*014/001/003、005

0055/040208/*018/001/002

0055/040208/*092/001/002

0060/040208/*051/001/001

0061/040215/*252/001/001、002、004、005、006、010

0065/020209/*457/001/005

0065/040208/*147/001/007

0070/020209/*457/001/001

0065/040210/*105/001/002

「貴公會對海進、信益、德利、明益、中和等五家民營造船廠函請比照聯合、竹興、林盛的三造船廠遷廠補償案例予以補償一節」（1979年2月13日），交通部檔案，收文字號：航收字第01680號。

「請高雄港務局停止高雄港那個造船廠廠址地租之增漲並請按本會所擬辦法予以辦理以昭公允而免引起市場風波」（1978年11月20日），交通部檔案，收文字號：交通部總收文字第22040號。

「據報福泰造船廠等變項營業一案函請」（1960年），交通部檔案，發文字號：49353。

2. 行政院藏

「台灣區機械工業商業公會呈請積極扶植民營造船工業案」，行政院檔案，檔號：0051/8-89/30001。

「海軍勝利計劃案」，行政院檔案，檔號：0063/5-5-2-2/4，頁3-4。

「高雄港民營造船廠因海軍勝利計畫影響受損案」,行政院檔案,檔號:0060/8-8-9/16/1,頁10-11。

「請將高雄第二港口西側土地,撥側供民營造船廠遷建案」,行政院檔案,檔號:0058/9-8-1-11/29/P998/998。

3. 國史館臺灣文獻管理資料庫

〈一、海專畢業生無法上船實習,且…〉,(1968年11月18日),〈臺灣省議會史料總庫・議事錄〉,國史館臺灣文獻館(原件:國家發展委員會檔案管理局),典藏號:003-04-02OA-03-6-5-0-00282。

〈一、請在高雄籌辦省立綜合大學一…〉,(1967年11月6日),〈臺灣省議會史料總庫・議事錄〉,國史館臺灣文獻館(原件:國家發展委員會檔案管理局),典藏號:003-03-10OA-04-6-8-0-00151。

〈一、關於公共設施保留地徵收問題…〉,(1975年4月23日),〈臺灣省議會史料總庫・公報〉,國史館臺灣文獻館(原件:國家發展委員會檔案管理局),典藏號:003-05-05OA-32-6-4-01-00934。

〈在有限的土地及人口增加量,鐵路…〉,(1969年7月18日),〈臺灣省議會史料總庫・議事錄〉,國史館臺灣文獻館(原件:國家發展委員會檔案管理局),典藏號:003-04-03OA-04-6-7-0-00086。

〈改制前第四屆第一次議員夏標履〉,「地方議會議事錄」資料庫,檔案日期:1958年3月15日至1958年3月31日,檔案編號:010b-04-01-000000-0141。

〈改制前第五屆第一次議員夏標履〉,「地方議會議事錄」資料庫,檔案日期:1961年3月3日至1961年3月18日,檔案編號:010b-05-02-000000-0091。

〈改制前第五屆第一次議員莊士卿履〉,「地方議會議事錄」資料庫,檔案日期:1961年3月3日至1961年3月18日,檔案編號:010b-

05-02-000000-0092。

〈改制前第六屆第一次議員夏標履〉,「地方議會議事錄」資料庫,檔案日期:1964年3月2日至1964年3月21日,檔案編號:010b-06-01-000000-0096。

〈改制前第六屆第一次議員莊士卿履〉,「地方議會議事錄」資料庫,檔案日期:1964年3月2日至1964年3月21日,檔案編號:010b06-01-000000-0095。

〈改制前第七屆莊士卿議員履歷及政見一覽〉,「地方議會議事錄」資料庫,檔案日期:1968年5月3日至1968年5月23日,檔案編號:010b-07-02-000000-0081。

〈改制前第九屆第一次議員莊士卿履〉,「地方議會議事錄」資料庫,檔案日期:1978年5月1日至1978年5月25日,檔案編號:010b-09-02-000000-0135。

〈柯新坤訃聞及行述影本〉,國史館藏,入藏登錄號:1280058500001A。

〈為市府收回明華造船廠承租公用基地,蒙鈞會議決請市府收回成命乙案,聞蔣福安等向鈞會議提請復議,懇祈鈞會徹底主持公道,掃除不純策動以獲正當權益而維民業案〉,「地方議會議事錄」資料庫,檔案日期:1953年11月3日至1953年11月16日,檔案編號:010b-02-03-000000-0004。

〈為本市府收回明華造船廠址興建公共設施一案,鈞會第二屆第四次會議鑑予干涉請予復議案〉,「地方議會議事錄」資料庫,檔案日期:1953年11月3日至1953年11月16日,檔案編號:010b-02-03-000000-0003。

〈為明華造船廠諠造事實蠱惑民眾欺騙議會仰祈明察〉,「地方議會議事錄」資料庫,檔案日期:1953年11月3日至1953年11月16

日,檔案編號:010b-02-03-000000-0009。

〈為旗後明華造船廠不法久占公地,請賜重加調查真相,以維該區漁民居民之公眾福利及完全,藉維政令威信案〉,「地方議會議事錄」資料庫,檔案日期:1953年11月3日至1953年11月16日,檔案編號:010b-02-03-000000-0002。

〈高雄市民陳○○請願為高雄港務局強制歇業請願人之造船廠案〉（1976年6月23日）,《臺灣省議會史料總庫・檔案》,典藏號:0034450365003。

〈臺灣省議會通知柯新坤君為臺端等…〉,（1961年9月26日）,〈臺灣省議會史料總庫・公報〉,國史館臺灣文獻館（原件:國家發展委員會檔案管理局）,典藏號:003-02-03OA-05-7-1-01-01129。

〈請主持公道飭明華造船廠勿遷至旗津區實踐里以免民等生活蒙受損失〉,「地方議會議事錄」資料庫,檔案日期:1956年7月30日至1956年8月7日,檔案編號:010b-03-08-000000-0007。

〈請審議興建旗後漁港需要收回明華造船廠擬酌予補助遷移費新臺幣四萬元〉,「地方議會議事錄」資料庫,檔案日期:1956年12月27日至1956年12月28日,檔案編號:010b-03-11-000000-0013。

〈議員鄭大洽、黃堯、白世維、徐輝…〉,（1965年5月10日）,〈臺灣省議會史料總庫・議事錄〉,國史館臺灣文獻館（原件:國家發展委員會檔案管理局）,典藏號:003-03-05OA-04-6-7-0-00057。

4. 國史館臺灣文獻館藏

「三吉造船廠登記申請案」（1952年9月6日）,〈高雄市工廠登記（0041/472/11/13）〉,《臺灣省級機關》,國史館檔案文獻館（原件國家發展委員會檔案管理局）,典藏號:0044720019511007。

「公有土地處理規則第2條修正案」（1946年1月29日）,〈臺灣省公有

土地處理規則〉,《臺灣省行政長官公署》,國史館臺灣文獻館,典藏號:00307340002001。

「宣委會接收日產清冊電送案」(1946年6月1日),〈宣委會接收各地戲院及報社〉,《臺灣省行政長官公署檔案》,國史館臺灣文獻館,典藏號:00326620030006。

「為三吉造船廠業主變更重新申請註冊并請換發執照案呈請鑒核由」(1953年11月10日),〈造船廠執照案(0042/014.2/95/1)〉,《臺灣省級機關》,國史館臺灣文獻館(原件:國家發展委員會檔案管理局),典藏號:0040142020292015。

「為送三吉造船廠變更登記申請案准予備查」(1953年4月25日),〈高雄市工廠登記(0042/472/6/5)〉,《臺灣省級機關》,國史館臺灣文獻館(原件:國家發展委員會檔案管理局),典藏號:0044720023102011。

「為送本市民生造船廠休業報告表等函請察照由」(1952年10月28日),〈高雄市工廠登記(0041/472/11/16)〉,《臺灣省級機關》,國史館檔案文獻館(原件國家發展委員會檔案管理局),典藏號:0044720019514020。

「為送高雄市南光造船廠設立申請案函請核備由」(1953年11月5日),〈高雄市工廠登記(0042/472/6/18)〉,《臺灣省級機關》,國史館臺灣文獻館(原件:國家發展委員會檔案管理局),典藏號:0044720023115025。

「為送該市振臺造船工廠設立申請案函請核備」(1955年1月10日),〈高雄市工廠登記(0043/472/6/26)〉,《臺灣省級機關》,國史館臺灣文獻館,典藏號:0044720026059009。

「准電送新高造船廠等設立申請案復請查照由」(1952年4月2日),〈高雄市工廠登記(0041/472/11/4)〉,《臺灣省級機關》,國史

館檔案文獻館（原件國家發展委員會檔案管理局），典藏號：0044720019502004。

「高雄市民生造船廠工商部工廠登記表送核案」（1948年9月25日），〈高雄市轉送工廠登記申請書（0037/472/21/12）〉,《臺灣省級機關》，國史館檔案文獻館（原件國家發展委員會檔案管理局），典藏號：0044720004245005。

「進興造船廠、楠梓熟煤廠申請設立案函請核備」（1953年3月31日），〈高雄市工廠登記（0042/472/6/3）〉,《臺灣省級機關》，國史館檔案文獻館（原件國家發展委員會檔案管理局），典藏號：0044720023100018。

「電送福利造船廠等四家工廠登記資本額變更申請書請核備由」（1950年4月10），〈工廠登記（0039/472/1/15）〉,《臺灣省級機關》，國史館檔案文獻館（原件國家發展委員會檔案管理局），典藏號：0044720012458006。

「據檢送三吉造船廠聲請變更登記呈請書等件復准備查由」（1952年4月13日），〈造船廠執照（0041/014.2/73/1）〉,《臺灣省級機關》，國史館檔案文獻館（原件國家發展委員會檔案管理局），典藏號：0040142017121002。

「興臺造船廠等工廠登記申請書各件電送案」（1949年6月28日），〈工廠登記（0038/472/2/22）〉,《臺灣省級機關》，國史館臺灣文獻館（原件：國家發展委員會檔案管理局），典藏號：0044720008287022。

5. 國家發展委員會檔案管理局藏

〈哨船頭土地案卷〉,《臺灣省農工企業股份有限公司高雄漁務處》，國家發展委員會檔案管理局，檔號：A375720500K/0047/113/0、

A375720500K/0049/110/1。

「九家民營造船廠租地契約案」,〈第八船渠各造船廠商租地〉,《交通部高雄港務局》,國家發展委員會檔案管理局,檔號：A315230000M/0038/221.1.2/001/1/012。

「大型圍網漁船貸款」,《合作金庫銀行股份有限公司》,國家發展委員會檔案管理局,檔號：A307230000N/0071/254.8/1。

「本公司衛星工廠處理程序」,《臺灣機械股份有限公司》,國家發展委員會檔案管理局,檔號：A313370000K/0055/013/16、A313370000K/0070/013/16。

「西北岸壁展延離開案」,〈第八船渠各造船廠商租地〉,《交通部高雄港務局》,國家發展委員會檔案管理局,檔號：A315230000M/0038/221.1.2/001/1/005。

「呈」,〈第八船渠各造船廠商租地〉,《交通部高雄港務局》,國家發展委員會檔案管理局,檔號：A315230000M/0038/221.1.2/001/1/010。

「呈請書」,〈第八船渠各造船廠商租地〉,《交通部高雄港務局》,國家發展委員會檔案管理局,檔號：A315230000M/0038/221.1.2/001/1/009。

「呈請第八船渠造船工廠地」,〈第八船渠各造船廠商租地〉,《交通部高雄港務局》,國家發展委員會檔案管理局,檔號：A315230000M/0038/221.1.2/001/1/014。

「其他專業性貸款」,《合作金庫銀行股份有限公司》,國家發展委員會檔案管理局,檔號：0072/254.7/1。

「保七總隊一百噸級巡邏艇」,《臺灣機械股份有限公司》,國家發展委員會檔案管理局,檔號：0084/000/001。

「高雄造船廠等接管案」,〈本局交管日產公私營企業〉,《交通部高雄港

務局》，國家發展委員會檔案管理局，檔號：0036/056.4.1/001/3/013。

「第八船渠再建工廠以維工友生活案」,〈第八船渠各造船廠商租地〉,《交通部高雄港務局》，國家發展委員會檔案管理局，檔號：A315230000M/0038/221.1.2/001/1/001。「第八船渠再建工廠案」，檔號：A315230000M/0038/221.1.2/001/1/003。

「第八船渠再建工廠案」,〈第八船渠各造船廠商租地〉,《交通部高雄港務局》，國家發展委員會檔案管理局，檔號：A315230000M/0038/221.1.2/001/1/002。

「造船總卷」，卷二,《行政院經濟建設委員會》，國家發展委員會檔案管理局，檔號：A329000000G/0066/E-18.0.1(A)/01。

「陳情書」,〈第八船渠各造船廠商租地〉,《交通部高雄港務局》，國家發展委員會檔案管理局，檔號：A315230000M/0038/221.1.2/001/1/011。

「嘆院書」,〈第八船渠各造船廠商租地〉,《交通部高雄港務局》，國家發展委員會檔案管理局，檔號：A315230000M/0038/221.1.2/001/1/013。

「廠基地有砂灘障礙案」,〈第八船渠各造船廠商租地〉,《交通部高雄港務局》，國家發展委員會檔案管理局，檔號：A315230000M/0038/221.1.2/001/1/006、007、008。

6. 高雄市經濟發展局藏（有檔案，但由於該機關是依據收發文字號歸納檔案，故詳列案名、收發文字號）

「核准商業登記」（1978年4月11日），高雄市政府經濟發展局檔案，檔號：0067/482.8/1/290/004，來文字號：第0670225號，收文字號：0670033711，發文字號：高市府建工字第0670033711號。

「登記」（1951年9月11日），高雄市政府經濟發展局藏，檔號：0040/市472.4/2/023/002，來文字號：（40）建工字第11189號，收文字號：0400016816。

「登記」（1962年5月12日），高雄市政府經濟發展局藏，檔號：0051/市472.4/2/024/007，來文字號：（51）警總字第08685號，收文字號：0510024569，發文字號：高市府建工字第0510024569號。

「登記」（1970年4月4日），檔號：0059/市472.4/2/025/012，發文字號：高市府建工字第0590018958號。

7. 高雄市鼓山區戶政事務所旗津辦事處藏

高雄市鼓山區戶政事務所旗津辦事處戶籍資料，「旗後段五地目48」。

8. 臺灣港務股份有限公司高雄分公司藏（無檔號，由於該單位是依據收發文號歸納檔案，故詳列主旨、收發文字號）

「本軍第四造船廠擴建計劃民營造船廠遷建九船渠用地案」（1969年2月12日），臺灣港務股份有限公司高雄分公司藏，收文字號：高港總收字第03721號。

「為中一造船廠由遷建發生困難各點，請特知逕向海軍四廠提出」（1969年9月5日），臺灣港務股份有限公司高雄分公司藏，收文字號：高港港灣字第20847號。

「為中一造船廠申請繼續承租高港第七船渠岸邊土地案」（1964年6月20日），臺灣港務股份有限公司高雄分公司藏，收文字號：高港總收字第11440號，發文字號：（53）洪潤字第2883號。

「為中一造船廠租用高雄港務局代管土地請准予延至協調遷移後再予終止租賃關係由」（1968年7月3日），臺灣港務股份有限公司高雄分公司藏，收文字號：高港總庶字第16704號。

「為代理高雄港務局終止承租公有土地並應恢復土地原狀請查照見復

由」(1963 年 3 月 18 日),臺灣港務股份有限公司高雄分公司藏,收文字號:高港總收字第 05077 號。

「陳情書」(1963 年 5 月 7 日),臺灣港務股份有限公司高雄分公司藏,收文字號:高港總收字第 0836 號。

「為呈送中一造船廠續租本局管理高雄市鳥松段十二之二號土地租賃契約由」(1964 年 9 月 7 日),臺灣港務股份有限公司高雄分公司藏,收文字號:高港總庶字第 16956 號。

「為呈報新第七船渠分配位置圖請核辦示復由」(1970 年 7 月 7 日),臺灣港務股份有限公司高雄分公司藏,收文字號:高港港灣字第 17105 號。

「為呈復鈞局 59.4.3 高港港灣字第 07122 號通知對新八船渠場地分配一案」(1970 年 7 月 15 日),臺灣港務股份有限公司高雄分公司藏,收文字號:高港總收字第 17501 號。

「為對中一造船廠遷建困難,請予迅行解決,以濟危困由」(1969 年 9 月 11 日),臺灣港務股份有限公司高雄分公司藏,收文字號:高港總收字第 22044 號。

「為請高雄港務局在各民營造船廠遷建未完成前准予繼續租賃土地由」(1969 年 3 月 5 日),臺灣港務股份有限公司高雄分公司藏,收文字號:高港總庶字第 05216 號。

「為請對現已遷移新七渠個廠土地問題准予呈報省府先行准予使用以便各該廠之登記及安裝由」(1970 年 7 月 10 日),臺灣港務股份有限公司高雄分公司藏,收文字號:高港總產字第 17124 號。

「為請轉行(飭)承辦單位依撥給中一造船廠之補償金及遷建用地以利遷移由」(1969 年 10 月 27 日),臺灣港務股份有限公司高雄分公司藏,收文字號:高港總收字第 25836 號。

「為懇請對中一造船廠遷建等用地變通辦理以救懸急由」(1970 年 7 月 20 日),臺灣港務股份有限公司高雄分公司藏,收文字號:高港總產字第 18120 號。

「為檢呈中一造船廠遷廠調查資料,敬懇賜予派遣專家鑑定其損失情形,並懇予適當救濟由」(1968 年 7 月 6 日),臺灣港務股份有限公司高雄分公司藏,收文字號:高港總庶字第 16936 號。

「第七船渠水域過窄仍請支援放寬復請查照(1969 年 2 月 24 日)」,臺灣港務股份有限公司高雄分公司藏,收文字號:高港總收字第 04106 號。

「陳情書」(1963 年 5 月 7 日),臺灣港務股份有限公司高雄分公司藏,收文字號:高港總收字第 0836 號。

「新八船渠沿岸民地問題勘查小組第一次會勘紀錄」(1970 年 2 月 16 日),臺灣港務股份有限公司高雄分公司藏,收文字號:高港港灣字第 003715 號。

「請收回中一船台承租土地由」(1963 年 3 月 8 日),臺灣港務股份有限公司高雄分公司藏,收文字號:高港總庶字第 04620 號,發文字號:(52)廣戶(1)1112。

「聲請狀」(1963 年 3 月 25 日),臺灣港務股份有限公司高雄分公司藏,收文字號:高港總收字第 05437 號。

「據陳情申覆暫緩收回租地一案」(1963 年 4 月 27 日),高雄港務分公司藏,發文字號:(52)4.27 高港總庶字第 07816 號。

「檢呈勝利一號計劃遷移中一造船廠(房屋部分)補償協議紀錄一份」(1969 年 3 月 17 日),臺灣港務股份有限公司高雄分公司藏,收文字號:高雄總收字第 06059 號。

「聲請狀」(1963 年 3 月 25 日),臺灣港務股份有限公司高雄分公司

藏，收文字號：高港總收字第 05437 號。

「關於第七船渠濬深工程奉已完工對中一造船廠並無妨礙肯准予該廠繼續租用謹請核備由」（1964 年 5 月 30 日），臺灣港務股份有限公司高雄分公司藏，收文字號：高港總庶字第 10051 號。

9. 國立臺灣大學藏

Narrative Industrial Program Progress Report, December 31st, 1954, p. 328. 國立臺灣大學「狄保賽文庫」，檔號：ntul_db01_13_013328。

10. 國立成功大系統與船舶機電工程學系藏

「大順壹號」，國立成功大學系統與船舶機電工程學系所藏之船舶檔案，識別碼：236，流水編號：20100817-236。

「滿慶十六號」，國立成功大學系統與船舶機電工程學系所藏之船舶檔案，識別碼：35，流水編號：20100708-004。

（二）報紙、刊物（依時序排序）

1. 報紙

〈振豐造船所倒閉原因〉（1928 年 5 月 6 日），《臺灣日日新報》日刊，第 6 版。

〈水產日本南進のパイロツト目指して　高雄漁業協同組合　二十日創立さる〉（1936 年 2 月 21 日），《臺灣日日新報》日刊，第 3 版。

〈高雄漁業組合の船渠が完成　組合員の悩みは解消〉（1938 年 6 月 29 日），《臺灣日日新報》日刊，第 9 版。

〈高港供應軍魚　先試辦四個月　供魚價格業已決定〉（1951 年 12 月 12 日），《聯合報》，第 5 版。

〈澎湖放領機動漁船　首批昨舉行下水禮「漁民之家」昨慶落成〉（1952 年 6 月 1 日），《中央日報》，第 5 版。

〈發展本省珊瑚漁業　美援撥款十二萬　購買採珊試驗船〉（1953 年 3 月 22 日），《中國時報》，第 1 版。

〈動力漁船　放領辦法　省昨修正通過〉（1953 年 4 月 4 日），《聯合報》，第 6 版

〈動力漁船　放領辦法　續完〉（1953 年 4 月 6 日），《聯合報》，第 6 版。

〈放領漁船未經招標　省漁會聯席會　促請公佈價格　以免造價高苦了漁民〉（1953 年 7 月 1 日），《聯合報》，第 5 版。

〈美漁業專家　抵高雄視察　曾參觀漁船建造〉（1953 年 7 月 1 日），《聯合報》，第 5 版。

〈首批放領漁船　五十七艘即可造成　將配各地承領〉（1953 年 8 月 13 日），《聯合報》，第 5 版。

〈澎縣近將舉辦　動力舢舨放領　整個計劃正擬訂中〉（1953 年 11 月 14 日），《聯合報》，第 5 版。

〈我向日定造漁業試驗船　下月可駛台　造價共百餘萬元〉（1953 年 12 月 11 日），《聯合報》，第 3 版。

〈第一艘漁業試驗船　海慶號已試航　裝有魚群探測器　可隨時顯示海底情況〉（1954 年 3 月 26 日），《聯合報》，第 5 版。

〈「海豹號」珊瑚試驗船　首次出海獲成功　省產珊瑚業復興有望〉，（1954 年 6 月 9 日）《中國時報》，第 4 版。

〈理事長因魚求木得手後變賣圖利　陳生苞撤職查辦　高市府失察議處〉（1955 年 7 月 10 日），《中國時報》，第 4 版。

〈建大型漁船　獲美援補助〉（1955 年 7 月 10 日），《聯合報》，第 5 版。

〈高漁會理事長　陳生苞被撤免　因經檢舉套購木材牟利　謝掙強將申覆請省免究〉（1955 年 7 月 10 日），《聯合報》，第 5 版。

〈陳生苞控告蔡文玉　請求確認當選無效〉（1958 年 11 月 18 日），《中國時報》，第 3 版。

〈蝦拖網試驗船　預計年底造成　用做探測近海蝦魚〉（1961 年 10 月 11 日），《聯合報》，第 5 版。

〈旗津漁民阿情　高港請緩擴建　養殖牡蠣尚未成長　一旦動工心血白費〉（1962 年 10 月 30 日），《徵信新聞報》，第 8 版。

〈高旗津區養殖漁民　請求緩期清港　高港務局表示礙難允准　省議員將向省爭取補償〉（1962 年 12 月 27 日），《徵信新聞報》，第 8 版。

〈高市血案　日正當中　解僱船員翁秋香　懷恨行炸殺人　滿慶漁行硝煙迷漫　經理蔡文進被刺死〉（1963 年 8 月 1 日），《聯合報》，第 3 版。

〈在地澎湖兩派　雙方蓄勢待發　蔡家集團新人掛帥　陳生苞將捲土重來〉（1964 年 8 月 15 日），《中國時報》，第 7 版。

〈兄弟鬩牆另有內情　常務理事鬥法煙幕　蔡芳太大權在握遭人怨　吳政雄勃勃雄心施側擊　蔡文賓力闢「自相殘殺」謠傳　高市漁會改選二流角色鬥智〉（1965 年 1 月 10 日），《中國時報》，第 6 版。

〈高雄漁會家天下　陳生苞挺身揭發　蔡文賓「劣績」　一姓把持　太不應該　新人出頭　此其時矣〉（1965 年 1 月 20 日），《中國時報》，第 6 版。

〈澎湖漁汛遲來　海陽號近海試驗船　明再出海探測〉（1965 年 8 月 8 日），《聯合報》，第 2 版。

〈水產試驗所計劃　建造五百噸試驗船　農廳原則表示同意　將洽請聯合國補助〉（1966 年 8 月 31 日），《聯合報》，第 6 版。

〈化學流體為害　毒斃養殖魚類　漁民損失達七百餘萬元　漁會交涉賠償久無下文〉（1966 年 9 月 27 日），《徵信新聞報》，第 8 版。

趙既昌，〈中小企業輔導及組織〉（1967年7月31日），《中國時報》，第5版。

〈建造漁船擴建基地　發展遠洋漁業　今年漁業工作重心決定〉（1968年3月15日），《中央日報》，第7版。

〈六行庫近期將舉辦　中小企業輔導貸款　具體貸款辦法尚待商訂〉（1968年10月17日），《聯合報》，第8版。

〈蔡文玉其人其事〉（1970年12月25日），《聯合報》，第3版。

〈加強向海洋發展　農廳建議籌建巨型水產試驗船〉（1971年9月21日），《中國時報》，第2版。

〈水試所長建議　添置大型試驗船〉（1972年1月25日），《經濟日報》，第2版。

〈貫徹精兵政策　建現代化國防　高魁元昨在立院報告〉（1974年10月17日），《中央日報》，第1版。

〈排除萬難遠航南極　海功號正整補裝備　南非熱心支援允供冰圖及氣象資料　破冰設施裝置不易正設法謀求解決〉（1976年12月31日），《聯合報》，第3版。

〈中美基金中小企業輔導貸款　企銀即起受理申請〉（1982年7月22日），《經濟日報》，第2版。

〈一年造不出一艘漁船？台機當真已病入膏肓！民營小廠供不應求　兩相對照難領教〉（1988年1月17日），《聯合報》，第11版。

吳平介，〈順榮造船廠　爆發財務危機　估計舉債數千萬元　名下財產遭債權人聲請假扣押〉（2002年1月11日），《經濟日報》，第36版。

2. 刊物

姚廷珍（1965），〈迎新歲談工作〉，《機械通訊》，6，頁15。

曾勇義（1970），〈台灣之造船工業〉，《臺灣經濟金融月刊》，6（6），頁7-12。

〈動態報導：九月份動員月會業務處工作報告〉（1971），《臺機雙月刊》，8（5），頁17。

〈鋁加工業專訪之一：維新鋁業公司〉（1978），《今日鋁業》，31，頁93。

〈配合政策最重要 不以賺錢為目標：院長巡視本公司時指示我們發展方向〉（1985），《臺機半月刊》，137，第1版。

莊育鳳（2009），〈培育人才，傳承船業研究；樂在分享，不知老之將至──成功大學漁船及船機研究中心教授黃正清〉，《豐年半月刊》，59（20），頁21-25。

黃正清、何政龍（2011），〈台灣造船工業之演進簡史〉，《中工高雄會刊》，18（4，百年紀念專刊），頁51-56。

（三）政府公報（依時序排序）

〈制定「臺灣省公司登記實施辦法」、「臺灣省工廠登記實施辦法」（日譯文「臺灣省工場登記實施辦法」）、「臺灣省商業登記實施辦法」〉（1946年4月12日），《臺灣省行政長官公署公報》，35：夏：6，頁92。

〈制定「臺灣省造船廠註冊規則」〉（1946年5月13），《臺灣省行政長官公署公報》，35：夏：19，頁299。

〈訂定「臺灣省接收日人財產處理準則」、「臺灣省接收日資企業處理實施辦法」、「臺灣省接收日人動產處理實施辦法」、「臺灣省接收日人房地產處理實施辦法」等4種辦法，公告週知〉（1946年7月2日），《臺灣省行政長官公署公報》，35：秋：2，頁20-21。

〈訂定「臺灣省接收日人財產處理準則」、「臺灣省接收日資企業處理實施辦法」、「臺灣省接收日人動產處理實施辦法」、「臺灣省接收日人房地產處理實施辦法」等4種辦法，公告週知（續）〉（1946年7月3日），《臺灣省行政長官公署公報》，35：秋：3，頁35-36、42-43。

〈修正「漁會法」〉（1948年12月31日），《總統府公報》，第192期，頁1-2。

〈茲修正臺灣省造船廠註冊規則第二條第四條第五條第七條文公布之〉（1951年5月5日），《臺灣省政府公報》，40：夏：34，381頁。

〈臺灣省交通處公告為奉交通部令修正「造船廠管理規則」第3條條文，希週知〉（1956年11月7日），《臺灣省政府公報》，45：冬：31，頁456。

〈修正「臺灣省工廠登記實施辦法」及制定「臺灣省小型工業登記辦法」，並廢止臺灣省政府39年5月16日公佈之「臺灣省工廠登記實施辦法」〉（1957年9月10日），《臺灣省公報》，46：秋：62，頁636-638。

〈廢止「臺灣漁業增產委員會供應軍魚貸款辦法」〉（1962年3月8日），《臺灣省政府公報》，第4533期，頁932。

〈工業輔導準則〉（1965年2月15日），《司法專刊》，第167期，頁7560。

〈修訂「工業輔導準則」〉（1970年9月30日），《經濟部公報》，2：9，頁17-18。

〈臺灣省交通處公告交通部廢止「造船廠註冊規則」等7種法規〉（1972年9月7日），《臺灣省政府公報》，61：秋：73，頁8。

〈修正「漁會法」〉（1976年5月15日），《司法院公報》，18：5，頁3。

〈臺灣機械公司近年來經營不善,預算由盈餘轉為虧損,生產量未達原設廠計畫預定目標及外包工程浮濫等均有不當案〉(1984年10月26日),《監察院公報》,第1451期,頁894-896。

(四)政府機關出版報告、統計資料

〈高雄市旗津區中洲一帶都市計劃說明書〉(1974年11月25日),公告字號:高市府工都字第107211號,編號:01070。

尹仲容(1963),〈臺灣生產事業的現在與將來〉,收於行政院美援運用委員會編,《我對臺灣經濟的看法全集・我對臺灣的經濟看法初編》。臺北:行政院美援運用委員會。

王崇林發行(1998),《滄海變桑田——旗津江業》。高雄:海軍第四造船廠。

交通銀行調查研究處編(1975),《臺灣的造船工業》。出版地不詳:交通銀行調查研究處。

行政院美援運用委員會編(1957),《中美合作經濟發展概況》。出版地不詳:行政院美援運用委員會。

行政院美援運用委員會編(1961),《十年來接受美援單位的成長》。出版地不詳:行政院美援運用委員會。

行政院國際經濟合作發展委員會編(1964),《美援貸款概況》。臺北:行政院國際經濟合作發展委員會。

行政院國際經濟合作發展委員會編(1966),《臺灣漁業運用美援成果檢討》。出版地不詳:行政院國際經濟合作發展委員會。

行政院國際經濟合作發展委員會編(1967),《臺灣高雄港務局運用美援成果檢討》。臺北:行政院國際經濟合作發展委員會。

行政院新聞局編(1948),《國家總動員》。臺北:行政院新聞局。

行政院臺閩地區工商業普查委員會編（1974），《中華民國六十年臺閩地區工商業普查專題研究報告》。臺北：行政院臺閩地區工商業普查委員會。

林彩梅（1988），《我國民營造船廠產業結構之調查及其發展策略之研究》。臺北：經濟部工業局。

孫中山（1949），《實業計劃》。臺北：臺灣省政府教育廳。

高雄港務局編印（1973），《高雄港統計年報》。高雄：高雄港務局。

高雄港務局編印（1988），《高雄港統計年報》。高雄：高雄港務局。

國防研究院（1959），《工業動員之概論》。出版地不詳：國防研究院。

楊國夫計畫主持、薛化元協同主持（2001），《李源棧先生史料彙編》。臺中：臺灣省諮議會。

楊繼曾（1959），《工業動員之概論》。臺北：國防研究院。

經濟部工業局編（1973），《軍公民營工業配合業務資料彙編》。臺北：經濟部工業局。

臺灣省政府建設廳編（1953），《臺灣省民營工廠名冊》（上）。南投：臺灣省政府建設廳。

臺灣省接收委員會日產處理委員會編輯（1947），《臺灣省接收委員會日產處理委員會結束總報告》。出版地不詳：臺灣省接收委員會日產處理委員會。

臺灣省農林廳漁業局（1990），《中華民國台灣地區漁業年報》。南投：臺灣省農林廳漁業局。

（五）日記、傳記、回憶錄

吳新榮（1945年3月20日），《吳新榮日記》，引自《臺灣日記資料庫》。網址：https://taco.ith.sinica.edu.tw/tdk/%E9%A6%96%E9%

A0%81（最後瀏覽日期：2020 年 11 月 15 日）。

李連墀（1997），《高港回顧》。高雄：李連墀。

林獻堂（1944 年 1 月 13 日），《灌園先生日記》，引自《臺灣日記資料庫》。網址：https://taco.ith.sinica.edu.tw/tdk/%E9%A6%96%E9%A0%81（最後瀏覽日期：2020 年 11 月 15 日）。

胡光麃（1992），《世紀交遇兩千人物紀》。臺北：聯經出版事業股份有限公司。

胡光麃（1992），《波逐六十年》。臺北：聯經出版事業股份有限公司。

張守真訪問、陳慕貞記錄（1996），《口述歷史：李連墀先生》。高雄：高雄市文獻委員會。

韓碧祥（2014），《韓碧祥回憶錄：從鄉下賣魚郎變成台灣造船王》。高雄：新視界國際文化股份有限公司。

蘇錫文主編（1991），《鄭彥棻先生年譜初稿》。臺北：財團法人彥棻文教基金會。

（六）志書

〔清〕王瑛曾撰，臺灣銀行經濟研究室編印（1962），《重修鳳山縣志・卷二》，臺灣文獻叢刊第 146 種。臺北：臺灣銀行經濟研究室。

〔清〕陳文達等撰，臺灣銀行經濟研究室編印（1961），《鳳山縣志・卷七》，臺灣文獻叢刊第 124 種。臺北：臺灣銀行經濟研究室。

高雄市文獻委員會編（1986），《重修高雄市志・卷八》。高雄：高雄市文獻委員會。

黃輝能等編（1995），《續修高雄市志・卷四》。高雄：高雄市文獻委員會。

（七）日本時期出版品

千草默仙編（1928），《全島商工人名錄　高雄市商工人名錄》。臺北：高砂改進社。

千草默仙編（1928），《會社銀行商工業者名鑑》。出版地不詳：高砂改進社。

千草默仙（1932），《會社銀行商工業者名鑑》。臺北：圖南協會。

千草默仙（1934-1943），《會社銀行商工業者名鑑》（共10冊）。臺北：圖南協會。

田中一二、芝忠一編（1918），《臺灣の工業地　打狗港》。臺北：株式會社臺灣日日新報社。

竹本伊一郎（1931），《臺灣株式年鑑》。臺北：臺灣經濟研究會。

竹本伊一郎（1937），《臺灣會社年鑑》。臺北：臺灣經濟研究會。

佐佐木武治編（1933），《臺灣水產要覽》。臺北：臺灣水產會。

杉浦和作編（1912），《臺灣商工人名錄》。臺北：臺灣商工人名錄發行所。

杉浦和作編（1929），《臺灣商工人名錄第五編　昭和四年現在　高雄州商工人名錄》。臺北：臺灣實業興信所編纂部。

杉浦和作編（1923、24、26），《臺灣會社銀行錄》（第三、五、七版）。臺北：臺灣實業興信所。

杉浦和作、佐々英彥編（1922），《臺灣會社銀行錄》（第二版）。臺北：臺灣會社銀行錄發行所。

松井繁太郎（1940），《臺灣株式年鑑》。出版地不詳：臺灣證券興業株式會社調查部。

桑原政夫（1933），《基隆市產業要覽》。出版地不詳：基隆市役所。

高雄市役所（1937），《高雄市商工案內》。高雄：高雄市役所。

高雄市役所（1939），《商工人名錄》。高雄：高雄市役所。

高雄州水產會（1937），《高雄州水產要覽》。高雄：高雄市役所。

陳永清（1934），《最新版　臺灣商工業案內總覽》。臺中：東明印刷合資會社。

鈴木辰三發行（1919-1920），《臺灣民間職員錄》（共 2 冊）。出版地不詳：出版單位不詳

鈴木常良（1918-1919），《臺灣商工便覽》（第一版、第二版）。出版地不詳：臺灣新聞社。

臺北文筆社編（1922），《臺灣民間職員錄》。臺北：臺北文筆社。

臺灣商工社編（1923），《臺灣民間職員錄》。出版地不詳：臺灣商工社。

臺灣實業興信所編（1928-1929），《臺灣會社銀行錄》（第九版、第十版）。臺北：臺灣實業興信所。

臺灣實業興信所編（1930-1933），《臺灣會社銀行錄》（第十二版、第十三版、第十四版、第十五版）。臺北：臺灣實業興信所編纂部。

臺灣實業興信所編（1934-1935），《臺灣會社銀行錄》（第十六版、第十七版）。臺北：臺灣實業興信所。

臺灣總督府交通局高雄築港出張所（1929、30、34、35、37、38），《高雄港要覽》。出版地不詳：臺灣總督府交通局高雄築港出張所。

臺灣總督府交通局遞信部編（1937），《高雄州及澎湖廳電話帖》。出版地不詳：臺灣總督府交通局遞信部。

臺灣總督府殖產局（1931-1932），《臺灣總督府殖產局　工場名簿》（共 2 冊）。出版地不詳：臺灣總督府殖產局。

臺灣總督府殖產局（1933），《殖產局出版第六二五號　工場名簿》。出版地不詳：臺灣總督府殖產局。

臺灣總督府殖產局（1934），《〔昭和七年〕臺灣總督府殖產局　工場名簿》。出版地不詳：臺灣總督府殖產局。

臺灣總督府殖產局（1936），《殖產局出版第七四一號　工場名簿》。出版地不詳：臺灣總督府殖產局。

臺灣總督府殖產局（1937），《工場名簿（昭和 10 年）》。出版地不詳：臺灣總督府殖產局。

臺灣總督府殖產局（1937），《殖產局出版第七七六號　工場名簿》。出版地不詳：臺灣總督府殖產局。

臺灣總督府殖產局（1938），《工場名簿（昭和 11 年）》。出版地不詳：臺灣總督府殖產局。

臺灣總督府殖產局（1938），《殖產局出版第八〇三號　工場名簿》。出版地不詳：臺灣總督府殖產局。

臺灣總督府殖產局（1939），《殖產局出版第八五二號　工場名簿》。出版地不詳：臺灣總督府殖產局。

臺灣總督府殖產局（1940），《殖產局出版第八八六號　工場名簿》。出版地不詳：臺灣總督府殖產局。

臺灣總督府殖產局（1941），《殖產局出版第九〇五號　工場名簿》。出版地不詳：臺灣總督府殖產局。

臺灣總督府殖產局（1942），《第二十次　臺灣商工統計　昭和十五年》。出版地不詳：臺灣總督府殖產局。

臺灣總督府殖產局（1942），《殖產局出版第九四二號　工場名簿》。出版地不詳：臺灣總督府殖產局。

臺灣總督府殖產局商工課（1923），《殖產局出版第四二三號　商工調查第七號　第二次臺灣商工統計　大正十二年十一月刊行》。出版地不詳：臺灣總督府殖產局商工課。

臺灣總督府殖產局商工課（1931），《殖產局出版第五九〇號　商工調查第十六號　昭和四年　臺灣商工統計》。出版地不詳：臺灣總督府殖產局商工課。

臺灣總督府鑛工局（1944），《省工局出版第一號　工場名簿》。出版地不詳：臺灣總督府鑛工局。

鹽見喜太郎（1936），《臺灣會社銀行錄》（第十八版）。臺北：臺灣實業興信所。

（八）裁判書

「拆屋還地事件」，裁判字號：廢最高法院60年度台上字第2401號判例原判例（1971年7月15日）。

「損害賠償」，裁判字號：最高法院70年度台上字第2550號民事（1981年7月22日），收於最高法院法律叢書編輯委員會，《最高法院民刑事裁判選輯》，2（3）（1982），頁482-485。

二、專書

中央改造委員會第二組編（1952），《漁民礦工鹽工生活的改善——中國國民黨中央改造委員會策動改善的經過及其成效》。出版地不詳：中央改造委員會第二組。

中央委員會第六組編（1954），《黨的社會調查：問題之發現與解決》。出版地不詳：中央委員會第六組編。

中國鋼鐵股份有限公司編（2011），《中國鋼鐵股份有限公司成立四十

週年特刊》。高雄：中國鋼鐵股份有限公司。網址：https://www.csc.com.tw/csc/ch/csc_40year/40year.pdf 。

文馨瑩（1990），《經濟奇蹟的背後——臺灣美援經驗的政經分析（1951-1965）》。臺北：自立晚報出版社。

王御風（2008），《鋼板在吟唱——臺灣造船故事（1916-2008）》。高雄：高雄市政府文化局、高雄市文獻委員會。

王御風（2016），《波瀾壯闊：臺灣貨櫃運輸史》。臺北：遠見天下文化出版股份有限公司。

王靜儀等編撰（2014），《臺灣省議會議員小傳及前傳》。臺中：臺灣省諮議會。

吉開右志太（2009〔1942〕），《臺灣海運史：1895-1937》。南投：國史館臺灣文獻館。

有矢鍾一編（1942），《臺灣海運史》。高雄：株式會社海運貿易新聞臺灣支社。

吳連賞（2005），《高雄市港埠發展史》。高雄：高雄市文獻委員會。

吳聰敏（2023），《臺灣經濟四百年》。臺北：春山出版有限公司。

巫永平（2017），《誰創造的經濟奇蹟？》。北京：生活・讀書・新知三聯書店。

松浦章（2002），《清代臺灣海運發展史》。臺北：博揚文化事業有限公司。

松浦章（2004），《日治時期臺灣海運發展史》。臺北：博揚文化事業有限公司。

松浦章（2005），《近代日本中國台灣航路の研究》。大阪：清文堂。

林孝庭（2021），《蔣經國的台灣時代：中華民國與冷戰下的台灣》。新

北：遠足文化事業有限公司。

林志龍（2012），《臺灣對外航運：1945-1953》。新北：稻鄉出版社。

林炳炎（2004），《保衛大臺灣的美援（1949-1957）》。臺北：林炳炎。

林敦寧、徐榮祥（1988），《海外華人青少年叢書：復興基地臺灣之造船》。臺北：正中書局。

洪紹洋（2011），《近代臺灣造船業的技術轉移與學習》。臺北，遠流出版事業股份有限公司。

洪紹洋（2021），《商人、企業與外資：戰後臺灣經濟史考察（1945-1960）》。新北：左岸文化事業有限公司。

胡興華（1996），《拓漁臺灣》。臺北：臺灣省漁業局。

徐坤龍等編撰（2009），《船舶構造及穩度概要》。臺北：教育部。

財團法人船舶暨海洋產業研發中心編（2021），《45風華 續航未來：船舶暨海洋產業研發中心45週年紀念專刊》。新北：財團法人船舶暨海洋產業研發中心。

高承恕（1999），《頭家娘──台灣中小企業「頭家娘」的經濟活動與社會意義》。臺北：聯經出版事業股份有限公司。

高雄市文獻委員會（1983），《高雄市舊地名探索》。高雄：高雄市政府民政局。

秦孝儀主編（1990），《中華民國重要史料初編：對日抗戰時期》（第七編第四冊）。臺北：中國國民黨中央委員會黨史委員會。

張守真（2000），《旗津漁業風華》。高雄：高雄市文獻委員會。

張淑雅（2011），《韓戰救臺灣？解讀美國對臺政策》。臺北：衛城出版。

張紹台（2005），《臺灣金融發展史話》。臺北：臺灣金融研訓院。

陳介玄（1994），《協力網絡與生活結構——臺灣中小企業的社會經濟分析》。臺北：聯經出版事業股份有限公司。

陳介玄（1995），《貨幣網絡與生活結構：地方金融、中小企業與台灣世俗社會之轉化》。臺北：聯經出版事業股份有限公司。

陳介玄（2001），《班底與老闆——台灣企業組織能力之發展》。臺北：聯經出版事業股份有限公司。

陳世一（2001），《基隆漁業史》。基隆：基隆市政府。

陳玉璽（1994），《台灣的依附型發展：依附型發展及其社會政治後果：台灣個案研究》。臺北：人間出版社。

陳政宏（2005），《造船風雲88年——從臺船到中船的故事》。臺北：行政院文化建設委員會。

陳政宏（2007），《鏗鏘已遠——臺機公司獨特的一百年》。臺北：行政院文化建設委員會。

陳政宏（2012），《航領傳世——中國造船股份有限公司：臺灣產業經濟檔案數位典藏專題選輯》。臺北：檔案管理局。

陳凱雯（2018），《日治時期基隆築港之政策、推行與展開（1895-1945）》。臺北：秀威資訊科技股份有限公司。

陳朝興總編輯（2005），《海洋傳奇——見證打狗的海洋歷史》。高雄：高雄市海洋局。

黃宗智（1986），《華北的小農經濟與社會變遷》。北京：中華書局。

詹森、江偉全（2023），《黑潮震盪：從臺灣東岸啟航的北太平洋時空之旅》。新北：野人文化股份有限公司。

臺灣省政府建設廳（1953），《臺灣省民營工廠名冊（上）》。臺北：臺灣省政府建設廳。

臺灣研究基金會策劃，黃煌雄、張清溪、黃世鑫主編（2000），《還財於民：國民黨黨產何去何從？》。臺北：商周出版；城邦文化事業股份有限公司發行。

臺灣區造船工業同業公會編（1992），〈造船廠檢驗人員培訓講習會講義〉。臺北：臺灣區造船工業同業公會（未出版）。

臺灣區造船工業同業公會編印（2001），《臺灣區造船工業同業公會第十二屆第二次會員代表大會手冊》。高雄：編者自印。

臺灣銀行經濟研究室編著（1974），《臺灣漁業之研究》。臺北：臺灣銀行經濟研究室。

趙既昌（1985），《美援的運用》。臺北：聯經出版事業股份有限公司。

蔡佳菁（2016），《戰爭與遷徙：蔡姓聚落與旗津近代發展》。高雄：春暉出版社。

蕭明禮（2017），《「海運興國」與「航運救國」：日本對華之航運競爭（1914-1945）》。臺北：國立臺灣大學出版中心。

謝國興（1994），《企業發展與台灣經驗：台南幫的個案研究》。臺北：中央研究院近代史研究所。

謝國興（1999），《台南幫：一個臺灣本土企業的興起》。臺北：遠流出版事業股份有限公司。

瞿宛文（2017），《台灣戰後經濟發展的源起：後進發展的為何與如何》。臺北：中央研究院；聯經出版事業股份有限公司。

羅傳進（1998），《臺灣漁業發展史》。臺北：立法院羅傳進委員辦公室。

三、期刊、專書論文

中村孝志（1955），〈荷領時期臺灣南部之鯔魚漁業〉，收於臺灣銀行經

濟研究室編，《臺灣經濟史》（二）（頁 43-52）。臺北：臺灣銀行經濟研究室。

中村孝志（1997），〈臺灣南部鯔魚業再論〉，收於中村孝志編，《荷蘭時代台灣史研究（上卷）概說・產業》（頁 143-163）。臺北：稻鄉出版社。

王御風（2004），〈日治初期打狗（高雄）產業之發展（1895-1913年）〉，《高市文獻》，17（4），頁 1-18。

王御風（2010），〈戰後高雄市研究之回顧與展望〉，《高市文獻》，23（4），頁 90-110。

王御風（2012），〈日治時期高雄造船工業發展初探〉，《高雄文獻》，2（1），頁 50-75。

吳初雄（2007），〈旗後的造船業 1895-2003〉，《高市文獻》，20（4），頁 1-52。

吳連賞（2011）〈大高雄產業經濟發展變遷〉，《高雄文獻》，1（1），頁 58-108。

吳聰敏（1988），〈美援與臺灣的經濟發展〉，《台灣社會研究季刊》，1（1），頁 145-158。

李文良（2019），〈積泥成埔：清代臺江內海「港口濕地」的築塭與認墾〉，《臺灣史研究》，26（3），頁 1-37。

李文環（2016），〈蚵寮移民與哈瑪星代天宮之關係研究〉，《高雄師大學報》，40，頁 21-44。

李文環（2022），〈從六燃高雄本廠到中油本廠之產業空間變遷研究（1942-1954）〉，《臺灣文獻》，73（1），頁 87-134。

李其霖（2003），〈清代臺灣軍工船廠的興建〉，《淡江史學》，14，頁 193-215。

李宗信（2005），〈日治時代小琉球的動力漁船業與社會經濟變遷〉，《台灣文化研究所學報》，2，頁 67-113。

周婉窈（2018），〈臺北帝國大學南洋史學講座・專攻及其戰後遺緒（1928-1960）〉，《臺大歷史學報》，61，頁 17-95。

林玉茹（1999），〈戰時經濟體制下臺灣東部水產業的統制整合——東臺灣水產會社的成立〉，《臺灣史研究》，6（1），頁 59-92。

林玉茹（2013），〈殖民地的產業治理與摸索——明治末年臺灣的官營日本人漁業移民〉，《新史學》，24（3），頁 95-133。

柯志哲、張榮利（2006），〈協力外包制度新探：以一個鋼鐵業協力外包體系為例〉，《臺灣社會學刊》，37，頁 33-78。

洪紹洋（2007），〈戰後初期臺灣造船公司的接收與經營（1945-1950）〉，《臺灣史研究》，14（3），頁 139-177。

洪紹洋（2008），〈日治時期臺灣造船業的發展及侷限〉，收於國史館臺灣文獻館編，《臺灣總督府檔案學術研究會論文集》（頁 317-344）。南投：國史館臺灣文獻館。

洪紹洋（2009），〈戰後新興工業化國家的技術移轉：以臺灣造船公司為個案分析〉，《臺灣史研究》，16（1），頁 131-167。

洪紹洋（2010），〈戰後臺灣機械公司的接收與早期發展（1945-1953）〉，《臺灣史研究》，17（3），頁 151-182。

洪紹洋（2011），〈戰後臺灣工業化發展之個案研究：以 1950 年以後的臺灣機械公司為例〉，收於《現代中國研究拠点　研究シリーズ・第六號》（頁 107-139）。東京：東京大学社会科学研究所。

洪紹洋（2016），〈1950 年代臺、日經濟關係的重啟與調整〉，《臺灣史研究》，23（2），頁 165-210。

洪紹洋（2017），〈海軍與戰後臺灣造船業的發展〉，收於麥勁生編，

《近代中國海防史新論》（頁 425-446）。香港：三聯書店有限公司、香港浸會大學當代中國研究所。

翁嘉禧（2004），〈戰後台灣經濟發展路向的解析〉,《興大歷史學報》，15，頁 219-241。

張守真（2008），〈日治時期紅毛港的漁業發展〉，收於《2008高雄文化學術研討會會議論文集》（頁 163-192）。高雄：高雄市高雄文化研究學會、財團法人陳中和翁慈善基金會主辦（未出版）。

張建俅（1997），〈二次大戰臺灣遭受戰害之研究〉,《中央研究院臺灣史研究》，4（1），頁 149-196。

張瑋琦、黃菁瑩（2011），〈港口阿美族的竹筏〉,《臺灣文獻》，62（1），頁 161-188。

曹永和（1985），〈明代台灣漁業志略〉，收於曹永和編,《臺灣早期歷史研究》（頁 157-174）。臺北：聯經出版事業股份有限公司。

曹永和（1985），〈明代台灣漁業志略補說〉，收於曹永和編,《臺灣早期歷史研究》（頁 175-253）。臺北：聯經出版事業股份有限公司。

許毓良（2006），〈光復初期臺灣的造船業（1945-1955）——以臺船公司為例的討論〉,《臺灣文獻》，57（2），頁 191-233，本文亦收於中國社會科學院臺灣史研究中心主編,《割讓與回歸——臺灣光復六十週年暨海峽兩岸關係學術研討會論文集》（北京：臺海出版社，2008）。

陳政宏（2008），〈1950-1980年代臺灣造船政策的規劃與執行：以殷台公司租借案與中國造船公司為例〉，收於張澔等編輯,《第八屆科學史研討會彙刊》（頁 9-38）。臺北：中央研究院科學史委員會。

陳政宏（2008），〈一脈相承：臺灣竹筏之技術創新與特性〉，收於湯熙勇編《中國海洋發展史論文集》（第十輯）（頁 527-573）。臺北：

中央研究院人文社會中心。

陳國棟（1994），〈清代中葉（約 1780-1860）台灣與大陸之間的帆船貿易——以船舶為中心的數量估計〉，《臺灣史研究》，1（1），頁 55-96。

曾品滄（2012），〈塭與塘：清代臺灣養殖漁業發展的比較分析〉，《臺灣史研究》，19（4），頁 1-47。

湯熙勇（1994），〈戰後初期高雄港的整建與客貨運輸〉，收於黃俊傑編，《高雄歷史與文化論集 第二輯》（頁 142-143）。高雄：陳中和翁慈善基金會。

黃于津、李文環（2015），〈日治時期高雄市「哈瑪星」的移民與產業——以戶籍資料為主的討論〉，《高雄文獻》，5（1），頁 7-37。

劉素芬（1999），〈日治初期臺灣的海運政策與對外貿易〉，收於湯熙勇主編，《中國海洋發展史論文集》（第七輯‧下冊）（頁 637-694）。臺北：中央研究院人文社會科學研究中心。

劉素芬（2005），〈日治初期大阪商船會社與臺灣海運發展（1895-1899）〉，收於劉序楓主編，《中國海洋發展史論文集》（第九輯）（頁 377-435）。臺北：中央研究院人文社會科學研究中心。

劉碧株（2016），〈日治時期鐵道與港口開發對高雄市區規劃的影響〉，《國史館館刊》，47，頁 1-46。

劉碧株（2017），〈日治時期高雄港的港埠規劃與空間開發〉，《成大歷史學報》，52，頁 47-85。

蔡昇璋（2010），〈戰後初期臺灣的漁業技術人才（1945-1947）〉，《師大臺灣史學報》，3，頁 93-134。

鄭力軒、王御風（2011），〈重探發展型國家的國家與市場：以臺灣大型造船業為例，1974-2001〉，《臺灣社會學刊》，47，頁 1-43。

蕭明禮（2007），〈日本統治時期における台湾工業化と造船業の発展：基隆ドック会社から台湾ドック会社への転換と経営の考察〉，《社会システム研究》，15，頁 67-82。

蕭明禮（2018），〈戰後日本對華物資賠償及其經濟復興政策：以中央造船公司為例〉，《國史館館刊》，58，頁 161-204。

謝國雄（1989），〈外包制度：比較歷史的回顧〉，《臺灣社會研究季刊》，2（1），頁 29-69。

鍾淑敏、沈昱廷、陳柏棕（2015），〈由靖國神社《祭神簿》分析臺灣的戰時動員與臺人傷亡〉，《歷史臺灣》，10，頁 67-101。

瞿宛文（2001），〈臺灣產業政策成效之初步評估〉，《臺灣社會學研究》，42，頁 67-117。

四、學位論文

王俊昌（2005），〈日治時期臺灣水產業之研究〉。桃園：國立中正大學歷史研究所碩士論文。

王淑珍（2014），〈旗後舢舨船與地方發展關係之研究〉。高雄：國立高雄師範大學臺灣歷史文化及語言研究所碩士論文。

余慶俊（2009），〈台灣財經技術官僚的人脈與派系（1949-1988 年）〉。臺北：國立政治大學台灣史研究所碩士論文。

李其霖（2002），〈清代台灣之軍工戰船廠與軍工匠〉。臺北：淡江大學歷史學系碩士論文。

李其霖（2009），〈清代前期沿海的水師與戰船〉。南投：國立暨南國際大學歷史學系博士論文。

林本原（2005），〈國輪國造：戰後台灣造船業的發展（1945-1978）〉。臺北：國立政治大學歷史研究所碩士論文。

林琮舜（2014），〈臺灣史研究在高中教科書中的落實與落差〉。臺北：國立臺灣大學歷史學系碩士論文。

柯堯文（2009），〈戰後國營造船業的公司制度與業務發展──以台船公司為例（1945-1955）〉。桃園：國立中央大學歷史研究所碩士論文。

洪紹洋（2008），〈戰後新興工業化國家的技術學習和養成──以臺灣造船公司為個案分析（1948-1977）〉。臺北：國立政治大學經濟研究所博士論文。

陳奕銓（2019），〈高雄中小型造船廠的勞動分析〉。高雄：國立中山大學社會學研究所碩士論文。

黃棋鉦（2008），〈高雄市旗津地區的聚落發展與產業變遷〉。高雄：國立高雄師範大學地理學系碩士論文。

劉碧株（2017），〈日治時期高雄的港埠開發與市區規劃〉。臺南：國立成功大學建築研究所博士論文。

蔡來春（1975），〈臺灣造船工業之研究〉。臺北：國立臺灣大學經濟學研究所碩士論文。

蔡昇璋（2016），〈興策拓海：日治時代臺灣的水產業發展〉。臺北：國立政治大學台灣史研究所博士論文。

五、專題研究計畫成果報告

林美朱（2007），〈高雄市漁業發展之研析〉。高雄：高雄市政府海洋局委託。

洪紹洋（2013），〈美援下的日臺經濟交流（1950-1965）〉，2013年科技部專題研究計畫成果報告（一般研究計畫），計畫編號：NSC 102-2410-H-010-018。

陳政宏、黃心蓉、洪紹洋（2009），〈臺灣公營船廠船舶製造科技文物徵集暨造船業關鍵口述歷史紀錄〉，2009 年國立科學工藝博物館委託研究成果報告，計畫編號：PG9804-0273。

六、會議論文

洪紹洋（2020），〈1950 年代臺美經濟下的外來投資：貿易商、外來投資與外交關係〉，發表於中央研究院臺灣史研究所主辦，第三屆「臺灣商業傳統：海外連結與臺灣商業國際學術研討會暨林本源基金會年會」，臺北：中央研究院人文館。

七、口述訪談

林朝春、林蔡春枝口述，2017 年於高雄訪談（未刊稿）。

林朝春口述，2017 年於高雄訪談（未刊稿）。

林蔡春枝口述，2023 年 6 月 17 日於高雄訪談（未刊稿）。

莊清旺口述，2024 年 1 月 29 日於宜蘭蘇澳訪談（未刊稿）。

陳正成口述，2022 年 8 月 5 日、2023 年 6 月 16 日於高雄訪談（未刊稿）。

陳正成提供撰寫於 2022 年 3 月 26 日的〈生平記要〉（未出版）。

陳麗麗口述，2020 年 9 月 26 日於高雄訪談（未刊稿）。

劉啟介口述並提供資料，2022 年 3 月 12 日、11 月 19 日、2024 年 5 月 6 日於高雄訪談（未刊稿）。

八、網站資源

《檔案法》，全國法規資料庫。網址：https://law.moj.gov.tw/LawClass/LawAll.aspx?pcode=a0030134（最後瀏覽日期：2023 年 7 月 27

日）。

「公司組織」，中信造船集團官網。網址：https://www.jongshyn.com/about6.asp（最後瀏覽日期：2023 年 6 月 20 日）。

「公司介紹」，新昇發造船股份有限公司官方網站。網址：https://www.ssf.com.tw/zh-TW/page/company-profile.html（最後瀏覽日期：2024 年 11 月 20 日）。

「海功號」，文化部臺灣大百科全書。網址：https://nrch.culture.tw/twpedia.aspx?id=3381（最後瀏覽日期：2023 年 6 月 21 日）。

「港區總圖」，臺灣港務股份有限公司高雄港務分公司網站。網址：https://kh.twport.com.tw/chinese/cp.aspx?n=117813148B91AD20（最後瀏覽日期：2024 年 11 月 21 日）。

「組織沿革」，經濟部中小企業處官方網站。網址：https://www.moeasmea.gov.tw/article-tw-2315-154（最後瀏覽日期：2023 年 6 月 25 日）。

「順榮造船股份有限公司」，經濟部商業司商工登記公示資料查詢網。網址：https://findbiz.nat.gov.tw/fts/query/QueryBar/queryInit.do（最後瀏覽日期：2023 年 6 月 20 日）。

「漁會沿革」，高雄市區漁會官方網站。網址：http://www.kfa.org.tw/fisheries-info（最後瀏覽日期：2022 年 9 月 1 日）。

「歷史沿革」，豐群水產股份有限公司官網。網址：https://fcf.com.tw/cn/our-history/（最後瀏覽日期：2023 年 7 月 26 日）。

「關於創辦人」，財團法人陳水來文教基金會官網。網址：https://slchen.org.tw/about/founder（最後瀏覽日期：2023 年 6 月 20 日）。

JFE Engineering Corporation 官方網站。網址：https://www.pc-engine.jp/fujidiesel.html（最後瀏覽日期：2023 年 6 月 20 日）。

United Nations Conference on Trade and Development [UNCTAD], Review of maritime transport 1989 (TD/B/C.4/334)(New York: United Nations, 1989), p. 13. 網址：https://unctad.org/official-documents-search?f[0]=product%3A393（最後瀏覽日期：2020 年 11 月 11 日）。

中華民國統計資訊網中,「消費者物價指數（CPI）漲跌及購買力換算」系統。網址：https://estat.dgbas.gov.tw/cpi_curv/cpi_curv.asp（最後瀏覽日期：2021 年 8 月 23 日）。

林于煖（2020 年 1 月 16 日），〈沒有名字的造船人：爺爺的一生與臺灣民間造船史〉，刊登於「故事：寫給所有人的歷史」網站。網址：https://storystudio.tw/article/gushi/those-who-built-the-ships-in-memory-of-my-granddad/。

高雄市歷年公告書圖建檔資料。網址：https://urban-web.kcg.gov.tw/KDA/web_page/test.jsp（最後瀏覽日期：2021 年 3 月 4 日）。

陳財發、李阿梅、黃麗惠記錄（2022），〈多角經營的討海人——莊清旺〉，《蘭博電子報》，144。網址：https://www.lym.gov.tw/ch/collection/epaper/epaper-detail/c212b50a-0e58-11ed-81ee-2760f1289ae7/（最後瀏覽日期：2024 年 6 月 25 日）。

經濟部商業司「公司及分公司基本資料查詢服務網」。網址：https://findbiz.nat.gov.tw/fts/query/QueryBar/queryInit.do（最後瀏覽日期：2021 年 11 月 18 日）。

機關檔案目錄查詢網。網址：https://near.archives.gov.tw/home。

寶薇薇（2015），〈臺灣日產的接收〉，《檔案樂活情報》（電子報），95。網址：https://www.archives.gov.tw/alohasImages/95/search.html（最後瀏覽日期：2023 年 6 月 20 日）。

附錄一　漁業史與戰後造船史之研究成果

　　由於針對臺灣漁業史發展，與以歷史學角度梳理戰後造船業發展的研究文獻眾多，且對本研究而言皆至關重要，考量過長的註解內容可能影響正文閱讀，因而將書目資訊挪移至此介紹，並依作者名排序。

中村孝志（1955），〈荷領時期臺灣南部之鯔魚漁業〉，收於臺灣銀行經濟研究室編，《臺灣經濟史》（二）（頁 43-52）。臺北：臺灣銀行經濟研究室。

中村孝志（1997），〈臺灣南部鯔魚業再論〉，收於中村孝志編，《荷蘭時代台灣史研究（上卷）概說・產業》（頁 143-163）。臺北：稻鄉出版社。

王俊昌（2005），〈日治時期臺灣水產業之研究〉。桃園：國立中正大學歷史研究所碩士論文。

王御風（2008），《鋼板在吟唱——臺灣造船故事（1916-2008）》。高雄：高雄市政府文化局、高雄市文獻委員會。該書係根據王御風 2008 年受高雄市文獻委員會委託所撰寫之「臺船發展史」研究報告，然目前尚未查找到此報告。

李文良（2019），〈積泥成埔：清代臺江內海「港口濕地」的築塭與認墾〉，《臺灣史研究》，26（3），頁 1-37。

李宗信（2005），〈日治時代小琉球的動力漁船業與社會經濟變遷〉，《台灣文化研究所學報》，2，頁 67-113。

林本原（2005），〈國輪國造：戰後台灣造船業的發展（1945-1978）〉。臺北：國立政治大學歷史學研究所碩士論文。

林玉茹（1999），〈戰時經濟體制下臺灣東部水產業的統制整合——東臺灣水產會社的成立〉，《臺灣史研究》，6（1），頁 59-92。

林玉茹（2013），〈殖民地的產業治理與摸索——明治末年臺灣的官營日本人漁業移民〉，《新史學》，24（3），頁 95-133。

柯堯文（2009），〈戰後國營造船業的公司制度與業務發展——以台船公司為例（1945-1955）〉。桃園：國立中央大學歷史研究所碩士論文。

洪紹洋（2007），〈戰後初期臺灣造船公司的接收與經營（1945-1950）〉，《臺灣史研究》，14（3），頁 139-177。

洪紹洋（2008），〈戰後新興工業化國家的技術學習和養成——以臺灣造船公司為個案分析（1948-1977）〉。臺北：國立政治大學經濟研究所博士論文。

洪紹洋（2009），〈戰後新興工業化國家的技術移轉：以臺灣造船公司為個案分析〉，《臺灣史研究》，16（1），頁 131-167。

洪紹洋（2010），〈戰後臺灣機械公司的接收與早期發展（1945-1953）〉，《臺灣史研究》，17（3），頁 151-182。

洪紹洋（2011），《近代臺灣造船業的技術轉移與學習》。臺北，遠流出版事業股份有限公司。

洪紹洋（2011），〈戰後臺灣工業化發展之個案研究：以 1950 年以後的臺灣機械公司為例〉，收於《現代中国研究拠点　研究シリーズ》（頁 107-139）。東京：東京大学社会科学研究所。

洪紹洋（2017），〈海軍與戰後臺灣造船業的發展〉，收於麥勁生編，《近代中國海防史新論》（頁 425-446）。香港：三聯書店有限公司、香港浸會大學當代中國研究所。

張守真（2008），〈日治時期紅毛港的漁業發展〉，收於《2008 高雄文化學術研討會會議論文集》（頁 163-192）高雄：高雄市高雄文化研

究學會、財團法人陳中和翁慈善基金會主辦（未出版）。

張守真（2000），《旗津漁業風華》。高雄：高雄市文獻委員會。

曹永和（1985），〈明代台灣漁業志略〉、〈明代台灣漁業志略補說〉，收於曹永和編，《臺灣早期歷史研究》（頁 157-174、175-253）。臺北：聯經出版事業股份有限公司。

許毓良（2006），〈光復初期臺灣的造船業（1945-1955）——以臺船公司為例的討論〉，《臺灣文獻》，57（2），頁 191-233。本文亦收於中國社會科學院臺灣史研究中心主編，《割讓與回歸——臺灣光復六十週年暨海峽兩岸關係學術研討會論文集》（北京：臺海出版社，2008）。

陳政宏（2005），《造船風雲 88 年——從臺船到中船的故事》。臺北：行政院文化建設委員會。

陳政宏（2007），《鏗鏘已遠——臺機公司獨特的一百年》。臺北：行政院文化建設委員會。

陳政宏（2008），〈1950-1980 年代臺灣造船政策的規劃與執行：以殷台公司租借案與中國造船公司為例〉，收於張澔等編輯，《第八屆科學史研討會彙刊》（頁 9-38）。臺北：中央研究院科學史委員會。

陳政宏（2012），《航領傳世——中國造船股份有限公司：臺灣產業經濟檔案數位典藏專題選輯》。臺北：檔案管理局。

曾品滄（2012），〈塭與塘：清代臺灣養殖漁業發展的比較分析〉，《臺灣史研究》，19（4），頁 1-47。

蔡昇璋（2016），〈興策拓海：日治時代臺灣的水產業發展〉。臺北：國立政治大學台灣史研究所博士論文。

鄭力軒、王御風（2011），〈重探發展型國家的國家與市場：以臺灣大型造船業為例，1974-2001〉，《臺灣社會學刊》，47，頁 1-43。

造船航

附錄二 日本時期高雄地區造船工場基本資料表

編號	造船工場名稱	工場主（負責人）	所在地 商工紀錄	所在地 吳初雄調查	設立時間	備註
1	合資會社荻原造船鐵工場*（或稱荻原造船所）	荻原重太郎	旗後町（1918、1919、1934） 平和町二丁目1番地 湊町一丁目6番地 榮町四丁目2番地	平和町二丁目	1902年9月	(1) 根據1919年出版的《臺灣商工便覽》（第二版）第一編「人名要鑑」中，荻原重太郎於1900年3月來臺，並先後於「打狗旗後平和町」與安平旗後造船鐵工場，但在同書第四編「營業要鑑」中，該造船鐵工所的地址卻為旗後町「旗後町」。若不是工場曾搬遷或行政區劃變更，便是記載有誤。 (2) 設立時間：根據《工場名簿》，荻原造船所設立於1931年1月，而1937年出版的《臺灣會社年鑑》則記載該會社設立於1928年4月。但早在1918年出版的《臺灣商工便覽》即有荻原造船鐵工所的紀錄。 (3) 所在地：1933-1934、1936-1940年的《工場名簿》、1929年的《臺灣商工人名錄》第五編，昭和四年現在《高雄州商工人名錄》（以下簡稱為《高雄州商工案內》）與1937年的《高雄市商工人名錄》（以下簡稱為《高雄市商工人名錄》）均登載為平和町。1928年《全島商工人名錄》（以下簡稱為《全島商工人名錄》則記錄三個地址：平和町二丁目1番地、湊町一丁目6番地與榮町四丁目2番地。推測造船工場的位址為平和町。

229

	名稱	代表	位置	設立時間	備註
2	臺灣製糖會社船造場（或稱臺灣製糖會社造船所）	富重（某）	打狗旗後街	1910年9月	(4) 根據1918年出版的《臺灣商工便覽》（第一版），獲頂造船所所登記之營業項目為「商船專屬造船業」。1933年登記名簿「木製船舶」，1934、1936年僅記「造船」，1937年登載為「團平船漁船團平船」，1938年為「船舶新造（發動機付）」，1939年為「發動機付漁船團平船」，1940年為「船舶修理」，1941、1942年為「漁船修理」，1944年為「船舶修理及造船」。
	臺灣鐵工所株式會社*	田中岩吉、飯田耕一、泉又勝、量一等人分別代表	高雄工場（本社工場）：哨船頭或入船町五丁目14番地 東工場：戲獅甲	1919年11月28日 1940年3月	(1) 設備費13萬。 (2) 造船能力：木造2,000噸。 (3) 根據1919、1920年出版的《臺灣民間職員錄》、《臺灣民間職員名錄》，臺灣製糖株式會社應於1919年將隸屬於工務部之「臺灣鐵工所」（最後一任所長為來自神奈川的近藤正太郎）的造船事業，售予株式會社臺灣鐵工所。 (1) 資本額：200萬圓。 (2) 主要產品與業務：起初包含船舶修繕、一般鐵工等。根據《工場名簿》，1932年起「製糖用機械器具」為其主要產品為高雄工場的主要產品，但仍包含其他機械產品。 (3) 負責人：根據1920、1922-1923年出版的《臺灣民間職員名錄》，該會社之專務取締役為田中岩吉（大阪）。1931年起，該會社由飯田耕一擔任。1936年由勝又獎接任，1939年起由泉量一擔任（但任1929年《高雄州商工人名錄》則以泉量一為代表人）。 (4) 新增設置：根據1944年在戲獅甲成立工場，稱「東工場」，主要業務為船舶修理、生產化學製糖機，而位於入船町的工場則稱「本社工場」，生產「軍需品化學製糖用機」。（但任1940-1942年《工場名簿》中，兩間工場均登記為生產「製糖用機械」。

附錄二　日本時期高雄地區造船工場基本資料表

3	龜澤造船工場*	龜澤松太郎	哨船町二丁目21番地（或18番地）	1913年2月（或1916年5月）	(1) 設立時間：1939年的《商工人名錄》登載為1916年5月。 (2) 所在地：1939年的《商工人名錄》登載為哨船町二丁目18番地。 (3) 主要產品與業務：根據《工場名簿》，1931年生產「石油發動機船」，1934年僅記「造船」，1933年改為「木製船舶」，1936、1938年為「團平船漁船團平船」，1937年載為發動機付漁船（發動機付）」，1939年為「發動機付漁船修理」，1941年為「漁業用發動機船修理」，1941年為「漁船新造船修繕」，1944年則為「船舶修理及造船」。
4	豐國造船鐵工場*（或稱豐國鐵工所）	豐國壽平、豐國金之助、豐國壽太郎	旗後町→港町218（1917年春季搬遷）→平和町	1912年5月	(1) 所在地：根據1931-1934、1936-1937年出版的《商工人名錄》，豐國造船鐵工場的所在地為湊町（五丁目17番地）。 (2) 工場變遷：1937年的《高雄市商工案內》記錄「合資會社豐國鐵工所」（負責人為豐國壽太郎）的設立時間為1936年9月，而《商工人名錄》則記錄「豐國造船鐵工場」設立於1922年9月。由此推測，「豐國造船鐵工場」可能在這兩個時間點，變更公司組織與經營模式。 (3) 主要產品與業務：豐國造船鐵工場的產品隨著時局變遷，在不同時期有所變更。《補充早期內容》《工場名簿》，1931-1934、1936-1937年生產「製糖用機器具」、1938-1939年則改為「鳳梨罐詰用機械器具」，而名稱也改為合資會社豐國鐵工所」。1940-1942年生產「軍需品化學製糖用機械」，而1944年則生產化學製糖用機械」。

231

				主要產品與業務：機械製作、船舶修理。
5	神戶製鋼所打狗分工場			
6	富重造船鐵工所*	平和町一丁目7番地	1919年4月	(1) 設立時間：根據1937年出版的《高雄市商工案內》，造船鐵工所的設立時間為1919年10月。 (2) 主要產品與業務：根據《工場名簿》，1931年為生產「石油發動機船舶」，並修理各式船舶，1933年為「木製船舶」，1937年為「船舶新造及修理」，1938、1939年為「發動機修理」，1940、1941、1942年為「船舶修繕」，1944年則為「船舶修理及造船」。
7	中村造船所	哨船頭町	推測為1919年	之後為高雄造船鐵工株式會社買下。
	高雄造船鐵工株式會社*（或稱福高雄造船鐵工所、高雄鐵工場）	入船町 平和町五丁目2番地	1932年11月（和田盛二） 1937年2月或8月（林成）	(1) 所在地：根據1934年出版的《最新版臺灣商工業案內總覽》，高雄造船鐵工所位於入船町，推測入船町可能為辦公場所，而非工廠所在地。 (2) 設立時間：出版的《工場名簿》設立日期1932年8月及1937年11月、1939年《商工人名錄》則分別記載該會社設立於1937年8月及1937年2月。推測高雄造船鐵工株式會社於1932年由和田盛二經營，至1937年改由林成與其合夥人經營。
	林成（由林成與蔡文賞、呂座、王沃、戴蘇瑞、甘清、林瓊、黃旺等人合資）			

232

附錄二　日本時期高雄地區造船工場基本資料表

8	打狗造船工（場）鐵工株式會社	鄭清榮→大坪奧市	1920年3月	(1) 資本額：25萬圓。 (2) 負責人：根據1920年出版的《臺灣民間職員錄》，該會社之取締役社長為鄭清榮、專務取締役為青木惠範、常務取締役即為中村吉村（即中村造船所負責人）、取締役即有倉重民藏、高木捨郎、戴鳳高、陳錦錠、謝棉，監查役為鄭清謙、陳錦錠。在1923年出版的《臺灣民間職員錄》中、該會社之取締役社長為大坪奧市（佐賀）、取締役為龜澤松太郎（佐賀）與高木拾郎（大分）、監查役為馬木清介（鹿兒島）。
9	臺灣倉庫株式會社高雄支店修繕解船修理工場*（或稱臺灣倉庫株式會社高雄支店解船修理工廠）| 三卷俊夫、中村一造	入船町六丁目86番地、平和町五丁目 平和町五丁目1番地	1921年11月（1927年8月）| (1) 負責人：根據1931-1934、1936-1940出版的《工場名簿》，該會社解船修繕工場的代表者均為三卷俊夫。但根據1937年的《高雄市商工案內》與1939年的《商工人名錄》，則以曾任臺灣倉庫株式會社打狗支店店長的中村一造為負責人。 (2) 所在地：在1931-1934、1936-1937年出版的《工場名簿》紀錄中，均為入船町。但1938-1940年的《工場名簿》、《高雄市商工人名錄》與1939年的《商工人名錄》則記載所在地為「入船町六丁目86番地」，而1939年的《商工人名錄》則記載工場六丁目1番地，推測造船工場應立於平和町。 (3) 設立時間：根據歷年《工場名簿》的紀錄、工場的設立時間為1921年11月，但根據1937年的《高雄市商工案內》與1939年的《商工人名錄》，設立時間卻為1927年8月。 (4) 主要產品與業務：根據《工場名簿》，1931年的產品登記為「團平船」，1933年登記之生產品為「木製船」，1936年僅記「造船」，1937年記為「船舶修理」，1938、1940、1942年為「修理」，1939年為「造船及修理」，1941年為「日本型團平船修理」，1944年則為「解船修繕」。

233

10	廣島造船工場*（或稱廣島造船所）	高垣阪次	旗後町二丁目 21 番地	旗後町一丁目	1922 年 6 月或 1923 年 4、5 或 6 月	(1) 設立時間：根據 1937 年出版的《高雄市商工案內》、《廣島名簿》，廣島造船工場設立於 1922 年 6 月，與歷年《工場名簿》登載的 1923 年 4 月或 5 月不同。至於 1939 年的《商工人名錄》則載為 1923 年 6 月。 (2) 主要產品與業務：根據《工場名簿》，1931 年生產品為「石油發動機船舶」，1933 年為「木製船舶」，1934 年僅記「造船」，1936、1938 年為「船舶修理」，1939 年改為「漁船付發動機團平船」，1940 年為「漁船用發動機團平船」，1941 年為「漁船用發動機船舶修理」，1942 年為「漁船新造、修繕」，1944 年則為「船舶修理及造船」。
11	中本造船所	中本勇二郎	哨船町二丁目 18 番地		1923 年 6 月	資料係來自 1937 年《高雄市商工案內》，頁 177。
12	光井造船工場*（或稱光井造船所）	光井寬一	平和町五丁目 2 番地入船寮、苓雅寮、哨船町（1934）	平和町五丁目	1927 年 4 月（或 1922 年或 1929 年 4 月）	(1) 所在地：1931-1932 年的《工場名簿》記錄為入船町、1933-1934、1936 年的《工場名簿》記錄為苓雅寮、1937-1942、1944 年的《工場名簿》記錄為平和町。最為準確的資料應為《高雄市商工案內》所登載的「平和町五丁目 2 番地」。 (2) 設立時間：根據 1937 年出版的《高雄市商工案內》，光井造船工場設立時間則為 1927 年 4 月，1939 年的《工場名簿》、《商工人名錄》則登載為 1929 年 4 月。 (3) 主要產品與業務：根據《工場名簿》，1931 年登記為「石油發動機船」、「團平船」，1932 與 1934 年均登記為「造船」，1933 年登記為「木製船舶」，1937 年登記為「船舶修理」，1938、1939 年登記為「團平漁船（發動機付）」，1939 年登記為「發動機付漁船團平船」，1940 年登記為「解船」，1941 年登記為「漁業用發動機船船舶修理」，1942 年為「漁船新造修繕」，1944 年為「船舶修理及造船」。

附錄二　日本時期高雄地區造船工場基本資料表

13	三輪造船所		入船町	1928年	1929、1930、1934、1935年見於《高雄港要覽》。
14	振豐造船所*	曾強	旗後町二丁目20番地	1927年1月或1928年2月或1934年1月	(1) 根據《臺灣日日新報》的〈振豐造船所倒閉原因〉一文，該造船所於1928年倒閉，在這之前由高雄富商薛步梯擔任理事，後由吳廣大接任。 (2) 設立時間：造船工場設立時間在不同年分的《工場名簿》、《高雄市商工案內》1939年出版的《商工人名錄》中有著不同的紀錄。根據1937年出版的《工場名簿》，造船所設立於1927年1月，工場主為曾強，而根據1931年的《高雄市商工案內》，造船所設立於1928年2月，工場主曾強，但在1936、1937、1938、1939、1940年的《工場名簿》中，卻記載1934年1月（1932至1934年的《工場名簿》中則無該造船所的資料）。 (3) 主要產品與業務：1936僅記為「造船」，1937年的主要業務登載為「船舶新造」，1938年為「發動機付漁船」，1939年則為「發動機付漁船團平船」，1940年為「漁船修理」，1941年為「漁業用發動機船修理」，1942年為「漁船新造繕」，1944年則為「解體船修繕新造」。
15	金義成造船所*	許正玉 許媽成	平和町五丁目1番地	1929年7月 1932年2月	(1) 根據1937年出版的《高雄市商工案內》，金義成造船所設立於1929年7月。 (2) 主要業務登載為「船舶修理」，1936年記為「造船」，1937年主

235

16	高雄漁業協同組合船渠工場	中村一造	平和町五丁目	1937年	(1) 資料係來自1939年出版的《商工人名錄》。 (2) 高雄漁業協同組合的前身為高雄市漁業組合。 (3) 高雄漁業協同組合與1926年3月設立的高雄州高雄魚市株式會社有所關聯。根據1937年出版的《高雄州水產要覽》，高雄漁業協同組合係於1936年2月29日成立，所在地為新濱町二丁目10番地，與高雄魚市株式會社之登記地相同。根據1939年《會社銀行商工業者名鑑》，中村一造同時擔任兩組織的組合長與取締役社長。
17	臺灣船舶株式會社高雄工場*	刈谷秀雄、都呂須支隆（代表者）	旗後町一丁目14番地	1938年9月	根據1940年出版的《工場名簿》，其主要業務為船舶修繕。
18	高雄造船資材株式會社	荻原重安	新濱町三丁目14番地	1940年5月	
19	高雄造船報國株式會社		平和町二丁目	1940年	後更名為「臺灣造船株式會社」。
20	尾原造船所	山本石松	打狗入船町150		
21	松元造船所		原位於旗後町一丁目，後遷至平和町五丁目		資料係來自吳初雄〈旗後的造船業1895-2003〉。

附錄二　日本時期高雄地區造船工場基本資料表

22	高雄築港出張所船舶機械修造工場	公營	平和町五丁目	資料係來自吳初雄〈旗後的造船業1895-2003〉。
23	陳還造船所	陳還	平和町五丁目	唯一資料來源：吳初雄〈旗後的造船業1895-2003〉。戰後更名為陳還造船廠，持續經營。
24	尾原造船所	山本石松	入船町	
25	開洋造船所		平和町五丁目	資料係來自吳初雄〈旗後的造船業1895-2003〉。
26	臺灣水產株式會社造船廠		哨船町二丁目21-2番地	戰後本應由臺灣省農工企業股份有限公司高雄魚務處接收，卻為臺灣省立高雄水產職業學校占用，作為實習造船廠第二工廠。
27	高雄州水產會造船所		平和町五丁目	在〈旗後的造船業1895-2003〉中，有一位於平和町五丁目的「高雄市漁會造船所」，俗稱「水產」，故推測該造船所可能隸屬於高雄州之「水產會」或1944年整併水產會與組合而成的「水產業會」。

說明：

一、
1. 本表所列之造船工場係依照設立時間排列，紀錄有岐異者以出現次數最多的時間為準，設立時間不明者則依照筆畫順序排列。有先後承繼關係的造船工場為同一編號，即編號2的「臺灣製糖株式會社造船工場」、「株式會社臺灣鐵工所」與編號7的「中村造船所」，「高雄造船鐵工株式會社」。
2. 本表僅列星諸文字紀錄見於文字紀錄的造船工場，如：合資會社荻原造船鐵工場、龜澤造船所、富重造船鐵工所、臺灣倉庫株式會社將船舶修繕工場、廣島造船工場、光井造船工場、振豐造船所、金表成造船所等。
3. 本表以星號「*」標記常見於文字紀錄但於本次調查出的造船工場。

237

4. 豐國造船鐵工所、株式會社臺灣鐵工所曾有船舶修造事業，但在文字紀錄中通常被歸類於「機械器具工業」或「鐵工所」等分類項目。

5. 根據1912年出版的《臺灣商工人名錄》，當時尚有澄田政太郎在哨船頭經營船舶修繕事業、稻垣友吉在旗津烏松從事船舶維修及製造，但因無法查出二人經營的造船工場名稱，故不入本表。

6. 根據1938年出版的《工場名簿》，位於哨船町的東條鐵工所（東條秀）、新高鐵工所（原田靜）、共成鐵工所（黃飛虎）、位於船町的藤坡鐵工所（八坡謙一）、共進鐵工所（古谷平次郎）、船越鐵工所（船越卯平）、位於高雄町的金義興鐵工所（冀逯霖）、合盛鐵工所（周獻英）、合廣鐵工所（許頭）、朝日鐵工所（黃友詰）、以及位於平和町的造船鐵工所（呂廣）、均生產「船舶用發動機部分品」，但無法確認這些鐵工廠是否和豐國造船鐵工所、株式會社臺灣鐵工所一樣，具有船舶修造能力。

二、參考資料（同一類型或同一題名但不同年分的資料為一類，每一類型再依照年分排列）：

1. ［工場名簿］：臺灣總督府殖產局，《工場名簿》（出版地不詳：臺灣總督府殖產局，1931），頁14-15（其後引用各年度臺灣總督府殖產局出版之工場名簿時，所省略編著者/作者、出版地及出版者皆同）；《工場名簿》（1932），頁23-24、28；臺灣總督府殖產局出版第六二五號；《工場名簿》（1933），頁20-21、25；臺灣總督府殖產局出版第七四一號；《昭和七年》（1936），頁17、22-23；《殖產局工場名簿》（1934），頁20、26；《工場名簿》（1937），頁13、16、21；《殖產局出版第八〇三號工場名簿》（1938），頁15、18、25；《工場名簿》（1939），頁14、17；《殖產局出版第八八六號工場名簿》（1940），頁13-14、17-18；《工場名簿》（1941），頁7、11、15；《殖產局出版第一號工場名簿》（1942），頁11、15；《殖產局出版第九〇五號工場名簿》（1944），頁17-18、26。

2. ［高雄港要覽］：臺灣總督府交通局高雄築港出張所（其後引用各年度《高雄港要覽》時，所省略編著者/作者：臺灣總督府交通局高雄築港出張所，出版地區及出版者皆同）《高雄港要覽》（1930），頁13；《高雄港要覽》（1934），頁14-15；《高雄港要覽》（1935），頁14-15；《高雄港要覽》（1937），頁14-15；《高雄港要覽》（1938），頁26。

附錄二　日本時期高雄地區造船工場基本資料表

3. ［商工人名錄］杉浦和作編，《臺灣商工人名錄》（臺北：臺灣商工人名錄發行所，1912），頁80；千草默仙編，《全島商工人名錄》（臺北：高砂改進社，1928），頁312；杉浦和作編，《臺灣商工人名錄第五版 昭和四年現在》（臺北：臺灣實業興信所纂部，1929），頁17；高雄市役所，《商工人名錄》（高雄：高雄市役所，1939），頁135-137。

4. ［會社銀行商工業者名鑑］杉浦和作，佐々英彥編，《臺灣會社銀行錄》（第二版）（臺北：臺灣實業興信所發行所，1922），頁231、234；杉浦和作編，《臺灣銀行商工業者名鑑》（第三版）（臺北：臺灣會社銀行錄》時，所省略編著者／作者、出版發行所，1923），頁323、325-327；（其後引用各年度《會社銀行錄》（第五版）（1924），頁269、274；《臺灣會社銀行錄》（第七版）地區及出版者皆同）《臺灣實業興信所編，（第五版）（1924），頁269、274；《臺灣會社銀行錄》（第七版）（1926），頁241、243；臺灣實業興信所編，《臺灣會社銀行錄》（第九版）（1928），頁153-154、156；《臺灣會社銀行錄》（第十版）（1929），頁155-157；《臺灣會社銀行錄》（第十二版），頁139-141；臺灣實業興信所編，（第十四版）（1930），頁171、173；《臺灣會社銀行錄》（第十三版）（1931），頁199-201；《臺灣會社銀行錄》（第十六版）（1932），頁177-178、180；鹽見喜太郎，《臺灣會社銀行錄》（第十五版）（1933），頁160-161、163；《臺灣會社銀行錄》（第十七版）（1935），頁222-223、225。臺灣實業興信所，1934；《臺灣會社銀行錄》（第十八版）（臺北：臺灣實業興信所，1936），頁222-223、225。

5. ［臺灣民間職員錄］鈴木辰三發行，《臺灣民間職員錄》（出版地不詳：出版單位不詳，1919），頁258；鈴木辰三發行，《臺灣民間職員錄》（出版地不詳：臺北文筆社，1920），頁383-384；臺灣文筆社編，《臺灣民間職員錄》民間職員錄》（臺北：臺北文筆社，1922），頁236；臺灣商工社編，《臺灣民間職員錄》（出版地不詳：臺灣商工社，1923），頁207-210。

6. ［臺灣株式／會社年鑑］竹本伊一郎，《臺灣株式年鑑》（臺北：臺灣經濟研究會，1931），頁113-115；竹本伊一郎，《臺灣會社年鑑》（臺北：臺灣經濟研究會，1937），頁255-256、417；松井繁太郎，《臺灣株式年鑑》（出版地不詳：臺灣證券興業株式會社調查部，1940），頁40-42、85-86。

7. ［臺灣會社銀行錄］杉浦和作，佐々英彥編，《臺灣會社銀行錄》（第二版）（臺北：臺灣實業興信所，1922），頁231、234；杉浦和作編，《臺灣會社銀行錄》（第三版）（臺北：臺灣會社銀行錄發行所，1923），

頁 323、325-327；(其後引用各年度《臺灣會社銀行錄》時，所省略著者／作者、出版地區及出版者皆同)《臺灣會社銀行錄》(第五版)(1924)、頁 269、274；《臺灣會社銀行錄》(第七版)(1926)、頁 241、243；臺灣實業興信所編，《臺灣會社銀行錄》(第九版)(1928)、頁 153-154、156；《臺灣會社銀行錄》(第十版)(1929)、頁 139-141；《臺灣會社銀行錄》(第十二版)(臺北：臺灣實業興信所編纂部，1930)、頁155-157；《臺灣會社銀行錄》(第十三版)(1931)、頁 199-201；《臺灣會社銀行錄》(第十四版)(1932)、頁171、173；《臺灣會社銀行錄》(第十五版)(1933)、頁 160-161、163；《臺灣會社銀行錄》(第十六版)(臺北：臺灣實業興信所，1934)、頁 165、167；《臺灣會社銀行錄》(第十七版)(1935)、頁 177-178、180；鹽見喜太郎，《臺灣會社銀行錄》(第十八版)(臺北：臺灣實業興信所，1936)、頁 222-223、225。

8. [臺灣商工便覽]：鈴木常良，《臺灣商工便覽》(第一版)(出版地不詳：臺灣新聞社，1919)、頁 87-88；鈴木常良，《臺灣商工便覽》(第二版)(臺中廳：株式會社臺灣日日新報社，1918)、頁 86-87；117-118。

9. [其他類專書]：田中一二、芝忠一編，《臺灣の工業地 打狗港》(臺北：株式會社臺灣日日新報社，1918)、頁 9-10；佐佐木武治總編，《臺灣水產要覽》(臺北：臺灣水產會，1933)「附錄」頁 9；陳永清，《最新版 臺灣商工案內總覽》(臺中：東明印刷合資會社，1934)、頁 370-371；高雄市役所，《高雄市商工案內》(高雄：高雄市役所 1937)、頁 174-177；高雄州水產會，《高雄州水產要覽》(高雄：高雄州水產會，出版地不詳：臺灣總督府交通局遞信部，1937)；臺灣總督府交通局遞信部編，《高雄州及澎湖廳電話帖》(出版地不詳：臺灣總督府交通局遞信部，1937)、頁 53-54。

10. [期刊論文]：吳初雄，〈旗後的造船業 1895-2003〉，《高市文獻》，20(4)(2007)、頁 5-6；王御風，〈日治時期高雄造船工業發展初探〉，《高雄文獻》，2(1)(2012)、頁 58-75。

11. [報紙]：〈振豐造船所倒閉原因〉，《臺灣日日新報》日刊(1928 年 5 月 6 日)，第 8 版；〈水產日本南進のパイロット目指して 高雄漁業協同組合 二十日創立さる〉，《臺灣日日新報》日刊(1936 年 2 月 21 日)，第 3 版；〈高雄漁業組合の船渠が完成 組合員の惱みは解消〉，《臺灣日日新報》日刊(1938 年 6 月 29 日)，第 9 版。

12. [檔案]：〈哨船頭土地案卷〉，《臺灣省農工企業股份有限公司高雄漁務處》，國家發展委員會檔案管理局，檔號：A375720500K/0047/113/0、A375720500K/0049/110/1。

附錄三　1945-1969 年高雄旗津地區民營造船廠基本資料表

編號	船廠名稱	成立時間	負責人	備註
1	（新）振豐造船廠	未知	曾強	其前身為日本時期的振豐造船所，1953 年更名為「新振豐」。
	陳還造船廠	未知	陳還、陳有來	設立於日本時期。
2	南光造船廠	1953 年 12 月 9 日	陳自修	1953 年 12 月 9 日陳還造船廠少東陳自修因父親過世，向高雄港務局申請變更業主、住址、增加設備、變更資本額，並將船廠改名「南光造船廠」。
	益滿造船廠	1960 年	廖永和	
	三陽造船廠股份有限公司	1967 年 3 月 6 日	麥清港	
3	竹茂造船廠	1946 年 6 月 1 日	陳生行	根據吳初雄的紀錄，竹茂造船廠設立於 1946 年 6 月，但在目前所能尋得的檔案中，最早的登記日期為 1949 年 6 月。該船廠很可能在登記前即開始營業。
	竹茂造船廠	1965 年 5 月 19 日	陳生啟	1966 年竹茂造船廠變更為竹茂造船股份有限公司。
4	平利造船廠	1949 年 6 月 28 日	張曲、張致	(1) 根據吳初雄的紀錄，平利造船廠設立於 1946 年 10 月 9 日，但在目前所能尋得的檔案中，最早的登記日期為 1949 年 6 月。該船廠很可能在登記前即開始營業。 (2) 原登記為「平利公司造船廠」，1953 年變更為「平利造船廠」。 (3) 1956 年 6 月 1 日張曲因「另營別業」，將平利造船廠轉讓與張致、張成器。

	廠名	日期	負責人	備註
	中和造船廠	1956年7月7日	張致、張成器	(1) 由張致、張成器共同合夥經營。 (2) 1957年9月6日將中和船廠轉售給張鵝旺、張許淑。
	建榮造船廠	1957年9月19日	張鵝旺	(1) 原與張成器、張許淑合夥經營，1958年改為獨資，資本額前後未變，均為5萬元。 (2) 登記之營業項目：木殼船製造及修理。
	海發造船廠	1960年	洪敏雄	(1) 成立時間係依據吳初雄的紀錄。 (2) 後轉售給麥清港（時間未知）。
	開洋造船廠	1949年6月28日	盧再添	(1) 在目前所能尋得的檔案中，最早的登記日期為1949年6月，但該船廠很可能在登記前即開始營業。 (2) 在1955年的交通部檔案中，已不見開洋造船廠，推測1950年代初即結束營業，並將廠房及廠地使用權售予竹茂造船廠。
5	明華造船廠	1947年6月	呂明邱、呂明壽	(1) 成立時間係依據吳初雄的紀錄。 (2) 1957年7月底遷廠，8月將廠房售予葉守善。
	永豐造船廠	1957年8月10日	葉守善	根據吳初雄的紀錄，永豐造船廠設立於1957年10月15日，但同年8月10日葉守善即申請更改廠名與廠主登記。
	滿慶造船廠	未知	蔡乾昇、蔡文賓	1964年蔡文賓與陳水來、莊格發、柯新坤等人合資成立豐國水產公司後，因購買漁船的過程遭遇困難，於隔年自行成立豐國造船股份有限公司。蔡文賓將原先經營的滿慶造船廠售予這間新造船公司。
6	豐國造船股份有限公司	1965年8月	蔡文賓、陳水來	

附錄三　1945-1969年高雄旗津地區民營造船廠基本資料表

7	夏華造船廠	1949年6月28日	夏標	根據吳初雄的紀錄，夏華造船廠設立於1948年4月，但在目前所能尋得的檔案中，最早的登記日期即為1949年6月。該船廠依撐很可能在登記前即開始營業。
	勝得造船廠	1958年8月	王江柱	成立時間係依撐吳初雄的紀錄
8	民生造船廠	1948年	莊啟文	因經營不善，於1951年12月31日起歇業。
9	福利造船廠	1949年6月28日	呂媽福	在吳初雄的紀錄中，福利造船廠成立於1951年之前，但卻無確切日期。在目前所能尋得的檔案中，最早的登記日期為1949年6月。設立時間或許更早。
	祥益造船廠	1956年10月22日	魏春達	成立時間係依撐吳初雄的紀錄
10	新高雄造船廠	1949年6月28日	呂天賞	(1) 新高雄造船廠前身為日本時期的高雄造船株式會社。 (2) 在目前所能尋得的檔案中，戰後新高雄造船廠最早的登記日期為1949年6月。設立時間或許更早。
	天二造船廠	1949年10月	潘江漢	成立時間係依撐吳初雄的紀錄
	興臺造船廠	1947年	廖永富	(1) 根據吳初雄的紀錄，興臺造船廠設立於1947年3月，但目前所能尋得的檔案中，最早的登記日期為1949年6月。該船廠很可能在登記前即開始營業。 (2) 1951年9月15日廠主廖永富因病過故，船廠停業。 (3) 推測廠址可能未變，僅有門牌號碼重新變更。
	新三吉造船廠	1954年	許丁鏗	許丁鏗將廠房先經營的三吉造船廠售予吳錦彩後，與廖啟峯（監護人廖楊碧玉）共同擔任興臺造船廠的負責人，並船廠更名為「新三吉」。
11	中一造船廠	1959年12月11日	陳其祥	根據吳初雄的紀錄，中一造船廠的成立日期為1959年9月12日，但交通部檔案顯示陳其祥於同年12月才申請購買新三吉造船廠並變更廠明。

243

12	三吉造船廠	1949年6月28日	許丁錚	(1) 中一造船廠陳情書中指稱，三吉造船廠設立於日本時期，而吳初雄則紀錄，三吉造船廠設立於1947年3月，但在目前所能尋得的檔案中，三吉造船廠的最早登記日期為1949年6月，故本表以暫以登記日期為準。 (2) 許丁錚於1954年6月8日將船廠、設備以及土地租用權利以新臺幣1萬元售予吳錦彩（事實上，吳錦彩早在1953年11月向高雄港務局表示向許丁錚購買船廠，申請換發執照。可能申請過程中有所延宕，整個過程拖到1955年2月22日吳錦彩又再次申請移轉註冊、換發執照）。
	建興造船廠／造船廠	1958年4月18日	吳錦彩	(1) 根據吳初雄的研究，吳錦彩在1952年買下三吉造船廠後即變成船廠名稱為建興造船廠。但交通部所藏之檔案有不同的記載。 (2) 吳錦彩於1958年4月18日申請變更船名為「建興造船廠」，並變更組織（由獨資變合資）、換技師、場址門牌號（應為搬遷，地址從「北汕尾巷20號」改為「北汕尾巷125號」）。
	新光造船廠	1960年2月2日	蘇大樵	
13	協信機器廠／協信造船廠	1949年7月1日	莊安成	(1) 亦有船舶修造業務。 (2) 協信船的股東兼造船技師陳其昌在1953-1965年在協信機器廠擔任船舶技師，共12年3個月。
14	林盛造船廠	1949年8月20日	孫草	成立時間係依據吳初雄的紀錄。

附錄三　1945-1969年高雄旗津地區民營造船廠基本資料表

15	海進造船廠	1951年7月1日	孫天剩	(1) 未加入造船公會。 (2) 根據高雄市政府經發局所藏的檔案，該廠係占用原日本時期派出所後方之民防訓練場，1951年7月1日正式開工。但推測在此之前即開始營業。 (3) 1953年擴廠。
16	海進造船廠	1953年8月	鄭轉成	未加入造船公會。
	協進造船廠	1951年5月	李有謨	成立時間係依據吳初雄的紀錄。
17	金明發造船廠	1951年7月10日	葉媽佑	成立時間係依據吳初雄的紀錄。 推測廠址可能未變，僅有門牌號碼重新變更。
18	新高造船廠	1952年1月1日	劉萬詞	根據吳初雄的紀錄，新高造船廠設立於1956年7月5日，但國史館文獻館的檔案顯示，許丁鏘在1952年1月1日將船廠機器材、船架部分設備予劉萬詞，讓其成立新高造船廠。劉萬詞也於1952年4月向高雄市政府申請工廠登記。
19	進興造船廠	1953年		尚未查找到更詳細的資料。
20	振臺造船廠	1953年5月	陳梭	根據吳初雄的紀錄，振臺造船廠設立於1953年5月，但目前所能尋得的檔案中，最早的登記日期為1955年初。該船廠很可能在登記前即開始營業。
	得盛造船廠	1966年9月	陳榮邦	(1) 成立時間係依據吳初雄的紀錄。 (2) 與得益造船廠的負責人應來自同一家族。
	泰興造船廠	1955年4月1日	許水巡	(1) 成立時間係依據吳初雄的紀錄。 (2) 1961年5月撤銷登記。
21	高雄造船廠	1966年1月1日	楊財壽	(1) 成立時間係依據吳初雄的紀錄。 (2) 楊財壽為基隆華南造船廠廠主楊英之子。 (3) 地址係根據經濟部商業司商工登記資料網。

22	順源造船廠	1955年6月1日	陳進順	(1) 成立時間係依據吳礽雄初的紀錄。 (2) 夏標出售夏華造船廠並從政後，曾一度擔任順源造船廠經理。
23	得益造船廠	1956年5月5日	陳榮陣	(1) 成立時間係依據吳礽雄初的紀錄。 (2) 與得盛造船廠的負責人應末自同一家族。
24	福泰造船廠	1958年4月9日	呂媽福	成立時間係依據吳礽雄初的紀錄。
25	聯合造船廠	1959年4月30日	黃勝生	成立時間係依據吳礽雄初的紀錄。
26	信東造船廠	1967年4月1日	蔡啟冬	成立時間係依據吳礽雄初的紀錄。
27	竹興造船廠	1967年6月1日	許家發	(1) 成立時間係依據蔡家後人之紀錄。 (2) 竹興為無證照的船廠，但因第三章提及，故仍列入表。
28	信興造船廠	1967年	蔡萬料	(1) 成立時間係依據蔡家後人之紀錄。 (2) 蔡萬料與兩個弟弟蔡阿肥共同經營。
29	復興船舶工程股份有限公司	1968年1月	夏鴻根	(1) 屬僑外資。 (2) 1995年9月結束營業。
30	聯成造船廠	1968年5月31日	戴良雄	

說明：

一、造船廠係按每一編號第一間船廠成立年分依序排列。屬於同一編號的造船廠具有先後承繼或買賣之關係。

1. 本表所載之成立時間為船廠負責人申請變更之日期或造船廠執照核發日期。
2. 本表不包含合法或非法生產船舶之鋸木廠、機械廠與玻璃纖維公司，僅列出1972年9月〈造船廠註冊規則〉廢除前，根據該法所登記之合法船舶修造廠，但這些船舶修造廠不一定都加入造船公會。〈臺灣省交通處公告交通部廢止「造船廠註冊規則」等7種法規〉，《臺灣省政府公報》〔1972年9月7日〕，61：秋：73，頁8。

二、參考資料：

246

附錄三　1945-1969年高雄旗津地區民營造船廠基本資料表

1. 【期刊論文與書籍】吳初雄，〈旗後的造船業1895-2003〉；蔡佳青，《戰爭與遷徙：蔡姓聚落與旗津近代發展》（高雄：春暉出版社，2016），頁88；高雄市政府海洋局，《海洋傳奇——見證打狗的海洋歷史》（高雄：高雄市政府海洋局，2005），頁120。

2. 【政府名冊】臺灣省政府建設廳，《臺灣省民營工廠名冊（上）》（臺北：臺灣省政府建設廳，1953），頁163-164。

3. 【交通部檔案】交通部檔案，檔號：0042/040208/*019/001/001、0042/040208/*016/001/001、0043/040208/*020/001/001、0044/040208/*018/001/002、0044/040208/*020/001/002、0044/040208/*051/001/002、0044/040208/*006/001/001、0046/040208/*006/001/002、0046/040208/*012/001/003、0046/040208/*012/001/004、0047/040208/*046/001/004、0048/040208/*092/001/001、0054/040208/*018/001/002、0055/040208/*092/001/002、0055/040208/*018/001/002、0060/040208/*051/001/001。

4. 【高雄市經濟發展局檔案】「登記」（1951年9月11日）、高雄市政府經濟發展局藏，檔號：0040/市472.4/2/023/002，來文字號：（40）建工字第11189號、收文字號：0400016816；「登記」（1962年5月12日）、高雄市政府經濟發展局藏，檔號：0051/市472.4/2/024/007，來文字號：（五一）營總字第08685號，收文字號：0510024569，發文字號：高市府建工字第0510024569號。

5. 【高雄港務分公司檔案】「據陳情申覆緩收回租地一案」（1963年4月27日）、高雄港務分公司藏，發文字號：（52）4.27高港總庶字第07816號。

6. 【國史館臺灣文獻館檔案】（原件均為國家發展委員會檔案管理局，以下省略）：「興臺造船廠等工廠登記申請書各件電送案」（1949年6月28日）、〈工廠登記〉，《臺灣省級機關》，典藏號：00447200828702
2；「高雄市民生造船廠工商部工廠登記表送核案」（1948年9月25日）、〈高雄市轉送工廠登記申請書〉（0037/472/21/12）、《臺灣省級機關》，典藏號：00447200042450
05；「電送福利造船廠登記四家工廠登記資本領足變更申請書案核備由」（1950年4月10日）、〈工廠登記〉（0039/472/1/15）、《臺灣省級機關》，典藏號：00447200124580
06；「准電送新高造船廠等設立申請案復查照由」（1952年4月2日）、〈高雄市工廠登記〉（0041/472/11/4）、《臺灣省級機關》，典藏號：00447200195020
04；「為送本市民生造船廠休業報告表等函請察照由」（1952年10月28日）、〈高雄市工廠登記等請察照函由〉（0041/472/11/16）、《臺灣省級機關》，典藏號：00447200195020
04；

247

省級機關》，典藏號：0044720019514020；「為送高雄市南光造船廠設立申請案函請核備由」（1953年11月5日）、〈高雄市工廠登記（0042/472/6/18）〉，《臺灣省級機關》，典藏號：0044720023115025；「據檢送三吉造船廠聲請廠變更登記呈請書等件復准備查由」（1952年4月13日）、〈造船廠執照（0041/014.2/73/1）〉、〈高雄市造船登記（0041/472/11/13）〉，《臺灣省級機關》，典藏號：0040142017121002；「三吉造船廠登記申請案」（1952年9月6日）、〈高雄市工廠登記（0042/472/6/3）〉、〈進興造船廠、楠梓熱煤工廠申請設立案函請核備」（1953年3月31日）、〈高雄市工廠變更登記申請案准予備查」（1953年4月25日）、〈高雄市工廠設立登記（0042/472/6/5）〉，《臺灣省級機關》，典藏號：0044720023100018；「為送三吉船廠變更登記申請案准予備查」（1953年4月25日）、〈高雄該市工廠立案申請核備」（1955年1月10日）、〈高雄市工廠登記（0043/472/6/26）〉，《臺灣省級機關》，典藏號：0044720026059009。

7. [地方議會議事錄]：〈改制前第五屆第一次議員宣誓標履〉，「地方議會議事錄」資料庫，檔案日期：1961年3月3日至1961年3月18日，檔案編號：010b-05-02-000000-0091。

附錄四 1970-1990年高雄旗津地區民營造船廠基本資料表

編號	船廠名稱	成立時間	負責人	廠址（第一次搬遷後）	備註
1	金泰興造船廠有限公司	1970年3月	曾強	旗津區旗下里通山路8巷21號	前身為新振豐造船廠，1970年更名為「金泰興」。目前代表人為曾振馨。
2	協進造船股份有限公司	未知	李勝雄、李林月娥		
3	信東造船廠股份有限公司	未知	蔡啟冬	旗津區北汕里中洲三路108巷96號	
4	得益造船股份有限公司	1975年8月	陳榮華	旗津區北汕里中洲三路8號	即1956年5月設立的得益造船廠。
5	得盛造船股份有限公司	1975年8月	陳進興	旗津區北汕里中洲三路8號	即1966年9月設立的得盛造船廠。
6	祥益造船有限公司	1978年12月	魏春達	旗津區北汕里中洲三路2之5號	目前代表人為魏耀輝。即1956年10月設立的祥益造船廠。
7	勝得造船廠股份有限公司	1984年7月	汪江柱	旗津區中洲三路2之4號	目前代表人為王江柱。即1958年8月設立的勝得造船廠。

8	林盛造船廠股份有限公司	1972年10月30日	孫吉群	旗津區中洲二路268號	即1949年8月孫草設立的林盛造船廠，後遷至上竹里。
9	中信造船股份有限公司林盛廠	2008年	韓碧祥	旗津區中洲二路268號	2008年林盛造船廠股份有限公司將廠房售子韓碧祥，成為中信造船股份有限公司林盛廠。
	海進造船有限公司	1983年10月	鄭轉成	旗津區中洲里中洲巷82號	其前身為1951年7月孫天剩成立之海進造船廠，該廠於1953年8月售子鄭轉成經營。目前代表人為鄭達富。
10	新天二造船股份有限公司	1976年11月1日	潘敏川	旗津區上竹里上竹巷170之6號	即1949年10月潘江漢設立的天二造船廠。1973年7月1日該船廠變更為公司，負責人為潘敏川。
	中信造船股份有限公司新天二廠	2000年5月	韓碧祥	旗津區上竹里上竹巷170之6號	2000年5月新天二造船股份有限公司將廠房售子韓碧祥，成為中信造船股份有限公司新天二廠。
11	豐國造船股份有限公司	1965年8月	蔡文賓	旗津區上竹巷73號	蔡文賓、陳水來、莊格發、柯新坤共同成立豐國造船股份有限公司。
12	高雄造船廠股份有限公司	1966年1月1日	楊財壽	旗津區上竹巷146之6號	2013年售子豐國水產股份有限公司的蔡榮章、蔡定邦等人，變更為「豐國造船股份有限公司」。

附錄四　1970-1990 年高雄旗津地區民營造船廠基本資料表

13	三陽造船廠股份有限公司	1967 年 3 月 6 日	麥清港	旗津區上竹里上竹巷 79 號	公司核准設立日期為 1967 年 3 月 6 日。與三陽造船廠合併廠區。洪敏雄將海發造船廠售予麥清港，遷廠後，新廠設立核准日期為 1974 年 1 月 19 日。不過根據今日的工商登記、海發造船廠的工廠登記並未取消或更名，目前負責人為麥鴻榮。
14	竹茂造船股份有限公司	1966 年	陳生啟	旗津區上竹里上竹巷 151 之 10 號	前身為 1946 年 6 月陳生行設立的竹茂造船廠。
	昇航造船股份有限公司	1984 年 5 月	陳旭昇	旗津區上竹里上竹巷 151 之 10 號	1973 年遷廠。
15	竹興造船廠	1967 年 6 月 1 日	許家發	旗津區上竹里上竹巷 119 號之 5	竹興為無證照的船廠，但因第三章提及，故仍列入該表。
	聯興造船有限公司	1983 年 2 月	吳聯飛		許家發出售一半的廠房與吳聯飛。
	高楠造船股份有限公司	1988 年 7 月 21 日	楊文敏		許家發出售剩下一半的廠房與楊文敏。

251

24	宏泰造船有限公司	1973年1月29日／1977年10月7日	陳英三	旗津區南汕里北汕巷65之5號	公司核准設立日期為1973年1月29日，工廠核准設立日期為1977年10月7日。公司登記地址為高雄市旗津區北汕巷64之2號。
25	靖海造船股份有限公司	1973年4月4日／1973年6月5日	陳雙鞋 吳錦彩	旗津區南汕里中洲二路472號	根據吳初雄的紀錄，吳錦彩向陳雙鞋購買魚塭改建為船廠。然而，根據《中華民國六十年臺閩地區工商業普查專題研究報告》，當時船廠主體人為陳雙鞋，代表人為吳晴川。推測陳雙鞋亦由養殖業轉投入造船業。
26	三能造船股份有限公司	1973年7月27日／1973年8月21日	孫池權	旗津區南汕里中洲二路466號	公司核准設立日期為1973年4月4日，工廠核准設立日期為1973年6月5日。現任負責人為吳晴茂。
	喜長發造船有限公司	2001年	黃明正	旗津區南汕里中洲二路466號	將自己擁有的魚塭改建而成。公司核准設立日期為1973年8月21日，工廠核准設立日期為1973年7月27日。新昇發造船股份有限公司購買隔壁的三能造船廠，成立相關企業喜長發造船有限公司。
27	發洲造船股份有限公司	1973年11月7日／1975年8月14日	業瑞豐	旗津區安順里渡船巷120號	公司核准設立日期為1973年11月7日，工廠核准設立日期為1975年8月14日。

附錄四　1970-1990 年高雄旗津地區民營造船廠基本資料表

28	天送工業有限公司	1978 年 4 月 6 日	曾天送	旗津區中洲二路 474 號（工廠地址）	公司核准設立日期為 1978 年 4 月 6 日，工廠核准設立日期為 1978 年 12 月 11 日。公司登記地址為高雄市旗津區海岸路 14 號。
	天送工業有限公司	未知	張有仁		
	天送工業有限公司	未知	黃明亮		2000 年 7 月 12 日歇業。根據吳初雄的紀錄，天送工業有限公司將廠房售予大瑞遊艇股份有限公司。屬僑外資。
29	順榮造船股份有限公司	1974 年 1 月 8 日	周恩臣	旗津區中洲三路 530 巷 1 號	公司核准設立日期為 1974 年 1 月 8 日，工廠核准設立日期為 1976 年 11 月 4 日。2003 年歇業。
30	新興造船廠股份有限公司	1971 年 8 月 24 日／1972 年 4 月 22 日	蔡所	旗津區南汕里中洲三路 108 巷 98 號	前身為信興造船廠，後因「信興」之名已被一間北部的船廠登記，故更名「新興」。公司核准設立日期為 1972 年 4 月 22 日，工廠核准設立日期為 1971 年 8 月 24 日。
	福泰造船廠	1958 年 4 月 9 日	呂媽福	旗津區南汕里北汕巷 305 號之 1	
	永哲造船廠	1984 年 4 月 17 日	陳寶春		
31	啟源船舶科技股份有限公司	1997 年 1 月 20 日	呂啟源	旗津區中洲三路 74 巷 46 號	

255

32	順源造船廠	1955年6月1日	陳進順	旗津區實踐里北汕尾巷	工廠核准設立日期為1972年7月18日。
	展譽造船有限公司	1974年11月19日／1984年3月5日	陳滿足	旗津區中洲三路34號	公司核准設立日期為1974年11月19日。工廠核准設立日期則為1984年3月5日。
33	李文豹造船股份有限公司	1977年	李文豹、李瑞統		
34	德利造船廠有限公司	1975年5月1日／1977年10月3日	孫劉盆	旗津區渡船巷124號	德利造船有限公司核准設立日期為1977年10月3日，工廠核准設立日期則為1975年5月1日。
35	鴻昌造船股份有限公司	1969年5月1日／1971年11月17日	陳文揚	旗津區北汕里中洲三路74巷48號	公司核准設立日期為1969年5月1日，工廠核准設立日期為1971年11月17日。公司登記地址為高雄市旗津區中洲三路465號1樓。廠房可能購自其他船廠。
36	億昌造船工業股份有限公司	1973年2月8日／1973年4月16日	洪進旺	旗津區上竹巷37之21號	公司核准設立日期為1973年2月8日。工廠核准設立日期為1973年4月16日。1999年10月售予陳慶男，併入慶富造船股份有限公司。
37	慶富造船股份有限公司	1988年10月12日	陳慶男	旗津區上竹里上竹巷72號	廠房購自行政院國軍退除役官兵輔導委員會海洋漁業開發處所設的榮欣造船廠。公司登記地址則為高雄市旗津區上竹巷37-21號。陳慶男為慶國造船股份有限公司創辦人之一的陳水來。

附錄四　1970-1990 年高雄旗津地區民營造船廠基本資料表

38	高港造船股份有限公司	1988 年 10 月 14 日	蔡明傑		2011 年結束營業。
39	信益造船廠有限公司	1986 年 3 月	蘇水盛	原址：旗津區中興里 80 號 新址：旗津區渡船巷 125 號	原在「七柱」（廣濟宮北側）設廠。2005 年結束營業。
40	中洲造船廠有限公司	1975 年 2 月 8 日／1978 年 4 月 20 日	郭永憲	旗津區安順里渡船巷 123 號	原在「土地公仔」設廠。公司核准設立日期為 1975 年 2 月 8 日，工廠登記核准日期為 1978 年 4 月 20 日。
41	中和造船廠有限公司	1975 年 2 月 8 日／1980 年 8 月 20 日	郭永男	旗津區渡船巷 122 號	原在「萌隙」設廠。公司核准設立日期為 1975 年 2 月 8 日，工廠登記核准日期為 1980 年 8 月 20 日。
42	金明發造船廠	1951 年 7 月 10 日	葉孝義	旗津區	根據吳初雄的紀錄，金明發船廠日後轉售給大瑞遊艇公司。
43	高林公司	未知	陳東居、陳虎罩、何竹本		
44	合慶工業社	未知	陳福杜		登記項目雖非造船廠或船舶修造業，但有修造漁船之實。
45	高楠造船股份有限公司	1988 年 7 月 21 日			
46	復興船舶工程股份有限公司	1968 年 1 月	夏鴻根	旗津區中洲三路 108 巷 94 號	屬僑外資。1995 年 9 月結束營業。

257

47	洽發木材廠（洽發船廠）	1970年			1970年5月13日向高雄港務局申請設立造船廠，並與其他船廠遷至新八船渠。
48	中一造船股份有限公司	1971年	陳其祥	旗津區南汕里北汕巷301	其前身為陳其祥所經營的中一造船廠。
49	如昇造船有限公司	未知	蔡鄭月霞	旗津區南汕里北汕巷390-1	
50	信益造船廠有限公司	1986年3月28日	蘇進良	旗津區渡船巷125號	公司核准設立日期為1986年3月28日，工廠設立核准日期為1975年5月13日，工廠登記核准日期則為1978年4月20日。工廠組織型態為合夥，公司組織型態為有限公司。工廠於1998年6月9日公告註銷，公司則於2005年3月16日公告廢止。

說明：1. 本表係根據以下資料比對、整理而成。
2. 該表包含過去高雄縣地區之造船廠。
3. 因皆位於高雄市，故廠址省略「高雄市」。

資料來源：吳初雄，〈旗後的造船業1895-2003〉，《中華民國六十年臺閩地區工商業普查專題研究報告》，頁400-405；行政院臺閩地區工商業普查委員會編，《中華民國六十年臺閩地區工商業普查報告》；高雄市政府經濟發展局檔案；經濟部商業司「公司及分公司基本資料查詢服務網」。網址：https://findbiz.nat.gov.tw/fts/query/QueryBar/queryInit.do（最後瀏覽日期：2021年11月18日）。

附錄五　1970年代初第二次遷廠後的民營船廠分布圖（新七船渠）

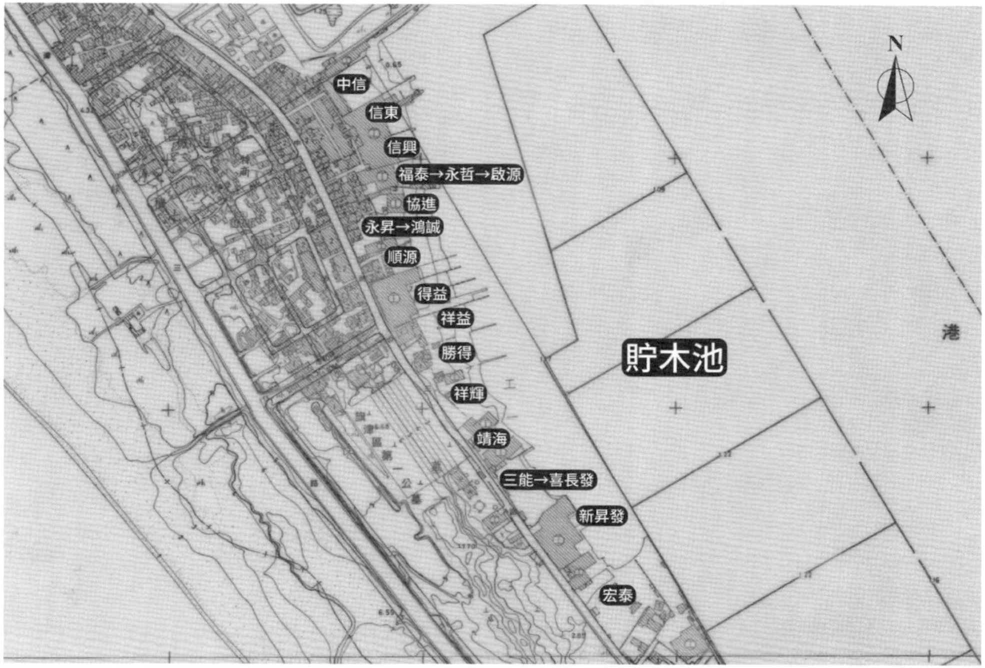

說明：底圖為1984年高雄市都市計畫航測地形圖。新七船渠即為今第七船渠。

圖片來源：中央研究院人社中心GIS專題中心，「臺灣百年歷史地圖」。網址：https://gissrv4.sinica.edu.tw/gis/kaohsiung.aspx。

259

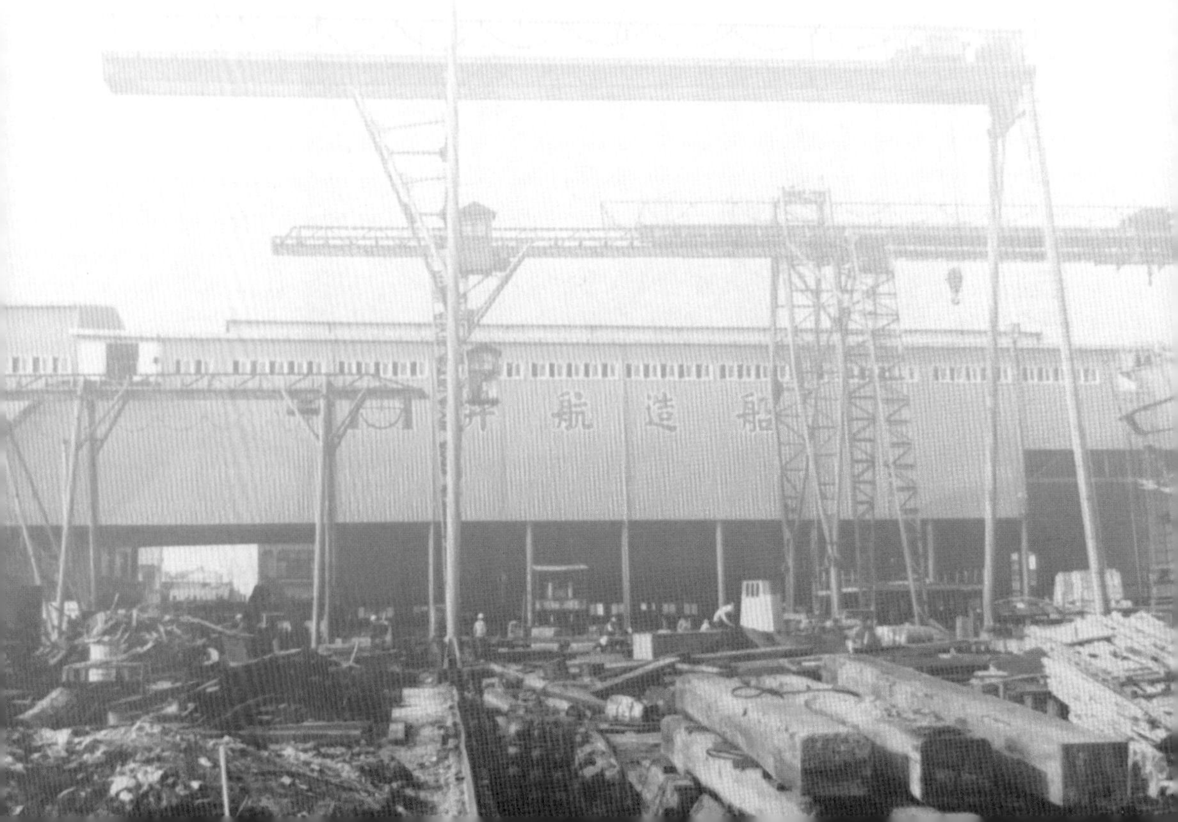
航 造 船

附錄六 1970年代初第二次遷廠後的民營船廠分布圖（新八船渠）

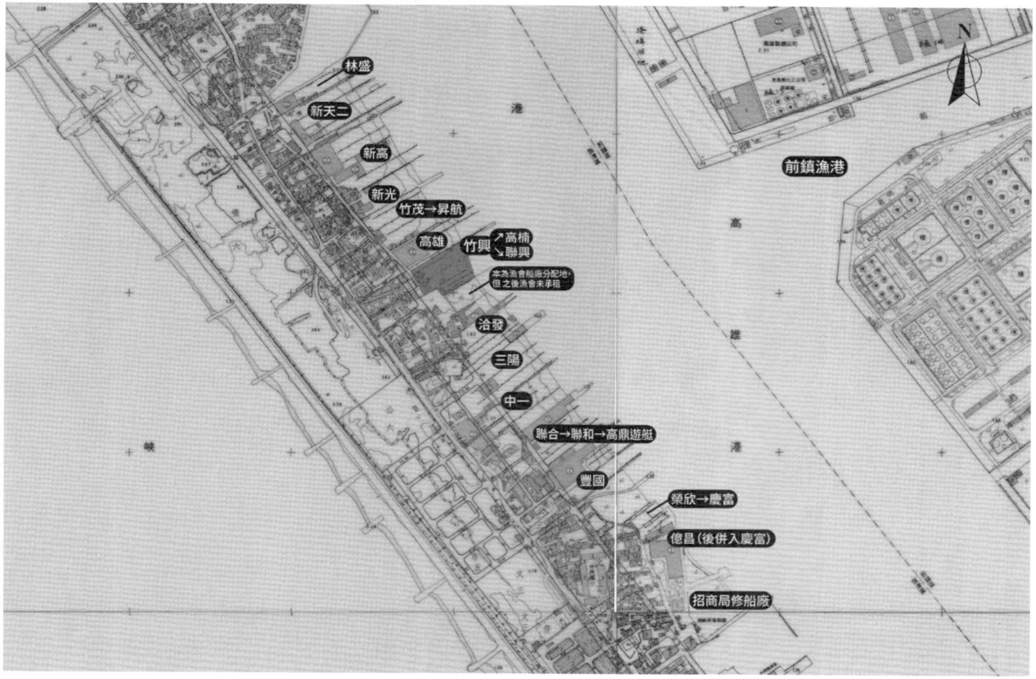

說明：底圖為 1984 年高雄市都市計畫航測地形圖。新八船渠即為今第八船渠。
圖片來源：中央研究院人社中心 GIS 專題中心，「臺灣百年歷史地圖」。網址：https://gissrv4.sinica.edu.tw/gis/kaohsiung.aspx。

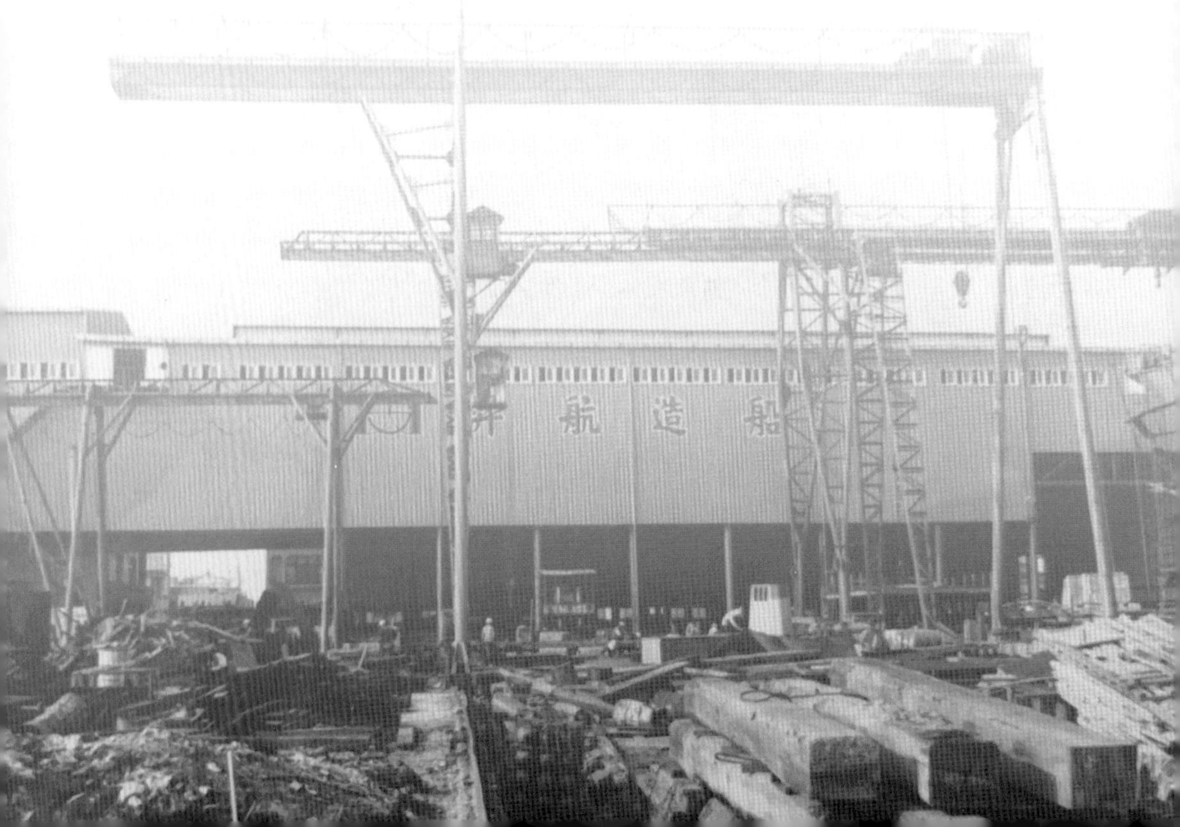
航造船

高雄研究叢刊　第 14 種

津漁遠颺——
戰後旗津民營造船業的空間協商

國家圖書館出版品預行編目（CIP）資料

津漁遠颺：戰後旗津民營造船業的空間協商 = Building ships: negotiating space in the post-war Cijin private shipbuilding industry/ 林于煖著. -- 初版. -- 高雄市：行政法人高雄市立歷史博物館，巨流圖書股份有限公司, 2024.12
284 面；17×23. -- (高雄研究叢刊；第 14 種)
ISBN 978-626-7267-47-9（平裝）

1.CST: 造船廠 2.CST: 船舶工程 3.CST: 產業發展 4.CST: 高雄市旗津區

444.3　　　　　　　　　　　　　113018905

作　　者	林于煖
發 行 人	李文環
策畫督導	李旭騏、王舒瑩
行政策畫	莊建華、蔡沐恩

編輯委員會
召 集 人	吳密察
委　　員	王御風、李文環、陳計堯、陳文松

執行編輯	鍾宛君
美術編輯	弘道實業有限公司
封面設計	黃士豪

指導單位	文化部、高雄市政府文化局
出版發行	行政法人高雄市立歷史博物館
地　　址	803003 高雄市鹽埕區中正四路 272 號
電　　話	07-5312560
傳　　真	07-5319644
網　　址	https://www.khm.org.tw

共同出版	巨流圖書股份有限公司
地　　址	802019 高雄市苓雅區五福一路 57 號 2 樓之 2
電　　話	07-2236780
傳　　真	07-2233073
網　　址	https://www.liwen.com.tw
郵政劃撥	01002323 巨流圖書股份有限公司
法律顧問	林廷隆律師
登 記 證	局版台業字第 1045 號

ISBN	978-626-7267-47-9（平裝）
GPN	1011301799
初版一刷	2024 年 12 月
初版二刷	2025 年 8 月

定價：450 元

本書為文化部「112-113 年度博物館及地方文化館升級計畫——書寫城市歷史核心——地方文化館提升計畫」經費補助出版

（本書如有破損、缺頁或倒裝，請寄回更換）